中国互联网品牌栏目评析

The Evaluation on China’s Internet **Columns**

严　励　主编

社会科学文献出版社
SOCIAL SCIENCES ACADEMIC PRESS (CHINA)

目　录

第二单元　时事评论类

第三单元　论坛访谈类

第四单元　体育娱乐类

第五单元　专业频道类

第六单元　专题组合类

第七单元 创新栏目类

第八单元　品牌服务类

前　言

“中国互联网站品牌栏目（频道）”推荐活动是在国家互联网信息办公室指导下，由中国互联网协会互联网新闻信息服务工作委员会和国务院新闻办公室互联网新闻研究中心共同主办，互联网违法和不良信息举报中心承办的一项影响广泛的活动，旨在鼓励互联网站建设健康向上、丰富多彩、特色鲜明的栏目和频道，推动我国网络文化建设健康发展，维护和谐有序的网络环境。“中国互联网站品牌栏目（频道）”推荐活动自 2005 年举办以来已成功地举办了六届，共评选了 73 家网站的 130 个优秀品牌栏目或频道，这些栏目（频道）均为所属网站重点打造，具有一定独创性和较大社会影响力。

入选的“中国互联网站品牌栏目（频道）”，基本上反映了近十年我国互联网发展的概貌，因此对这些栏目进行评析从一定程度上也就是对我国近十年互联网发展状况的梳理。基于这样的思考，我们编写了《中国互联网站品牌栏目评析》一书。书稿完成于五年前，所以本书只选了 2005 ~2007 年的入选栏目（频道）。

本书的体例是这样的：每一篇的第一个内容是栏目（频道）的简介，第二个内容是对栏目（频道）的评析，第三个内容是主编、编辑或记者所写的有关此栏目（频道）的文章。有些栏目（频道）没有找到相关的文章，第三个内容就空缺。

本书把 2005 ~2007 年的入选栏目（频道）分为八个单元，分别是新闻资讯类、时事评论类、论坛访谈类、体育娱乐类、专业频道类、专题组合类、创新栏目类、品牌服务类，有些单元的内容较统一，如新闻资讯类、时事评论类、体育娱乐类、专业频道类。而有些内容不太统一，我们的划分原则是：互动特征鲜明的栏目（频道）我们将其划分在论坛访谈类，主题鲜明的栏目（频道）我们将其划分在专题组合类，借助新媒体的技术手段而开创的栏目我们将其划分在创新栏目（频道）

类，服务性强及具有品牌特征的栏目（频道）我们将之划分在品牌服务类。

“中国互联网站品牌栏目（频道）”的首次评选（2005 年）距现在已近八年，书中有些栏目（频道）的名称与现在已不一致，为了纪录和展现这一活动的风貌，我们还是采用了入选时的栏目（频道）名称。

第一单元

新闻资讯类

第一篇

中国新闻网“新闻中心”

简　　介：中国新闻社简称中新社，是由中国新闻界和海内外知名人士于1952年9月14日在北京发起成立的，是中国内地仅有的两家通讯社之一。中新社是亚洲上网最早的中文媒体。www. chinanews. com 于1995年在香港上网。1999年1月1日，中新社北京总社开办中国新闻网（简称中新网）。中新网以其无比优越的通讯社原创新闻资讯优势成为众多海内外网络媒体的资讯源泉。中新网秉承中新社“国际视角+亲和力”的报道风格，新闻资讯内容准确、丰富、时效强、文风轻松活泼，受到广大网友、特别是网络、新闻和财经专业人士的欢迎。中新网

动态新闻及时准确，解释性报道角度独特，稿件被国内外网络和传统媒体大量转载。中新网具有顶端的媒介优势，拥有国际顶级域名 chinanews.com，品牌吸引力可观。在大中华商圈社会公信力强大，媒体宣传和高层公关运作实力可观，拥有极佳的企业形象设计、网络营销、企业品牌包装和全球文化交流资源。全球华人以及关心中国的国际人士都有可能成为 chinanews.com 网站的忠实网民。中国新闻网具有中文繁体与简体版本，提供中、英两个语种信息服务，方便全球华人阅览。中国新闻网“新闻中心”以全方位的信息报道中国与世界，成为向世界传播中国，中国了解世界的门户。

中国新闻网“新闻中心”自 2005 年获得“中国互联网站品牌栏目(频道)”之后，2007 年再获殊荣。

宗　　旨：梳理天下新闻　报道中国和世界

口　　号：影响有影响力的人

特　　点：国际视角 + 亲和力

栏　　目：“即时”“要闻”“国内”“国际”“社会”“港澳”“台湾”“华人”“经济”“文化”“娱乐”“体育”“教育”“健康”“IT”“视频”“房产”“汽车”

经典板块：“华文报摘”“新闻浮世绘”“媒体时评”“中新网社区”“中新视频”“新闻专题”

域　　名：http://news.chinanews.com/

梳理天下新闻　传递中国之声

——对中国新闻网“新闻中心”的评析

中国新闻社是中国对外报道的国家通讯社，以海外华侨、外籍华人和港澳台同胞为主要服务对象，同时，也有一定数量的稿件面向海外主流社会。中国新闻网于1999年1月1日开办，依托中新社资源、技术、团队力量，以其无比优越的通讯社原创新闻资讯优势成为众多海内外媒体的资讯源泉。中新网还开办有英文版、繁体字版，为受众提供准确、迅速、多样化的新闻资讯。“新闻中心”承接中新社的受众定位，以海量的内容满足受众的需求，以全方位的信息报道中国与世界，成为向世界传播中国，中国了解世界的门户。中国新闻网“新闻中心”的定位在海外，因此对于海外人士有强大的影响力。中国新闻网“新闻中心”与新华网“新闻中心”一道肩负着传播世界信息、中国声音的使命。

一　国际视角打造品牌亲和力

中国新闻网“新闻中心”以新闻为“本”，以内容为“王”，提供全方位、多角度的新闻报道，涉及即时新闻、时事要闻、国内新闻、国际新闻、社会新闻、港澳新闻、台湾新闻、华人新闻、经济新闻、文化新闻、娱乐新闻、体育新闻、教育新闻、健康新闻等分类明显、层次感强的新闻报道组合。中新网根据海外读者情况，为了最大限度地实现宣传的有效性，创造出一种有别于“新华体”的新闻写作风格，这种独特的新闻风格，很难用一句话去说明，如果要用简单的话来概括，那就是“国际视角”加“亲和力”。由于受众多是海外人士，因此在新闻的选材和写作上要考虑海外读者的需求，要用海外视角和国际视角来观察问题。海外视角不是居高临下的，而是平视的，可以交流的，用这种视角写新闻就会具有亲和力的基础。同时，对外报道新闻充分考虑海外读者的阅读习惯和欣赏水平，让他们愿意看，乐意接受，即入眼、入耳、入脑、入心。没有亲和力的报道是没有影响力的，而没有影响力的对外宣传是一种无效劳动。

中国新闻网坚持自己的国际视角，与受众建立了一种平等的交流机制，这使得新闻的传播过程既体现大的视野，又有利于塑造良好的品牌形象。新闻文风活泼，亲和力强能更好地实现传播效果。而中新网已经固化的新闻风格，使其别具一格，符合受众的接受心理，因此受众更容易、更喜欢阅读。中国新闻网有自己明确的受众群体，因此在新闻的选择上会根据海外读者的需要，用海外的视角去报道新闻、解读新闻事件。如果说新华网“新闻中心”的成功是自身的权威，那么中国新闻网“新闻中心”的成功就在于亲和力。从全面的角度报道新闻，更关注国际、港澳、台湾、华人信息的整合，新闻标题活泼吸引受众。

“新闻中心”坚持“内容至上”的原则，因此丰富的信息资源有利于受众了解中国、关注中国、报道世界。信息时代的一大特点就是受众对信息的海量需求，人们上网不仅想获得新闻信息，而且想利用网络满足各种需求。受众希望一个网站能够提供尽可能丰富、全面的信息。特别是在获得一般性信息方面，他们通常喜欢“一站购齐”式的网站。那么新闻网站就不能忽视受众的这些需求，我们利用网络的海量存储能力，将所有认为有价值的信息一网打尽，使受众对其信息数量的期望值增高，从而提高“新闻中心”的竞争能力。中国新闻网“新闻中心”以其丰富、全面的新闻资讯帮助受众及时了解最新的动态，同时“新闻中心”有很强的服务意识，为网友提供网上搜索服务，帮助网友查询需要的信息。国际视角营造的是一种亲和力，需求的全方位满足提供的则是一种信息获得的“成就感”和“占有欲”。

二　媒体言论唱响观点时代

如今人们不仅满足于信息的输入，这里谈到的信息是一般的新闻信息，而且更需要观念的输入和思想的输入，这一需求的满足是由媒体言论的提供来满足的。媒体言论即观点的表达，这是一个“观点时代”，人们需要观点来厘清事实的本质，洞察新闻背后的道理。媒体言论是对社会的一种建设，“万马齐喑”“舆论一律”的媒介环境是可怕的，它会使人们迷失于媒介创造的“拟态环境”中，只有观点的多元，才能呈现多元的“拟态环境”，而多元则会接近现实的本真。

中国新闻网“新闻中心”开设的两个栏目——“媒体时评”“新闻浮世绘”很有特色，它们通过与媒体联姻，整合不同媒体的评论汇集而成。解读、分析新闻现象，给读者以思考，评论的力量在于能够营造一定的网上舆论氛围，而这种氛围的渲染则会起到与民间舆论“合流”的作用，一旦“合流”就会演变成对现实有作用的“行为舆论”，推进问题的解决和社会的净化。整合后的“媒体时评”和“新闻浮世绘”具有较强的针对性和针砭性，令受众有一吐为快之感。“媒体时评”是选择媒体最新的时事评论，通过选择、加工、组合形成一定规模的评论集锦，展现丰富的观点和思想。如：

- 《羊城晚报》：信访绝不能仅仅依赖“青天”
- 《北京日报》：政协委员“十多”现象的喜与忧
- 《新京报》：国家能抛弃幼儿园吗？
- 《新京报》：公务员“聘任制”为何遭误解
- 《人民日报》：岂有以暴力表达的“和平意愿”？
- 《光明日报》：华南虎真相本可如此简单
- 《南方都市报》：民主很麻烦，但我们很需要
- 《新京报》：“半夜拆迁”民房实乃法治之耻
- 《法制日报》：官员追求高学历该降降温了
- 《湖南在线》：打虎彰显政府公信力
- 《新快报》：有讲真话社会，才有讲真话官场
- 《北京晨报》：推广“公筷夹菜”用不着书记挂帅

从评论内容上我们可以看出，时评来自不同的媒体，有纸质媒体，有网络媒体，通过整合给受众提供全面的时评空间，受众可以感知和思考现实问题，同时也可以增加自己的思想深度。

“新闻浮世绘”则是会聚各种新闻加以评说，是汇集百家之言，展现世事百态，反思社会，推进文明和进步。“新闻浮世绘”为受众展现了一幅社会图谱，描绘社会百态。我们可以从内容上加以分析，如：

- 孩子不知清明来历，大人知道不？
- 身材不好就从教育局下岗，怎么样？
- 公务员背东坡诗，一只巴甫洛夫烤鸭
- 大禹“婚外情”：对先贤可有敬畏之情？
- 听说鲁迅是“副处级”

- “华南虎”又向重庆进发了，还是公的！
- 选美经济与审美疲劳
- 大众传媒变成了全能媒婆
- 领导说你是精神病，你就是精神病
- 无聊的大学毕业生薪水排行榜
- 代表委员资格不应成为“黄马褂”
- 儿童节不能“乐了大人苦了孩子”

这些评论涉及方方面面，图画着眼现实环境，亦庄亦谐，不拘一格，以犀利的文风刺激着受众对社会问题的思索，这些评论与“媒体时评”一样，来自不同媒体平台，媒体之间的整合使得评论的选题更丰富，同时也使得内容更加鲜活。报网互动、跨网整合是网络媒体的经营之道，也是增强整体竞争力的策略。

三　专业新闻诉求网络发力新领域

中新网“新闻中心”下还开设有专业信息类栏目，与中新网“IT”频道、“房产”频道、“汽车”频道链接。这样做是为了增加“新闻中心”的新闻覆盖领域，为受众提供专业化的信息服务。新华网“新闻中心”也开设有这些专业性的信息资讯类栏目，它们所走的路子都是在追求信息的覆盖域，用自己的资源优势来吸引受众，并实现自己的经营战略。随着消费多元化和资讯细分化时代的到来，专业新闻诉求成为新闻网站网络发力的新领域，以中国新闻网“新闻中心”为例，“中新IT”“中新房产”“中新汽车”以提供不一样的专业新闻为己任，提供全面的信息服务。之所以新闻网站抢滩“专业新闻”领域，原因在于消费需求的变化。消费需求日益个性化、差异化。现在中国人在基本解决温饱、社会阶层分化的前提下，消费多元化的时代开始到来，消费本身成为一种生活方式，它具有本体的意义，而不再具有仅仅满足实际生活需求的意义。

也许包括中新网“新闻中心”在内的网站看到了消费社会带来的现实需要，故而纷纷涉足专业领域。但“专业新闻”的建设需要进一步的完善，并不意味着走同质化的道路。中新网“新闻中心”的专业新闻栏目要实现长远的发展，需要做到：首先，要回归新闻本体，要有新闻性和新闻元素。对信息资讯的处理，不能单纯从实用的角度，应该着重从做新闻的角度来制作、提炼、加工。频道的主要板块和主要栏目要以真实、客观、公正的新闻资讯为主，实用商业消费信息附着于主流新闻资讯，让新闻资讯和实用消费信息建立起良好的互补优势和互动机制。在网站现有条件下，多一点新闻信息原创，少一点依赖转载摘编，稿件要有原创，图片也要有原创，这样才能做得更好。其次，要实现差异化竞争和生存，实现资讯产业化运作。魏剑美在《商业策划与新闻炒作》中谈道：“在现代社会背景下，传播本身更多是一种商业行为，信息甚至信息的传递方式都成了商品。媒体一方面出售新闻和资讯，另一方面又将出售新闻和资讯带来的注意力出售给广告商，前提是其出售的新闻和资讯必须有其独特的价值，而不是随处可得的‘村落消息’”。[①] 信息资讯在此可以理解为一种商品，在同类产品极大丰富的今天，新闻网站的专业栏目必须以独特的角度，用“时尚流行”概念来包装和解构各种专业新闻资讯及商务生活信息。

四　反思：“乱花渐欲迷人眼”，丰富并不等于合理

中国新闻网“新闻中心”有其独特的定位和服务意识，也有其信息传播优势，但“新闻中心”的视觉设计和内容组合在笔者看来存在一定问题。视觉传播以符号语言为载体，中新网“新闻中心”给人带来的是一种“乱花渐欲迷人眼”的视觉体验，尽管它的内容分类是富有条理和层次感的。

首先，是“视觉设计”。网络视觉设计作为一种特殊媒介的视觉传达设计，在具有平面设计一般特征的同时，还具有自身的设计特征。网络视觉设计应始终围绕“信息传达”这一主题来开展。从根本上来讲它是一种以功能性为主的设计。中新网“新闻中心”的视觉设计在色彩上没有新华网“新闻中心”的感觉明快、清新、温馨。中新网“新闻中心”的色彩设计整体上比较杂乱，使人们产生视觉疲劳。一个页面呈现给受众的色彩如果是和谐统一的，视觉神经中枢就会将这种明快感传入大脑，从而获得一种视觉心理上的平衡和认可。德国物理学家赫林提出的颜色对立学说就认为，在人的视网膜接收过程中，存在黑—白、红—绿、黄—蓝三种对立的视素，前者对视网膜起破坏作用，后者起建

① 魏剑美、唐朝华：《商业策划与新闻炒作》，中国商务出版社，2005，第72～73页。

设作用。因此，网站在视觉设计时，要注重与受众的知觉思维习惯达成一致。

其次，是内容组合。中新网“新闻中心”的内容组合排版上太过紧凑，给人带来一种视觉压力。另外，内容整体的布局不是很明晰，“新闻中心”与各个频道之间的界限不是很明显，给人一种“新闻中心”包括其他频道的感觉。总之，人在大多时候是知觉思维，内容布局的清晰化有利于整体的传播效果，尤其以新闻资讯为主体的“新闻中心”本身就具有丰富的内容，所以，布局是很关键的，不然就会给人一种不适的视觉感受。

五　结语

中国新闻网“新闻中心”凭借中新社的资源优势，整合利用各种媒体平台，打造丰富、迅速、准确的新闻资讯，实现自身竞争力的提高和影响力的扩大。在海内外有很好的品牌形象和品牌感召力。中国新闻网“新闻中心”梳理天下新闻，延伸着受众的感知，以丰实的信息传播中国的声音、世界的信息。

（王延辉）

和新闻的“马拉松比赛”*

——访中国新闻网总裁孙永良

梳理新闻

《网络传播》：你的第一次触网之缘是怎样的？

孙永良： 我大约是在1995年开始接触网络的。当时中国的网站很少，如东方网景、瀛海威之类的网站，现在已经没有了。网上的中文信息更是寥寥无几。后来中新社选人创办中新网的时候，因为我懂点网络，也懂点新闻，就让我试试。

《网络传播》：中新社的历史已有半个世纪了，而且规模不小，中新社建立网站的目的是为了满足海外需求，你们当时有没有考虑增加国内的影响力？

孙永良： 从我们的宗旨出发，中新网的基本定位是从事对外传播的网站，我们的目标是努力把中新网建成向海外传播中国新闻信息、传播中华文化的资讯中心。事实上，随着互联网的发展，对于媒体而言，现在国内与海外的界限越来越淡，海外欢迎的很多内容，国内也欢迎；国内欢迎的很多内容海外同样欢迎。所以现在中新网应该说是立足国内、面向海外。但我们在选材、行文风格、栏目编排等方面，仍然与国内其他新闻媒体网站是有所不同的。

《网络传播》：据说有数百家华文媒体采用中新社或中新网的稿件，是这样吗？

孙永良： 究竟有多少家华文媒体采用我们的稿件，目前我们并没有做过详细的调查。但是我看过的一些华文报纸——包括南非的、毛里求

---

* 原文载于《网络传播》2006年第6期，作者：张世福。入选本书时编者有改动。

斯的报纸，也刊载中新社或者中新网的消息。稿件许多是从中新网上下载的。我们网站的首要作用是对外传播中国的资讯与文化。

《网络传播》：与其他新闻网站和商业网站相比，中新网的特色是什么？

孙永良：我们用八个字形容中新网的风格："权威、客观、平实、迅捷"。权威，作为国家级通讯社，我们发布的内容是有可靠来源的，有一定的权威性；客观，在我们发布的消息中，纯新闻的东西多一些；平实，我们的行文风格更有亲和力；迅捷，我们追求的是原创加快速。

从名称可以看出来，中国新闻网主要对外传播中国的信息，时政新闻、经济新闻是我们对外报道最主要的重点，当然，体育、文娱、科教等新闻也受海外读者欢迎。同时，中新社一直强调为海外华人、华侨及港澳台同胞服务。在对港澳和台湾的影响方面，中新网也具备较强的实力，台湾岛内的很多媒体，如《中国时报》、"中央社"、东森新闻、中天电视等——都愿意使用我们的新闻。他们比较容易接受我们的新闻，是因为中新社或中新网的新闻风格受到他们的欢迎。另外，我们也非常关注海外华人、华侨的生存发展状况，中新网的华人频道主要就是介绍海外华人社区最新发生的事件，这也可以满足不同国家华文媒体之间的信息交流和沟通。

《网络传播》：在互联网的竞争格局中，中新网在什么位置？

孙永良：现在媒体网站不少，从一定意义上讲，大家都是竞争对手。应该说，竞争是好事，竞争出效益。在这个竞争中，得利的是广大网民。网民今天看新闻更快捷更方便了，网站提供的服务功能也更强更丰富了。这都是众媒体网站竞争带来的好处，大家在竞争中谋发展的同时，也会在竞争中产生合作。从我们工作的基本定位来讲，中新网更看重与媒体网站之间的合作，因为我们共同的目标是要向世界传播中国的声音。

《网络传播》：网站的新闻和信息越多越好，可以显示自己的实力，但这也相应地提高了网站的成本，如何把握这个度？

孙永良：互联网在传播信息方面，具备更快、更多的特点，网络给读者选择新闻提供了更广阔的空间。一个人每天接收信息量是有限度的，不可能接收海量信息。按惯常的记忆量，每个人每天大概能记住十至二十条新闻信息。所以中新网提出的一个理念就是"梳理新闻"。当然，和传统媒体比，网站提供的是海量新闻，但是我们并不认为信息对读者来说是越多越好，我觉得必须有一个度，这个度就是：让不同的读者能在网站选取他感兴趣的新闻。

《网络传播》：2005 年，中国新闻网的“新闻中心”入选中国互联网站品牌栏目（频道）。数年来中国新闻网还取得哪些骄人的成绩？

孙永良：应该说，中新网经过多年的努力，获得了海内外很多读者的认可。但说成绩“骄人”，恐怕还谈不上。在网站发展、打造品牌和更好地从事对外传播方面，我们还要做很多事。说到中新网“新闻中心”2005 年入选中国互联网站品牌栏目（频道），我们还是很看重这项荣誉的，很自豪，因为它是由网民投票和专家评定选出来的，“含金量”很高。当然，网民的认可和给予的荣誉，对我们来说也是一种压力，更让我们有“如履薄冰”的感觉，这也督促着我们必须不断创新，不断地提供更好的资讯服务。

敬业精神

《网络传播》：几年实践下来，你在内容管理，特别是经营管理上有哪些心得？

孙永良：简单地说，实事求是，扬长避短，滚动发展，逐步做大。

《网络传播》：你怎么评价你的团队？作为一名管理者，你有不同于别人的地方吗？

孙永良：在媒体网站中，中新网的队伍是比较精干的，我们的人员不足 60 人。这个团队都有一种事业心，有一种事业上的追求。大家走到一起来，都立志为中国的对外宣传事业、为传播中华文化做出贡献。他们都非常敬业，我在此表示感谢。

至于我自己，我还是比较随和低调的。但是我主张一点：要干事儿，要干成事儿。

《网络传播》：事业的追求与生活有没有冲突？

孙永良：有时候忙了就加班，不忙的时候尽量照顾家庭。我的爱好比较杂，业余时间读读书，打打羽毛球。事业和家庭应该不矛盾，我比较认同这样一句话：“工作时好好上班，下班时间好好生活。”人生应该潇洒，无拘无束，但是要强调一点：必须敬业。我对我的编辑也是这样要求的，要完成你应该完成的事，对得起你的职位和工资。

《网络传播》：中新网靠什么策略留住人才？

孙永良：我们的薪酬相对而言不是太高，所以要稳住我们的人才，关键要让大家看到中新网发展的前景，同时也靠大家对新闻事业和对外传播事业的一份热爱，靠感情留人。

《网络传播》：熟悉你的人都知道，你拥有渊博的学识和丰富的媒体经验。你认为刚刚从事网络业的或者将要从事网络媒体业的新手应该具备哪些素养或品质？

孙永良：现在做网络编辑的，以年轻人居多。我们希望年轻的同事们发挥头脑灵活、善于学习的优势，在尽可能短的时间内加深对新闻事业、对外传播事业和互联网的理解和认识，工作中要大胆、谨慎、细致；整个团队应该团结紧张、严肃活泼。

《网络传播》：在自己主持媒体的工作中，最让自己感到困惑、困难的问题是什么？

孙永良：以前做记者，完成定额、完成任务就行了。现在没有定额、没有固定任务了，不知道干到什么时候才能让读者完全地满意。所以干互联网确实也很累，做这个工作似乎是永无尽头的马拉松比赛。只有靠不断地创新，才能不断地获得发展。

珍惜品牌

《网络传播》：如果有人给你们投资的话，你最想干的是什么？

孙永良：我也建一个综合的门户网站，和新浪、搜狐竞争。

《网络传播》：你是如何理解Web2.0的发展前景的，在网站的实践中有没有考虑过具体的发展和运用策略？

孙永良：所谓Web2.0，最大的特点是开放性。通过博客发布个人信息，正是体现了互联网开放性的魅力所在，这也预示了社会传播的形态更趋向多元化，个人发表意见的空间越来越大、越来越宽。这也是我们做媒体或者做网络媒体应该利用的信息传播方式。在互联网发展到目前这个阶段，这确实不失为可以为我们所用的一个很好的形式。

《网络传播》：3G推出以后，你觉得对传统信息会不会产生影响？

孙永良：理论上讲，互联网可以集中所有以往媒体的特点。但从大众传播的进程来看，从报纸、广播、电视，到现在的互联网，一个个新的传播形式出现，却都在相当长的时间内没有“颠覆”它以前的东西，只会对以前的形式产生一些冲击。对3G而言也是如此，它的出现可能会对某些传播形式有所冲击，但也许会促进传统的信息传播方式向更好的方向发展。至少在今天来讲，几十年内报纸是消失不了的，广播的影响力曾受到电视的冲击，但到现在也还存在。各种成熟的传统传播形式在今后很长时间仍会并存。新的传播技术会对我们提出一些挑战，但是我们也会积极地利用新的技术形式，迅速地把它运用到传播中去。3G技术完全可以帮助网络媒体实现在无线领域的继续发展。

《网络传播》：相对于报纸、电台和电视的广告，网络媒体的广告有哪些优势，今后有什么样的发展趋势？

孙永良：互联网广告的前景非常远大。传统媒体的广告近一两年有明显下降的趋势，有人分析是被互联网抢走了一部分市场份额。互联网广告和传统广告有何不同？最大的不同点就在于互联网的广告非常有针对性。特别是一些专业网站，或者一些综合门户网站中的专门频道，它们的传播对象都是特定人群，这一点对报纸和电视的广告来说，都是做不到的。现在的广告商越来越注重个体目标针对性特别强的广告。从这一点来讲，传统媒体广告的下降恐怕是必然趋势，这对我们互联网媒体和企业的信心也有很大提升，相信互联网广告还有很大潜力可挖。

《网络传播》：怎么看待网络媒体发展的高速度？

孙永良：十年来，网络媒体迅猛发展，而且还将持续高速发展。网络媒体的壮大，将大大改变信息的传播形式，必将影响社会的方方面面。

《网络传播》：随着信息传播技术的不断升级、传播手段的日益多样化，以及受众不断地被市场细分，中国新闻网下一步的发展战略是什么？

孙永良：我们的名称是中国新闻网，所以我们第一位的工作是做好新闻，要想办法用活我们手里的特色资源，立足我们的定位，把新闻做得更专、更深、更快，要不愧于“中国新闻网”这几个字。同时，中新网是一个网站群，但目前有一些分社网站的水平一般，我们要着力让分社网站都达到与它的地位相对应的水平。另一个重点是移动增值服务，这也是持续发展的一个关键。从长远来讲，我们还要建设全球化的中文媒体信息平台，打造海外与国内媒体的资讯平台、交流平台。当然，在具体每一步工作的实施过程中，我们都欢迎海内外的网民朋友多提意见和建议。

《网络传播》作为中央主要新闻网站的管理者，你认为提供信息服务的互联网站如何落实“文明办网”这一时代的呼唤？

孙永良：对于“文明办网”的倡议我们完全赞同。对于中新网而言，立足我们的定位，就是要坚持向世界传播关于中国的正确的信息，加强我们的资讯服务品质，珍惜“中国新闻网”这个品牌。同时，我们认为，“文明办网”绝不是要把网站管死，而是应该建立规范的秩序，让大家在公平的环境中发挥各自所长，展开正常的媒介竞争与合作。这方面，我们作为中央级媒体的新闻网站，应该做好表率。

《网络传播》：“文明办网”离不开网站的从业人员，特别是网络编辑们，他们该如何做？如何客观、公正、准确地评价他们的业绩？不可否认，目前确实存在简单地以访问量为评价标准的倾向，你如何看待这个问题？

孙永良：网站要投身市场谋求发展，就绕不开追求访问量的问题，但必须坚持把社会责任放在首位。对编辑的业绩考评当然也不能简单地看访问量。对于媒体网站来说，权威、公信力，以及深刻地理解新闻，远比追逐一条“火暴”的猎奇新闻重要得多。保持一定的新闻品位和品质，才能保持我们的权威性和公信力。我们对每一位编辑都强调了这一点，他们也做得不错。

（《网络传播》记者　张世福）

第二篇

新华网“新闻中心”

简　　介：新华网是新华社主办的，中国最大，具有全球影响力的国家重点网站，被称为“网上国家主力”、“网上的《人民日报》”。新华网通过中（简体、繁体）、英、法、西、俄、阿、日 7 种语言，24 小时不间断发布全球新闻，独家报道世界各地热点信息，第一时间追踪突发事件，深度分析评论焦点话题，每日发布的中外文最新新闻信息超过 180 万字，是名副其实的“网上新闻信息总汇”。新华网“新闻中心”依托新华社遍布国内外的 150 多个分支机构，组成了覆盖全球的新闻信

息采集网络，提供丰富、权威、快速的原创新闻信息。在强手如林的互联网世界中，以其权威、准确、及时的报道，鲜明的特色，厚实的内容为海内外广大网民所瞩目和喜爱。

新华网“新闻中心”被人们称为“全球新闻总汇，网上信息航母”。2005 年、2006 年两次荣膺“中国互联网站品牌栏目（频道）”。

理　　念：

- 与时俱进，追求卓越
- 党的教导记心中，勇攀网络新高峰
- 网络无改稿，社会责任大
- 传播中国，报道世界，引导舆论，服务网民
- 永远追求人才，不断发现人才，坚决重用人才，决不亏待人才
- 只有固定的精神，没有固定的模式
- 网络无限，挑战无限，竞争无限，发展无限

特　　点：融汇全球新闻信息，网罗国内国外大事

口　　号：点击新华网，新闻很精彩

频　　道：“滚动新闻”“评论频道”“时政频道”“地方频道”“台湾频道”“港澳频道”“国际频道”“军事频道”“华人频道”“财经频道”“体育频道”“科技频道”“互联网频道”“教育频道”“文娱频道”“社会频道”“法治频道”“汽车频道”“房产频道”

经典栏目：“话题评说”“新闻聚焦”“时政评说”“深度报道”“焦点网谈”“国际观察”“华人故事”“财富人生”

域　　名：http：//www. xinhuanet. com/newscenter/index. htm

情系中国魂　网尽天下事

——对新华网“新闻中心”的评析

从世界上第一家基于 Internet 的电子报纸——美国的《圣何塞信使报》于 1987 年问世以来，各大传统媒体纷纷触“网”，作为新闻信息供应商的世界各大通讯社也纷纷抢滩互联网。新华社从 1997 年 11 月 7 日开通了自己的网站“新华网”以来，数次改版，取得了很大的成功。新华网由北京总网和分布在全国各地的 30 多个地方频道及新华社的十多家子网站联合组成，每天以 7 种语言，24 小时不间断地向全球发布新闻信息。目前，新华网已成为我国规模最大的网站，在国内外具有重大影响力，网络平台规模全国第一，有“中国互联网站航空母舰”之称。新华网担当着“传播中国、报道世界”的使命，以及时、权威、全面、快捷的新闻信息成为海内外网民了解中国，认识世界的重要窗口。

新华网“新闻中心”是新华网的知名品牌栏目，它依托新华网的资源优势，整合、会聚最新的新闻信息，深度的分析解读，深刻的专题报道，多媒体的技术创新，多方面的信息汇总，展现了“新闻中心”以新闻立网的原则。“新闻中心”下设有包括“时政”“国际”“评论”“地方”在内的 19 个频道，网民可以在“新闻中心”中一网打尽，了解最新的动态，监测环境的变化。“新闻中心”情系中国，辐射世界，是连接中国与世界的一个通道。

一　全面丰富，彰显网络魅力

新华网“新闻中心”正是因为信息的全面，而成为“中国网上信息总汇”。“新闻中心”细化分类，将不同的频道整合起来，能够全方位地报道中国，给世界了解中国提供一个立体的视角。其中“时政”频道以“聚焦时事热点，关注高层动态”为宗旨，从“高层动态”来报道国家领导人的动态情况；“地方领导”则报道各省、直辖市领导的新闻信息；“时政要闻”是对时政热点的报道评析；另外“党务”“政务”“人大”“政协”“外事外联”“人事任免”“史海回眸”“新华视点”“热点观察”等从不同的角度报道中国的时政动态，分析中国的时事热点。“地方”频道则从“地方要闻”“领导之声”“和谐社会”“新农村建设”“区域经济”“媒体选登”等子栏目对地方联播，展现地方的新气象。“台湾”频道以“聚焦台海，情系两岸”为理念，关注台海情况，从“频道聚焦”“阅读排行”“海峡时评”“台湾政局”“军情动态”“国际观察”“经济文化”“大陆之声”“走进台湾”“台湾娱情”“社会民生”等20个栏目报道台湾的总体情况。“港澳”频道是从“香港新闻”“澳门新闻”“评论观察”等20个栏目关注港澳新闻，评析热点事件。“华人”频道从“华人新闻”“华人图片”“华界时评”“华人文苑”“华人在欧洲”“华人在线”“海外生活”“文化传承”等12个栏目介绍华人在国际上的情况。“新闻中心”每天都有醒目的头条，对热点话题加以关注和解读，如《大部制不是简单“拼接组合” 发力在中后程》等。“以新闻立网，与大事同在”是新华网的特点。在大事背后突出的是新华网的权威和责任。除了“硬新闻”的报道，“新闻中心”还开设了“文娱”频道、“体育”频道、“社会”频道，增强报道的可读性，以平民的视角关注民生、社会。还有一些专业性质的频道：如“财经”频道、“房产”频道、“法治”频道、“科技”频道、“汽车”频道、“互联网”频道，这是在细分受众的基础上做出的频道设置，也体现了新华网“新闻中心”的服务意识。

“国际频道”以“报道世界，聚焦热点”为频道诉求，集纳了国际上重大的事件以及最新的发展态势，有“世界报道”“环球博览”“分析评论”“中外交往”“特别策划”等13个栏目设置，使受众能比较全面地了解世界动向，让国人洞察世界的变化；“军事”频道以权威军事播报，最新军情解读见长。设有“军事报道”“军情动态”“军事访谈”“军事论坛”“军事图片”“兵器大观”“军迷擂台”“军事纵深”“军事专题”“军史回眸”“战地/军事记者专栏”等栏目，对军事动向做全息的、纵深的解读。

新华网“新闻中心”提供全面的信息，在互联网中成为“信息航母”。它实现了准确的定位，打造自己的新闻总汇地位，为世界了解中国，中国了解世界提供了信息的交流平台。新华网“新闻中心”能够在无限的网络世界中成功地生存，最重要的是形成了自己的特点，即提供全面丰富的信息资源，起到了“瞭望”作用。

二　快捷准确，体现媒体责任

新华网以优势的资源创造着互联网上的众多“第一”，如率先报道伊拉克战争的爆发、中国载人航天飞船发射……时效是网络新闻的生命，“快人一步，才能超人一程”，这是网络的生存法则。因此，“新闻中心”强调新闻的时效性和独特性，以“第一时间”的原创新闻，来吸引网民，打响品牌。但新华网严把准确关，树立自己的品牌公信力。新华网总裁说，“网络无改稿，社会责任大”。[①]2004 年 10 月 9 日，中国两名工程师在巴基斯坦被武装分子劫持，14 日 15 时 56 分，值班编辑发现路透社引用匿名消息称“巴军方成功解救两名中国人质”。此时，不少网站根据外电播发了“成功解救两名中国人质”或“两名人质一名受伤一名毫发无损”等消息。新华网在不确定消息真实与否的情况下，冷静判断，紧盯新华社消息，以权威报道两名人质一名获救一名遇难，及时澄清不实消息，受到网民的信任。

新华网的报道，关注的不仅是国内，更多的使命是对外宣传中国，使世界了解中国，树立良好的国际形象，因此弘扬准确的报道风格，也是取信于世界的明智之举。

新华网恪守“网络无改稿，社会责任大”的职业理念，事关舆论导向的新闻往往冷静客观，以求对事件有一个明晰的报道，也正是这种责任意识，树立了其良好的社会公信力，打造出知名的品牌。

三　多媒体融合，发挥传播优势

新华网以“亮剑”的精神不断创新，整合多种媒体，发挥集合传播的作用，利用网络传播技术，积极拓展新的应用领域，更大程度地方便网民、服务网民、培养网民的忠诚度。新华网“新闻中心”运用多媒体技术来扩大传播效果，通过“热播视频”“图说天下”“图片聚焦”“直播访谈”“赛事直播”“奥运直播”“文娱视频”的开设给网友直接

① 张世福：《与时代同行——访新华网总裁周锡生》，《网络传播》2005 年第 5 期。

的信息输入和感官刺激，激发受众的“选择性接触”和“选择性注意与理解”。

随着网络媒体竞争的日趋激烈，网上报道的形式不断出新，重大事件的网上现场直播成了各家网站的“杀手锏”。新华网的视频直播在全国网站中的规模最大、影响最大、技术设备也称得上一流。自2001年3月1日起，新华网就开始对中央各部委及地方政府的新闻发布会、重要活动和全国各地重大新闻事件进行网上直播。青藏铁路全线通车是2006年举世瞩目的重大新闻事件，传统媒体和网络媒体使出浑身解数，来吸引受众眼球。新华网《36小时全程见证青藏铁路通车》大型现场网络直播专题，以图文滚动播报和音视频穿插播报的方式，在36小时内不间断对青藏铁路通车全程进行专题报道，开创了全球网络媒体对一场重要活动跟踪滚动播报的时长纪录，全面显示了网络媒体报道的时效优势和海量优势，并首次将北京、西宁、拉萨三地联动发稿集合在同一专题上，实现了网络专题报道模式的一大创新，实现了重大题材正面报道形式上的新突破。

图片在信息传播过程中有着文字无可比拟的优势，新华网“新闻中心”开设有“图说天下”“图片聚焦”板块，各频道也设有图片区域，将一些经典的、重要的图片展示出来，图片一目了然，除了给人以醒目的感觉，更能方便受众打开链接寻找自己需要的信息。技术手段的运用，多媒体的整合提高了网络新闻信息的可读性，在点击率由用户自主决定的网络世界中，可读性强的信息将拥有更高的点击率，自然就会拥有渗透力和影响力。新华网有自己优秀的团体和新华社的资源优势，在技术和规模上自然拥有无可比拟的优越性，这在一定程度上造就了内容和技术的有效嫁接，多媒体的运用，更使之锦上添花，增强传播效果。

四　言论扬声，提供舆论导向

新华网“新闻中心”设有评论板块，各个频道下面一般都有评论、评析栏目，其目的是通过观点的呈现来表达思想的倾向性。靠言论扬声，为人们提供正确的舆论导向，这是新华网的职责所在，它通过关注时事、热点、民生，来建构对现实社会的引导。

“话题评说”发表了新华网的评论——《我是北京劳模，北京却让我很受伤》；“时政评论”发表了新华时评——《阻挠舆论监督是蔑视人民知情权》，另外新华网还吸取多家媒体的精华，来充实自己的舆论阵地，如《长沙晚报》的《物价上涨是给农民涨工资吗?》和《“干干净净工作”是怎样为官的最强音》等不同媒体的言论。这充分发挥了网络的资源整合、集纳优势，通过复制—粘贴—组合—加工形成了新闻产品，进入网络流通领域。

新华网“新闻中心”的论坛是新华网最活跃的地方，在分频道里有“时政论坛”“财经论坛”“军事论坛”等分论坛，网民帖文中有关心国家大事，为中国特色社会主义建设建言献策；有抨击腐败，对社会不公平表示不满；还有人们对日常生活、情感世界的肺腑之言。这些栏目为平民提供了一个公共的话语空间，人们可以发表自己的真知灼见，通过民间舆论场的波动来影响网络的舆论导向。

当前中国社会正处在经济体制深刻变革，社会结构深刻变动，利益格局深刻调整，思想观念深刻变化的发展阶段，新华网依靠自身的条件通过言论扬声，通过理性的、建设性的评论来引导社会的舆论动向，有利于社会的进步和发展。

五　结语

新华网“新闻中心”两度荣获“中国互联网站品牌栏目（频道）”，在网民心中树立了良好的形象，它肩负着传播中国、报道世界的使命，以新闻立网，与大事同在，为政府分忧，为民生守望，用言论扬声，它沟通着人民和现实，它连接着中国与世界，通过全面、丰富、快捷、准确的新闻信息洞察环境的变迁，引导现实的形塑。

（王延辉）

与时代同行*

——访新华网总裁周锡生

《网络传播》：3 月 14 日温家宝总理在“两会”闭幕后会见中外记者时说：“昨天我浏览了新华网，他们（网民）知道我今天开记者招待会，竟然给我提出了几百个问题。我觉得他们对国事的关心，深深感动了我。他们的许多建议和意见是值得我和我们政府认真考虑的。”这一段话，由现场 700 多名中外记者及其所属媒体经由电视直播、网上直播、网络报道和报纸发行等各种途径，迅速传遍大江南北让中国的网络媒体和数以千万计的网民兴奋不已、津津乐道。网上论坛对于此事的评论历经多日不绝。您和您的同人听到温总理在中外记者招待会上提到新华网有何感想？您如何看待网络媒体在重大新闻事件报道中显示的民意？

周锡生：听到这个消息，我们的反应是激动、感动、压力。

激动的是中华人民共和国的总理第一次向中外媒体宣布他上网浏览，关注网上民意，而且浏览的是新华网。作为新华网的一员，大家都十分激动。自 2000 年新华网首次直接参加全国“两会”报道以来，新华网对每年“两会”都全力以赴，尽管大家非常累，尤其是今年“两会”，网络媒体之间的竞争异常激烈。新华网作为国家重点新闻网站，按照中央外宣办和新华社“两会”报道领导小组的布置，事先进行了精心的组织和各方面的报道准备。温总理在这么一个重要的场合提到新华网，使大家感到平时再苦再累也是值得的，也是应该的。

感动的是，总理日理万机，还亲自上新华网浏览，直接了解网上民意，高度重视网上民意。作为网络媒体的工作者，大家非常感动，也有

* 原文载于《网络传播》2005 年第 5 期，作者：张世福。入选本书时编者有改动。

一种特别的成就感。因为大家的工作得到了国家领导人的关注和重视。温总理记者招待会进行中网上反响极其热烈，网民好评如潮。新华网论坛的编辑们立即以“总理感动网民，网民感动总理”为题综合编辑了一条互动消息，如实反映当时网民们的感动心情。从事后各方面的报道看，温总理会见中外记者那天，激动和感动的不仅是新华网的同志们和新华网的网友们，还有全国广大的网民和网络工作者。因为温总理的讲话体现了对整个网络媒体和网上民意的高度重视。

在激动和感动的同时，我们更感到巨大的压力。温总理浏览新华网意味着我们肩上的担子更重了，所负的责任更大了。今后我们要进一步增强政治意识、大局意识、责任意识，更加发奋努力，扎实工作，不负重托，更好地承担起我们的责任，让党和国家领导人更多、更快、更全面、更客观地了解网上舆情、网民心声，为党和政府与人民群众的联系构筑一个更便捷的网络通道。

网络媒体作为一种新兴媒体近年来快速发展，在重大新闻事件报道中发挥的作用越来越大。特别是网上论坛，不仅是一个巨大的，而且是一个不分国界、不分阶层、不论身份、不分时段的互动交流平台。网民来自方方面面，他们的意见、他们的呼声也是方方面面的。网络媒体在重大新闻事件的报道中，要特别注意正确、稳妥地把握好网上舆论的导向，尽可能全面、准确、客观地反映网上舆情，防止偏激和片面，以便真正有助于一些问题的妥善解决。特别要注意到，虽然最近10年来我国的网民数量急剧增加，但目前差不多1亿的网民在全国13亿人口中所占的比重还比较小，网上民意并不能代表全部民意。作为新闻网站，对网上民意，特别是网上反映的一些问题，要加以认真分析，要冷静地思考，全面地看待，特别是要放在全党全国工作的大局、国家的整体利益、社会的发展、时代的进步、中国的国情等大背景下去分析、思考。对网上反映的问题，要注重调查研究和核实，不能不加区分和不经核实就随意传播，否则不仅无助于问题的解决，反而会把问题复杂化，甚至对整个网络媒体的公信力造成负面影响。

《网络传播》：据新华社报道，2004年9月24日，新华通讯社社长田聪明参加在俄罗斯首都莫斯科举行的第一届世界通讯社大会，他在开幕式上说：新华网成了一个真正全面展示新华社产品的平台和载体，从而大大拓展了新华社的服务功能和影响力。同时新华社也正在研究如何

使新华网成为新华社新的经济增长点。您对新闻网站的商业价值有何看法？

周锡生：我认为互联网站不管是政府网站、新闻网站、商业网站，还是文化娱乐性的网站和其他专业性的网站，它们有共性也有特性。属于共性的主要是在内容的传播、国际互联互通、网络基本功能的应用和增值服务等方面。特性的方面就各不相同了。新闻网站特别是我国的新闻网站在性质、使命、定位、功能、价值等方面与商业网站有很大的不同，在很多方面甚至有本质的区别。不能简单地将新闻网站和商业网站放在一起谈论商业价值。

新闻网站，特别是国家重点新闻网站，我认为在任何时候、任何情况下都应该把新闻信息服务、宣传报道放在第一位，要自觉地、积极地、主动地服从和服务于党和国家的工作大局、国家利益、民族利益，服务于社会的进步与和谐发展。如果新闻网站不首先把主要任务完成好，不把作为主打产品的内容做好，而去追求所谓的商业价值，我认为不仅是本末倒置，而且在实际操作中也是不会成功的。当然，新闻网站在完成好首要任务的前提下也要积极拓展市场，增强自身实力和竞争能力，谋求长久的、全面的可持续发展，最大限度地保持队伍的凝聚力、人才的吸引力和稳定性。新闻网站作为互联网站的一部分，本身也具有很多的网络应用和服务功能，这些功能如果善加开发和利用，同样可以拓展它的商业价值。新闻网站的信息来源广，信息比较权威、可靠，其信息增值服务包括有线互联网和无线互联网，大有可为，关键是要把握得当，贴近市场、贴近受众，真正有价值，得到社会和市场的认可。

这几年来，新华网一直在这些方面进行积极的探索，做成了不少事情。今后，我们还要更好地利用新华网先进的网络平台优势，增强新华网的网络服务功能，开发利用好新华网的信息增值服务，开展好新华网的其他服务，在确保社会效益优先的前提下谋求更多更好的经济效益。

《网络传播》：新华网创办至今，我们觉得新华网不但有权威性，而且新闻做得特别好看，您能给我们讲一讲数年来新华网还取得哪些骄人的成绩，您能回过头来给我们讲一讲那些重大事件推出的台前幕后吗？

周锡生：新华网的前身是新华通讯社网站，2000 年 3 月正式改名为新华网。5 年多来，新华网在党中央的亲切关怀，国家的大力扶持和新华社的直接领导下，顽强拼搏，不断创新，扎实工作，连年实现跨越式发展，在海内外的影响越来越大。回顾这几年的发展，骄人的成绩谈不上，感受比较深的是以下几个方面。

第一，通过一系列重大报道，打出了自己的品牌和扩大了影响。比如对党的十六大、2000 年以来的全国“两会”、神舟五号发射、抗击“非典”、2001 年上海 APEC 会议、悉尼奥运会、雅典奥运会等重大事件、活动的报道，新华网充分依托新华社的整体实力和优势，都做了大规模的和创新式的报道，展现了国家重点新闻网站主力军的实力，为社会各界特别是为网民提供了比较有特色、有气势的网络报道服务，得到了上级主管部门和互联网界的一致好评。网民赞扬新华网不愧是“党的网、国家的网、人民的网”。

第二，这几年来凡国际国内发生的重大突发事件，新华网在很多情况下都是在全国网站乃至全球中文网站中第一播报。比如 2002 年 3 月 20 日，新华网在全球网站中率先播报了美国攻打伊拉克的消息。还有最近几年的民航飞机失事、清华北大爆炸案、印度洋地震海啸、莫斯科人质事件等等，新华网的快速报道给网民们留下了很深的印象，也因此较好地体现了新华网作为新闻网站的实力和特性。

第三，新华网在宣传报道上始终保持清醒的头脑，严格遵守宣传报道纪律，严格把好政治关、导向关、事实关、技术关，敏感问题、复杂问题不跟风，不炒作；十分注重新闻报道的真实性、权威性、可靠性。没有发生大的失误。作为年轻的网络媒体，依靠一支十分年轻的队伍，在比较复杂的环境中做到这一点是不容易的。

第四，新华网大力加强论坛建设，发展论坛的人气越来越旺。新华网“发展论坛”2001 年 3 月开办之初每天仅有 200 多人次登录，现在每天的访问人次已高达 30 多万，最多时接近 60 万。外界的反映是新华论坛的网友素质比较高，观点言论比较有见地、有分量，很多建言献策很有参考作用。

第五，新华网在办好自身网站的同时积极参与国家电子政务建设，先后承建了一大批中央和地方政府部门网站、机构组织网站、开发区网站等。新华网承建的上海 APEC 会议官方网站，得到了国际媒体的高度评价。现在我们正在加紧承建中华人民共和国中央政府门户网站，要求十分高，任务非常艰巨。这对新华网既是一次难得的机遇，也是一次艰难的考验和挑战。

至于新华网重大报道的幕后故事，确实有不少值得回忆。伊拉克战争报道就是其中之一。2001 年 3 月伊拉克局势急剧恶化，美国不断威胁要攻打伊拉克，战争随时可能爆发。当时正是“两会”报道十分紧张之时，新华网的采编人员十分紧缺，主要力量都在“两会”上。在此情况下，我们把家里仅有的年轻采编人员和返聘的老编辑全部调集起来，分成四个班日夜坚守岗位，紧盯全球主要通讯社、国外主要电视台和新华社前方记者发来的消息，在紧盯各种消息源的同时，我们十分注重分析形势，及时对事态进行自己的判断。根据当时的形势我们比较准确地估计战争很有可能在 3 月 20 日上午 9 时左右爆发，于是果断地把 38 名中英文编辑全部调集到一起，分成 12 个不同的发稿口，准备抢发稿件。在新华社驻巴格达报道员紧急传来战争打响的英文消息的几秒钟后，新华网就把中英文消息抢发了出来，同时接连不断地编发有关美国攻击伊拉克的最新文字、图片报道，推出大型专题进行战况分析和国际局势的分析，新华网的报道被各种媒体纷纷转载。新浪网总编辑陈彤说，新华网在报道伊拉克战争中夺得了金牌。这次报道新华网确实做得比较漂亮，使我们的队伍经受住了考验和锻炼。这次报道看似在时效上比其他网站只快了一点，但其中付出的艰辛只有新华网的同志们自己知道。

《网络传播》：在重大新闻事件报道上您和您所服务的网站做了哪些工作？有哪些心得？

周锡生：在重大新闻事件的报道中，我们的主要心得是首先一定要认真地学习和领会上级的指示精神，坚决贯彻上级指示精神，认真细致地做好新闻事件报道的策划和各项报道的准备工作，充分发挥集体的创意和力量，合理地安排人力，要求各岗位的报道人员必须加强执行力。在报道上要充分考虑新闻网站的特点，敢于创新。

新华网在重大新闻事件报道上有一系列创新。比如，2002 年新华网经中央和外交部独家授权，在人民大会堂现场直播中美两国元首共同会见记者的重要活动，新华网对这次活动进行了真正意义上的多媒体现场直播。新华网的摄像机第一次在国际重大新闻事件中与 CNN 的摄像机架到了一起。我们的现场文字报道、图片报道和音视频报道被美国、日本、意大利等外国主要新闻媒体的记者大量采用。这次报道开创了全球网络媒体真正意义上的多媒体现场直播的先河。外国主要媒体的记者在现场感到十分吃惊，纷纷赶来观看。美国白宫记者、日本记者等干脆从新华网上直接下载内容发稿。

《网络传播》：“网络无改稿，社会责任大”，您的这句话几乎成了网络媒体从业者的座右铭，您能结合网络媒体的特点进行深入阐述吗？

周锡生：网络媒体是一种全新的媒体。网站上发布出去的任何消息都没有更改的余地。这一点与报刊、电台和电视台等传统媒体的新闻播发方式是不同的。我一再向我们的编辑们强调，网站编发稿件不是个人日记，日记可以随心所欲、涂涂改改。可网络无改稿，社会责任大。稿件一旦发出，它就成了完全公开的东西，没有任何还手之力。随着网络媒体的影响越来越大，网站和网络编辑承担的责任也越来越大。

新华网播发的稿件不仅会瞬间传播到五洲四海，而且会瞬间被国内外各种搜索引擎收录，想改稿和撤稿是不可能的。新华网作为国家主要新闻网站承担的责任就更加重大，无论是一条新闻还是一条信息，如果报道失实，后果将不堪设想。所以网站的编辑一定要慎用鼠标、慎发稿件，不仅对文章的选题、标题、内容要特别慎重，而且对其中的标题符号也都要格外慎重。

《网络传播》：您曾经就做好网络媒体提出“要以党性原则做指导和以‘三贴近’原则指导实践”，那么您认为网络媒体新闻宣传应该怎样发挥自身优势？

周锡生：网络媒体要发挥自身的优势，除了必须遵循新闻报道的基本规律和纪律外，还必须首先认真思考和重点解决两个问题：一是网络媒体、新闻网站自身究竟有哪些优势，可以发挥哪些优势；二是如何根据网络媒体的特点来充分发挥优势。我认为作为新闻网站，特别是重点新闻网站，首先要发挥好自己的新闻信息报道的权威优势、原创优势，要有自己的第一手新闻信息，要有自己对新闻事件的分析判断，不能忙于照抄照搬和转转贴贴。否则是不可能体现出优势的。

网络媒体要真正发挥优势，必须在内容上做大做强、做精做细，必须充分考虑到网络媒体受众的需求。网络媒体的受众很大一部分不是因为看不到传统媒体才来看网络媒体的，而是希望在传统媒体之外看到更多、更深、更细、更实、更精彩的内容。所以要充分考虑网络媒体受众的需求来做好网站的内容，充分运用网络媒体的新手段、新形式，使网民对网站的内容想看、爱看。

《网络传播》：新华网办出这么多特色栏目来，一定跟您本人分不开，因为熟悉您的人都知道，您是个非常资深的媒体人，而且互联网界对您的评价非常高。能不能介绍一下您自己的经历，或者做新华网的感受？同时借此机会再给刚刚从事网络业的或者将要从事网络媒体业的年轻人提一个希望，建议他们应该强化哪些素质？

周锡生：谢谢你的夸奖和大家的鼓励。其实我只是一个普通的媒体从业者，如果说有些个性，就是我责任感比较强，比较喜欢思考一些问题，不固执，善于博采众长。国内外的主要网站不仅仅是新闻网站，都是我日常调研的重点，也是我创新的源泉。从我自身的经历来说，比一些年轻的网络媒体人来说要丰富一些。当过新华社驻外分社的记者、首席记者和社长。办过杂志，当过总编辑和总经理。岗位变化比较多，但总体来说，一直是在从事媒体工作。正是这些不同的岗位，使我得到了锻炼和提高。

要说做新华网的感受确实有许多，主要的感受是艰难、压力和拼搏。新华社领导把我放在新华网总裁的岗位上，我别无选择，必须竭尽全力把自己的工作做好，否则对不起领导，对不起新华社，也对不起关爱新华网的网民。新华网这几年快速发展，除了要感谢上级领导的亲切关爱、直接领导和大力支持外，我要借此机会特别感谢我们的团队、我的同事们，他们付出了很多很多，大部分中层干部连续几年放弃了周末休息日，没有他们的全力支持、帮助和困难时刻的同心协力，新华网很难把繁重的任务承担下来。

对于网络媒体的年轻从业者，我建议他们首先要强化政治理论素质和新闻专业素质。如果这两个素质提不高是很难当好新闻网站的编辑记者的。我对自己的要求是学习学习再学习，敬业敬业再敬业，努力努力再努力；竞争面前不畏惧，艰难面前不退缩，成绩面前不骄傲。这些既是对我自己的要求，也是与网络媒体年轻从业者的共勉。

《网络传播》：随着信息传播技术的不断升级、传播手段的日益多样化以及受众不断地被市场细分，新华网对下一步的发展有哪些战略上的高瞻远瞩？您有哪些思考？

周锡生：现在国内外互联网的发展确实异常迅猛，互联网本身是一个崭新的事物，互联网的发展必然会直接影响到网络媒体的发展。从新华网来说，既要立足自身，更好地挖掘自身潜力，发挥好自身优势，更要扩大视野，不断学习，博采众长。最近我们正在进行一些必要的调整。首先要在内容上真正做到导向性、准确性、可读性、贴近性和生动性的良好结合。网络媒体是一种全时化的媒体，要充分发挥全时化媒体的作用，要从新闻信息的量到质都有新的创新和发展。同时，我们在技术建设、队伍建设和品牌建设上，采取更多的措施，这些方面我们一直在思考，也在不断地调整。

（《网络传播》记者　张世福）

第三篇

中国日报网“环球在线”

简　　介：中国日报网站，是国家9家重点媒体网站之一，是集新闻信息、娱乐服务于一体的综合性新闻媒体网站。日访问量1200万人次，服务于国内外主流中高端读者群，备受海内外各领域高层次读者青睐，是沟通中国与世界的网上桥梁。2006年改版之后，中国日报网包括“环球在线中文网”“中国英文门户网”“英语点津双语网”三大板块，共50多个频道，300余个栏目。“环球在线”作为中国日报网站中文频道的首页，第一时间报道重大国际事件，以高质量的新闻稿件让国

内网民了解世界，用精辟的独家策划及评论引领国内网民解析时事新闻。同时，“环球在线”不断壮大的资深国际报道团队和全球特约撰稿人队伍，继续为网民深度挖掘事件，在以独特视角解读新闻，汇集国际时政、军事、博览等国际资讯的同时，还囊括中国的经济、政治等各类重大新闻，并以独特的视角评说新闻事件，同时涵盖文化、城市生活、新闻图片、新闻漫画、英语论坛、奥运、时尚及娱乐等内容，为网民打造了一个中国人的国际视野平台。2007 年，中国日报网站中文频道——“环球在线”凭借即时迅捷可靠的国际资讯、富有影响力的精品策划以及在业界的广泛知名度，获得了网民和专家的一致认可，首次获得“2007 年度中国互联网站品牌栏目（频道）”称号。

理　　念：环球精彩由我展开！我们读世界，网民读我们！

特　　色：独家策划，深度采访，专家剖析，清晰把握全球脉搏，第一时间领略环球精彩内容，是中国人的国际视野平台

板块内容：“中国”“国际”“评论”“财经”“博览”“视觉”“专题”“娱乐”“时尚”“论坛”“博客”

经典板块：“环球博客”“意见领袖博客”“《中国日报》独家”“《中国日报》记者博客”“地方频道”“环球对话”“影像志”“环球周末”“天下聚焦”“环球博客”“全球政要”“意见领袖博客”

域　　名：http：//www. chinadaily. com. cn/hqzx/

中国的窗口　世界的眼睛

——对中国日报网“环球在线”的评析

会聚环球风云变幻，展现各国别样风情。“环球在线”将自身定位为“网罗社会各界新闻信息的平台，政府了解民意的新窗口”，通过自己独有的特约顾问团队伍、海内外专家和知名评论人为网民权威解读事件背后的新闻。2000年以来，中国日报网站采编的国际报道一直是国内主要商业网站和各地都市类报刊国际版的重要新闻来源。而作为中国日报网站重点推出的网络品牌栏目，“环球在线”除了在提供《中国日报》报系所有内容在线阅读外，凭借《中国日报》报系雄厚的采编实力和一流的技术平台，综合国内外权威新闻机构最新信息，还为网民提供权威、及时、准确、丰富、贴近生活的资讯。网络电视和多媒体音画集等先进网络技术的应用，也体现了“环球在线”在技术和传播形式方面的不断创新。“环球在线”用“我们眼中的世界”这样的理念充分发挥中国日报网的信息优势，在做好本土的栏目之外，把视角延伸到海外，成为联系国内外的纽带。

一　三次重大改版增色增辉

在中国日报网站中文环球资讯提出的“精品意识：杜绝一味信息堆积，精心编辑、科学梳理，将庞大的世界资讯去其糟粕，取其精华”的核心理念下，2003年9月中国日报网站推出全新的中文综合国际资讯频道——环球资讯（www. worldinfo. chinadaily. com. cn）。新推出的“环球资讯”由原来的中文国际新闻频道发展充实而来，也是中国日报网品牌频道“环球在线”的前身。中国日报网站利用互联网空间广大、传播迅速的优势，率先为网民开辟了一个网上的国际信息“专卖店”，在第一时间把丰富的国际资讯传达给网民。这一频道的创建不仅为中国读者了解世界开辟了捷径，同时也标志着互联网媒体的分众趋势正逐渐加强并走向成熟，更重要的是成就了日后的“环球在线”这一品牌。

“环球资讯”是国内首家专业的中文国际资讯垂直网站，它完全改变了国内综合新闻网站中“国际”只占一角的传统模式，把一个丰富多彩、瞬息万变的国际社会和环球生活全面地展现在网友面前。“环球资讯”在内容上除保持国际时政新闻、国际财经、国际军事外，还广泛涉及世界文化、娱乐、健康、科技、生活时尚等多个领域，为网友打开一扇了解世界的窗户。[①]在中美撞机事件、“9·11”恐怖袭击报道，以及美国对伊拉克战争等事件的报道中，“环球资讯”创下快速、准确、全面、生动的良好口碑，并脱颖而出不断发展壮大，成为专业化的国际资讯提供平台，成为中国网民了解世界的不可或缺的重要渠道。

2006年3月经过挫折与成功、历练与思考，中国日报网站做出了改版调整，“环球资讯”成长为今天的“环球在线”（hq.chinadaily.cn）——中国最热门的网上环球热点新闻和环球时尚资讯平台，一个全新的中国人的国际视野平台。改版后的“环球在线”用最清晰的方式、最轻松的内容、最权威的解读，成为中国人了解世界的最佳窗口。“环球快讯”通过时空的立体展现方式使网民把握每日环球脉搏；“环球博览”“搞笑幽默”“多彩声音”等栏目展现了人们鲜亮多彩的生活。而在这次改版中最突出的是“环球在线”独辟蹊径隆重推出的国内第一家专门介绍海外博客的频道——“环球博客”，开创了介绍海外博客之先河。这个栏目由“环球在线”与国际关系学院文化与传播系合作推出，国家重点网站与重点高校合办栏目，为在校大学生提供实践的广阔平台，这在国内尚属首次。

“环球博客”从六个类别为广大网友推荐海外精彩博客，包括新闻、生活、多媒体、游戏、体育。而且，每一类别都藏龙卧虎：新闻博客不仅聚集了外国各报纸的记者和编辑，还有爱好者以猫的角度来评论世界；生活博客中，不仅有外国网友的游记和图片，还有网友介绍“美国式的活法”；多媒体博客则是一应俱全，有网友的视频搞笑，也有民间高手的摄影比拼；娱乐博客告诉你外国“粉丝”如何追星；在体育博客中，你可以了解英国球迷如何看待英超；游戏博客更是不容错过，

① 陈为民：《中国日报网站推出全新中文频道“环球资讯”》，http：//www.people.com.cn/GB/14677/14737/22035/2079574.html.

可以与日韩的游戏高手一起琢磨攻略……另外，博客新闻向网友介绍博客的最新动态，“博客的奥斯卡”“美国狗仔博客”……令人耳目一新；精彩博文则是海外博文的精选，不仅能了解到不同文化不同背景的博友思想，还能跟五湖四海的博客主交朋友。

2007 年 5 月，中国日报网站旗下的中文资讯网站“环球在线”（hq. chinadaily. cn）又再次全面改版。新版“环球在线”以“关注国际时事风云，聚焦中国国家战略”为宗旨，致力于为广大网民提供一个了解世界资讯、交流思想观点、分享国际视野的互动平台。尤为值得关注的是，新版“环球在线”首次推出两个栏目“全球意见领袖”和“行走天下”。为了和本国的人民交流，许多国家的领导都纷纷开设了自己的博客。鉴于中国网民很少能接触到这些令人瞩目的全球政要博客，“环球在线”特别制作了全球热门政要中文博客，通过《中国日报》的国际资讯报道优势，直接展示这些政要本人博客的内容、搜罗全球媒体对政要的报道和评论、记录政要们日常生活中的趣事逸闻等，向国内网民全方位多角度地介绍全球著名领导人和政治新闻人物。目前已经开通包括美国总统布什、英国首相布莱尔、法国大选的热门女候选人罗亚尔等在内的著名政要博客。此外，该频道还以政要博客为基础成立了国际时政博客圈，通过博客等互动方式，使广大网友对这些意见领袖们的观点进行交流，让那些热爱思考的人们能够通过“环球在线”“与思想领袖们一起思考”。同时对于网友中间有价值的观点，“环球在线”还将及时汇总，通过多种方式与这些意见领袖们进行互动。中国日报网站“环球在线”总监周晓鹏介绍，“全球意见领袖”栏目将会采写国内外经济、学术、媒体领域有影响力的知识分子，利用中国日报网站的语言和媒体资源等优势，让广大网友在第一时间了解世界和中国“最有思想的人们”的想法和观点。①

“行走天下”作为国内网站中首个以分享海外个人经历为主题的人文类栏目，与一般网站的旅游类频道不同，其所关注的不是对海外旅游景点、路线和经验的介绍，而是着力展示中国人在海外的个人体验和对当地民间社会的感受。现在，有越来越多的人开始背起行囊，独自或结

---

① 摘自《中国日报网站环球在线全面改版》，http：//gb. cri. cn/14714/2007/05/08/106@1578237. htm。

伴出行，亲身了解外面的世界。由于多种原因，一直以来中国人对于海外既关注又缺乏真实的了解。为此，“环球在线”通过“行走天下”栏目和“行走”博客圈吸引了许多有海外生活经历或全球旅行见闻的人，其中像袁婷婷、独行伊夫、Beistyle 等人的博客已经会聚了国内众多网民和追随者。

此外，新版“环球在线”还关注深度报道和角度分析，全新推出多名资深学者和媒体人士的独家专栏，推出全面解读热点新闻事件的“环球周刊”，以及及时跟踪和分析突发新闻的“独家连线”等独特栏目。

二　三个“度”夯实频道根基

（一）速度

新闻是新近发生的事实的报道，由此可以看出时效对新闻的重要性。对任何一家新闻媒体来说，掌握了第一手资料就是掌握了受众，也就获得了舆论领导力，“环球在线”也不例外。

在首页页面的中间一栏，“即时播报”以滚动播报的方式在第一时间告诉读者发生了什么事情，体现了新闻的及时性。大特写的图片图文并茂，吸引读者的阅读兴趣。例如，在 2008 年新春伊始，罕见的冰冻雪灾袭击全国大部分省区，尤其是南方地区，在《各地众志成城抗冻救灾》的专题中，又分为若干小的板块，有图片展示、大标题新闻、要闻聚焦、图片新闻、灾情快递、应急响应、评论分析、最新天气预报。在当时的情况下，有效地把各方的实时情况汇集到一起，便于及时地了解各地的抗冻救灾情况。

首页最下方的“友情链接”，分为媒体、机构、学术、海外、合作等几个方面，网民在阅读“环球在线”新闻的同时可以随时链接到其他相关网页，既增加了信息量又节省了搜索网页的时间。

在“直播客”中，播客和摄影图片表达了网民的视角，把网民看到的拍下来，在鼓励大众参与的同时提前进入读图时代，这也体现着“环球在线”的速度。在“论坛”中，丰富的栏目设置足以让读者畅所欲言，“环球政论”“煮酒清谈”“家长里短”等给读者提供了在第一时间表达言论的空间。

在“环球在线”的创建伊始，内容信息量并不是太多，有些还是从其他网站转载过来的，这对于网站的发展是非常不利的。在反思总结的基础上，它大胆做出改革，开设了手机报版。与手机运营商的联合扩大了受众的范围，保证了新闻传播的速度。无论从新闻报道、新闻链接、网民的及时沟通以及传播方式上，无处不体现着“环球在线”对速度的追求。

（二）角度

“环球在线”能在第一时间报道重大国际事件，以高质量的新闻稿件让国内民众了解世界，以独特视角解读新闻。

“环球在线”首页的设置，凸显了“我眼中的世界”，左上角的大特写图片给人以视觉冲击力，引发了读者的阅读欲望。接下来的《中国日报》独家报道和《中国日报》记者博客，都从新颖的角度报道了当代中国的别样变化。例如，在厦门“PX”事件中，就在2007年12月14日连续发表《超过90%的厦门市民代表反对海沧PX项目》和《厦门公众代表强烈反对海沧PX项目》两篇报道，从公众的视角出发写出了厦门人民的心声。在针对西藏拉萨“3·14”事件中，“环球在线”在4月15日发表了多篇独家报道：17时35分《一位芬兰人眼中的真实西藏》；22时34分《藏区导游：游客们很快就会到来》。4月17日：22时15分《意媒体大亨：借西藏问题阻挠奥运》；22时25分《北京将建成西藏文化博物馆》；22时39分《西藏的历史不容忘记》等几篇报道写出了真实的西藏。同时，“环球论坛”附以《德网站曝黑幕：西方势力与达赖集团策划西藏事件》，以充分事实说明了西藏事件的是非曲直，为中国媒体或多或少地挽回在“3·14”事件报道上的被动局面。

在“记者博客”栏目下，“风语中国”“感受灵魂的冲击”“肖一鸣的博客”“胡亦南的博客”“姜东的博客”等，反映了记者在新闻事件中真实的内心状态，其中也展示了记者在采访中的所见所想。如“黄一鸣的博客”中，2008年4月22日《春节，我们在灾区现场》，里面记录了他在工作中的琐事，正是这些琐碎的描述，记录了最真实的新闻，也从另外一个角度表现了事件的背景，给了读者自由思考的空间，以便对事件得出自己的结论。

（三）深度

在当今信息快速发展的同时，媒体的竞争也日趋白热化，在激烈的竞争中显示自己的声音，发挥舆论的领导力作用，使自己成为主流的媒体，这是各媒体追逐的目标。照这样的思路推算，只报道新闻是不够的，一个媒体要有自己的特色。中国日报网“环球在线”将自我特色方面发挥得淋漓尽致，它用一个页面的空间来供人们进行思想交流。在“环球在线”的评论中，该频道搜集了各媒体关于最新新闻的评论，在其后的本网视点中，还显出了自己的思考，如在2008年1月15日《请别再叫他们“农民工”》的报道中，“要想让这些势利的城里人同情尊重农民工恐怕比登天还难。但是我们能不能至少不要叫他们‘农民’？因为这听起来就和20世纪六七十年代称他们‘乡巴佬’一样充满了蔑视的口吻。他们不是‘土包子’、不是文盲、不是无知的傻子，更不是罪犯。如果你真的认为他们就是这样的人，是该好好反省一下的时候了”。[①]

在“新闻漫画”栏目的设置中，用一幅别具风格的漫画凸显一个新闻主题。在右边的“名刊要览”中，链接各国有较高知名度的刊物，便于网民在阅览同一新闻的时候知晓国外刊物对这一事件的态度；随后的“评论排行”使网民了解最热的新闻评论是什么。在下面的页面中，“谈政论经”书写了当今中国的政治经济热点；“国际焦点”报道了国外最新的新闻评论；“思想之门”中显示了大众对当今热点的思考；“本网专栏”突破了传统的文字形式，用图片清晰地展现了将要评论的新闻事件；“语出惊人”发出了网民对某一新闻事件的第一声。还有友情链接：人民网观点频道、新华言论、国际在线管窥天下、新浪每日评论、搜狐评论、凤凰评论、红辣椒评论、网易评论等，可以在同一时间内更多地了解到大量丰富的信息，从另外一个角度突出了评论的深度。

当然评论讲究有深度还是不够的，对一个事件的追踪报道也是必要的。在2008年举国同庆奥运会这一盛事时，“环球在线”就着眼于奥运会的全民性，开设了奥运会专题“同一个世界　同一个梦想”，从奥运会的筹办、火炬手的选拔、赞助商的活动等方面全面展示了奥运会，仅是图片报道就足以让网民过足资料瘾，而且每一个图片都有相关的链接，真正做到了全方位的报道，挖掘出了深度。

---

① 欧平编译，张峰、王薇撰写《请别再叫他们“农民工”》，http：//www.chinadaily.com.cn/hqzx/2008－01/15/content_ 7242266.htm.

三 三次“对话”营造品牌效应

“环球在线”除了在“角度、速度和深度”上重新诠释新时期的国际新闻报道，而且在2006年8月、11月以及2007年7月，中国日报网站主办的《环球对话》系列活动中重磅推出“对话日本”“对话美国”“对话俄罗斯”等大型两国民间交流平台。“对话日本”和“对话美国”得到了数十万中国网民的积极参与，不仅增加了中国和日美两国民众的相互了解，也向海外展示了中国网民良好的形象。其中，在境外舆论对我产品质量出现不实报道的重要时刻，“环球在线”适时独家推出了“对话美国卫生部长”的网上访谈，取得了良好的对外宣传效果。

“对话日本”的活动得到了中国网友的积极参与，共收集到提问数千个，经过网友投票和专家评选，最终选取了10个由中国网友提出的代表性问题送往日本，并得到了数位来自日本政治、经济、媒体和民间人士的回答，比如“你如何看待钓鱼岛主权归属”“你如何看待第二次世界大战”“你对美国驻军日本有什么感想”等。这是我国第一次举办中国网民与国外人士的直接对话活动。从中国网友的提问可以看出，对于日本，中国网友的关注点大部分集中于中日在政治层面的摩擦上，其中涉及靖国神社、钓鱼岛等历史和领土问题的提问最多。专家指出，这种情况比较正常，反映了目前中国民众看待日本的视角，不过这种视角可能会妨碍中国民众对日本在经济、文化、社会等方面的了解。中国日报网站“环球在线”总监周晓鹏表示：“综观这次中日网络民间对话，不是一种求同存异的传统模式再现，而是一种把差异摆上来的活动。我们希望通过这个平台能够让中日双方了解对方真正的想法。作为两个有着利益与历史冲突的国家，完全消除敌意几乎是不可能的。但即使有误会与敌意，真正放在表面上交流，总比大家都不知道对方的真实想法要好。对话交流或许不能解决所有的问题，但它是解决问题的开始。这也就是对话活动最大的意义。”①

在“对话美国”的活动期间，中国网民通过中国日报网站和搜狐网共同搭建的网络平台，就美国政治经济文化生活，以及中美关系等领

---

① 摘自《网络搭台中日民间直接对话 互通民意为改善关系前提》，http：//www.chinadaily.com.cn/hqkx/2006－09/21/content_693690.htm。

域提出诸如“以超强武力做后盾，维持单极世界秩序真的能确保安全吗?”“美国人认同建设和谐世界的理念和目标吗?”“美国大众如何看待中国的和平崛起和在世界上承担的角色?”“美国作为目前世界上最强大的国家，应该为构建和谐世界做出怎样的贡献?”等自己最关心的问题。此外，网民在“对话美国”活动的提问还涉及中美政治经济交流沟通、台海局势未来走向、美国内所谓“中国威胁论”论调、伊拉克动荡局势和反恐战争等议题。

由于2007年是俄罗斯的“中国年”，中俄之间首次通过网络平台进行大规模的对话交流。因此，此次“对话俄罗斯”的活动得到了俄方的高度重视。俄罗斯副外长洛休科夫、俄罗斯前驻华大使罗高寿等俄方政界要人代表俄方回答中国网民提问。俄罗斯时任驻华大使拉佐夫也特别为该次活动做了视频致辞。该活动负责人、中国日报网站“环球在线”总监周晓鹏表示，“中俄之间这样的大规模网络对话活动前所未有，多位俄方政要参与也非常罕见。对于中国网民来说，无论从历史纠缠、现实利益还是未来发展来看，俄罗斯这个国家都是中国无法回避的，也更是需要我们了解的，因此中国日报网站希望能通过本次活动，为中国网民了解俄罗斯搭建一个高端网络平台”。①

对话系列活动利用互联网技术拉近国与国之间距离，通过民间层面的交流，让中国民众更了解他们关心的国家。此类交流、借鉴、学习的平台通过与商业网站的合作取得了良好的点击效果和社会效果，甚至引发中央电视台等国家级媒体的“对话外国”热潮。正是通过这次对话热潮，“环球在线”在2007年迅速扩大了影响力，营造了品牌效应，获得了“中国互联网站品牌栏目（频道）”的殊荣。

（周晓明　于晓霞）

① 摘自《中国日报网站搭建网络平台　中国网民直接对话俄政要》，http://www.chinadaily.com.cn/hqzg/2007－07/16/content_5437157.htm。

我们这样描述世界*

从可口可乐到 NBA，从麦当劳到麦当娜，全球化带来了所谓的四海一家。互联网作为全球化最有力的“推动者”和典型标志之一，曾使人们认为，这个真实的世界将会通过无法触摸的空间变得简单而清晰。然而，事实并非如此。

这是一个最好的时代，也是一个最坏的时代。狄更斯在《双城记》中这样写道。150 年后，当描述这个世界的时候，这句话依然如此鲜活。的确，我们正在经历的这个时代，充满了激情与平淡、变化与停滞、和谐与冲突、清晰与迷惑。消费品和消费理念的全球化并不意味着世界就此会变得简单易懂。同样，网络信息时代，人们不无郁闷地发现，太多和太少的信息，同样都会让人失去方向。

而越来越清晰的是，想及时把握这个世界的方向已经成为现代中国人的渴望。因为曾几何时，这个世界对于中国人来说太陌生了，而为此付出的代价又那么惨痛。而当中国参与全球共同发展的历程已不可回头时，“需要”已成为中国人了解世界的最大动力，开始逐渐取代了“渴望”，因为我们的日常生活和国家命运都已经与世界紧密相连。

伴随着国人对环球资讯的渴求和需要，中国日报网站四年前开始推出中文环球资讯。而从那时起，作为年轻的新闻人，与成长的中国和我们的同胞一起了解这个多彩的世界，探寻中国在这个星球的位置和价值，成为我们的动力和梦想。

如今，经过挫折与成功、历练与思考，四年前的“环球资讯”终

---

* 标题为原文所有，原文摘自环球在线，http：//www. chinadaily. com. cn，2006 年 3 月 19 日。作者李宏，原文载于 http：//www. chinadaily. com. cn/hqpl/2006 - 03/19/content_546538. htm。

于成长为今天的“环球在线”——一个全新的中国人的国际视野平台。

因为关注世界的脉搏，所以有了希罗多德的《历史》、基辛格的《外交》……

因为关心中国的命运，所以有了林则徐的《四州志》、梁启超的《少年中国说》……

因为有描述世界的冲动，所以有了《南方周末》的“天下”，《经济观察报》的“观察家”……

因为融合了上述所有的原因，所以有了今天的“环球在线”。

它将用最清晰的方式、最轻松的内容、最权威的解读成为中国人了解世界的最佳窗口。这里没有纷繁杂乱信息的无序堆砌，因为我们知道无序和无用的信息不是价值而是负担。“环球在线”每日提供的“环球快讯”足以使你把握每日环球脉搏，并且会通过时空的立体方式展现。这里的内容不一定会让你泪流满面，但一定会让这个世界清晰呈现。

这个世界不仅只有政客们的尔虞我诈，它的缤纷让这个地球丰富、鲜活，也会让人们开心忘我。通过“环球博览”“搞笑幽默”“多彩声音”，“环球在线”将展现鲜亮、人性的一面。这个世界每天到底发生了什么？为什么发生？意味着什么？这三个问题同样重要。“环球在线”通过自己独有的特约顾问团队伍、海内外专家和知名评论人为大家权威解读事件背后的脉络。

这里有世界，这里有中国；这里有严肃，这里有轻松；这里有深邃，这里有通俗。这里更有我们——这群年轻新闻人的理想。我们希望通过“环球在线”把这些与所有关注世界、关心中国的朋友一起分享。和我们共同踏上描述世界的旅途吧，环球精彩将由此展开！

（《中国日报》网络中心主编　李宏）

第四篇

东北网“东北亚”

简　　介：“东北亚”栏目所属的东北网是黑龙江省唯一的重点新闻网站。作为黑龙江省最大的互联网新闻媒体，东北网具有权威、迅捷等特色，每天发稿1500余条，其中以黑龙江新闻、东北亚新闻、东北

东北网 www.northeast.cn
首页 | 黑龙江 | 东北亚 | 国内 | 国际 | 教育 | 法治 | 图书 | 社会 | 体育 | 娱乐 | 报刊
图片 | 黑龙江黄页 | 动漫 | 游戏 | 健康 | IT | 手机 | 房产 | 旅游 | 汽车 | 经贸 | 实用信息
餐饮 | 企业 | 经纪人 | 评论 | 论坛 | 博客 | 访谈 | 中文简体 | 中文繁体 | Партнеры | 社会 | English

东北亚新闻
中国互联网品牌栏目
www.dbw.cn 2008
东北网“东北亚”栏目
获“2006年度中国互联网站品牌栏目（频道）”
国务院新闻办公室互联网新闻研究中心
中国互联网协会互联网新闻信息服务工作委员会

东北亚要闻 俄东部 日本 韩国 朝鲜 辽宁 吉林 内蒙古东部 蒙古 韩流日涨 东北亚鲜趣 专题 口岸 俄常用语 俄民俗

日本举行3000人书法大赛
· 【图文】沈阳一大学校园有片“感恩林”
· 【组图】雪人新年“爬”上沈阳棋盘山
· 【组图】沈阳首批女兵出征
进入新闻>>

东北亚要闻 important news +更多
日放宽武器出口三原则谋与欧美共研武器
· 韩国利川火灾索赔达成妥协 罹难者可获2.4亿韩元
· 日本在东南亚藏宝的秘密：黄金大量藏在菲律宾
· 辽宁再次上调基本养老金发放标准平均上调100元
· 韩中年男人也爱美 争先恐后去注射男性荷尔蒙
· 韩国降低中国泡菜入境抽查比例 事件解决
· 韩总统当选人李明博慰问冷库爆炸遇难者家属(图)
· 日本执政党计划在众院再次通过新反恐特措法案
· 韩将为利川火灾中国遇难者遗属尽早来韩提供方便
· 韩爆炸事件中遇难者身份两周后将得到确认
· 日高官访阿联酋 希望阿联酋方面能帮助稳定油价

东北亚专题 special
朝核六方会谈重启
【专题】朝核六方会谈重启
· 【专题】俄罗斯的老哈尔滨人
· 【专题】韩国明星情人封号
· 【专题】中国网络媒体吉林行
· 【专题】吉林辽源中心医院发生火灾

韩国播报 broadcast +更多
· 韩国：崇礼门纵火者认罪 民众悲愤市长致歉 02-13 07:48
· 韩国政府高官因崇礼门被烧毁一事引咎辞职 02-12 20:58
· 韩国崇礼门纵火嫌犯是70岁老汉 对罪行供认不讳 02-12 10:11

对俄经贸信息 communication +更多
· 中俄经贸关系长足发展 双边贸易连续8年快速增长
· 1-7月份绥芬河市对外贸易突破30亿美元
· 中俄最大技术经济合作项目 田湾核电站投

论坛为特色，深受广大网友的喜爱，在中文互联网新闻业中具有一定知名度。目前各级页面日点击量逾500万人次。

东北亚新闻以介绍展示东北亚区域内的政治、经济和文化要闻为特色，包括东北亚要闻、东北亚专题、东北亚鲜趣、俄民俗、俄常用语等17个子栏目，其中俄常用语、俄民俗等深受网友喜爱，在东北亚有较大的影响力，是东北地区最早创办的东北亚专业资讯专栏。荣获“2006年度中国互联网站品牌栏目（频道）”称号。

栏目定位：引领本土网上舆论，做好本土文化的“大外宣”，服务东北亚，全球视野

栏目理念：以“立足东北亚”为建设理念，挖掘地方特色，放眼周边世界，不仅是网民们了解东北亚的窗口，更是人们走出东北，走向世界的平台

栏目特点：浓郁地方特色，特定新闻资讯，精而专

栏目介绍：包括“东北亚要闻”“东北亚专题”“东北亚鲜趣”“韩国播报”“东瀛传真”“俄东部新闻”“朝鲜速递”“辽宁新闻”“吉林新闻”“内蒙古东部”“蒙古新闻”“韩流日流”“对俄口岸”“俄常用语”“俄民俗”“对俄经贸信息”“东北亚概况”17个子栏目

经典栏目：“东北亚要闻”“俄常用语”“俄民俗”

域　　名：http://nea.northeast.cn/

小区域，大影响，新发展

——对东北网“东北亚”的评析

随着网络的普及、网络技术的发展及网站制作成本的降低，各大地方新闻网站如同雨后春笋般涌现。政府的支持、传统媒体的依托、网站的本土特色化，一系列的保障措施使地方新闻网站灵活穿梭于风起云涌的网络市场，并迅速发展壮大，巧妙地从中分得了一杯羹，最终成为互联网大家族的中坚力量。在纷繁的信息潮流中吸引受众眼球，更好更贴切地服务于受众，是地方新闻网站的生存之道。而打造本土化、品牌化、特色化的新闻网站则成为地方网站争夺受众，抢占市场的主打牌。

东北亚新闻栏目隶属于东北网，以介绍展示东北亚区域内的政治、经济和文化要闻为特色，包括“东北亚要闻”“东北亚专题”“东北亚鲜趣”“俄民俗”“俄常用语”等17个子栏目，是东北地区最早创办的东北亚专业资讯栏目。它立足东北亚，深挖本土信息资源，依靠强烈的东北地方特色吸引了大批网民，并一举拿下“2006年度中国互联网站品牌栏目（频道）”。正是这种强烈的品牌意识，才使东北亚新闻栏目成为颇具竞争力的地方新闻栏目。

一　区域网站之优势特色

（一）特色立网　品牌突进

网络信息浩如烟海，给我们带来无限的便利。有时候，它又犹如茂盛的原始森林，那些五花八门的新闻资讯，常常让人迷失其中。这时候，树立个性化坐标——打造适合忠实用户的新闻产品的任务，自然落在了地方新闻网站的身上。正如美联社汤姆·柯利所说：在如今这样一个个性化的新闻世界，内容完全可以适应个人而无须个人来适应新闻内容。另一方面，地方网站、专业网站在人力、物力、财力、影响力等资源上都无法与大型门户网站抗衡，因此更适宜创造独具特色的信息服务。抓住用户关注的“点”，以特色化甚至“个人化”的信息服务思路，才能在这个群雄逐鹿的网络大战中占得一席之地。

“金黔在线”的总编辑张幼琪认为：中央新闻网站和门户网站是“信息超市”，地方新闻网站就应该走地方“信息专卖店”的路，不需要盲目追逐在信息的海洋里与大门户网站竞争“作业”，而是“兔子往山上跑”，在本土化领域跑出速度、地位和作为。①

东北亚新闻频道以“本土化”作为立网宗旨，页面分为17个板块，分别从新闻资讯、专题、鲜趣、日韩流、对俄口岸、俄风俗、俄用语几个方面详尽地向人们展示了东北亚的政治、经济和文化内涵。其中“东北亚要闻”子栏目整理汇集了包括俄东部、韩国、日本、蒙古国、朝鲜国家以及我国内蒙古、辽宁、吉林等省区的最新要闻资讯，并把它们在第一时间全方位展现给受众，切切实实成为网民了解东北亚，了解世界的一个窗口。这是一个横向的全面的信息传播方式。另外，频道设置了韩国播报、东瀛传真、朝鲜快递等8个板块，纵向地向受众提供每个地区的新闻资讯，给偏爱某个地区的受众带来了方便和惊喜。

（二）做细做精　贴近受众

然而，对于地方新闻网站而言，即使是打出“本土化”的招牌，依然要面对比如中央重点新闻网站和商业网站的双重夹击。随着这些大型综合性门户网站的不断整合和壮大，地方网站越来越难突破地域限制与其竞争，因此，如何使出留守本地的“优势法宝”，如何在“本土化”的基础上进一步做细做精，将成为地方新闻网站真正有威力的“杀手锏”。

首先，从东北亚新闻频道的主页面设置上来看，整个网页结构简洁清晰，分为三大板块，页面的上端是“东北亚要闻”和组图新闻，下端的左边是各个区域新闻板块，右边是娱乐资讯、特色服务板块。网页设置如此清晰明了，即使是第一次进此网站的受众也能很容易找到自己想要的信息。这不仅体现了网站功能形象结构的严谨性，而且很大程度上增进了阅读亲和力，以友好的姿态迎接每一位来访者。

其次，东北亚新闻频道在传播上很好地实现了信息的贴近性。沈阳

① 张世福：《做好本土文化的“大外宣”——访金黔在线总编辑张幼琪》，《网络传播》2007年第7期。

网主编周杰认为，新闻门户网成功与否不是只看新闻的信息量，更要看新闻的权威性和网站的贴近性。信息量决定影响面，权威性决定影响力，贴近性决定浏览量。[①]东北亚新闻频道提供单一的东北亚相关新闻，舍弃某些地方新闻网站“一锅端”“大杂烩”的传播模式，不在于追求信息量，而是在做细做精上做文章。尤其是在本地重大新闻的采编上，尽可能做到首发和原创。此外，“俄民俗”“俄常用语”子栏目的设置正是凸显了网站富有“地方”特色，受众较为固定，几乎是为网民量身打造，在提供即时新闻资讯的同时，进一步加强了网站信息服务性工作，让网民在浏览网页时有“宾至如归”的感觉，受到了广大网民的喜爱。“对俄经贸”及“对俄口岸”则是将目光放在对俄经济贸易的基础之上，给受众提供了即时而翔实的经贸信息，正因为是专题专做，使得需要此类信息的网民不必在网络上“大海捞针”，只需每天浏览几分钟，即可掌握中俄经贸的风云变幻。

（三）文化引领　传播平台

东北网总编辑彭大林认为，互联网不仅是一个新闻传播体，还是一个思想交锋的平台，更是一个积累和沉淀文化的场所。东北网的努力目标就是：黑龙江新闻、东北亚信息的传播平台，东北文化的百科全书，引领东北人思想文化进步的号角。[②]东北亚新闻频道正是贯彻了东北网这种方针，从而在文化推广、文化交流上起了很大的作用。2006年为中国“俄罗斯年”，东北亚新闻频道借助这个契机，发挥网站地域性特色，以网站作为平台，大力推广中俄文化。比如，“东北亚专题”中有一期为“俄罗斯的哈尔滨人”，讲述一群出生在中国、成长在中国的俄罗斯人，后因建设祖国重返俄罗斯，几十年来，他们怀念“第一故乡”——中国的故事。此专题从“老照片”“来自内心的声音”“乡音乡情相聚”等几个小板块展现了中俄两国不同文化内涵的碰撞以及人民间深厚的友谊。这是中俄两国文化、感情交流的一个极好的平台。另外“俄常用语”“俄民俗”提供了一些精悍、实用的小信息，为中国网民打开了一扇通向俄罗斯的窗口。“对俄经贸”“对俄口岸”也作为中国

① 张世福：《依托品牌凸显优势——访沈阳网主编周杰》，《网络传播》2007年第8期。

② 张世福：《建造好互联网上的“精神原子弹”——访东北网总编辑彭大林》，《网络传播》2005年第10期。

“俄罗斯年”的特别策划，展现了中俄间不断发展的经济贸易。总之，一系列的对俄报道，使东北亚新闻频道大放异彩，最终，获得“2006年度中国互联网站品牌栏目（频道）”的殊荣。此外，在各个区域的新闻板块上，东北亚新闻也不时提供一些区域社会文化信息，如“日本人今年最爱用‘大翔’和‘葵’为儿女取名”“韩国千氏后裔赴河南‘寻根’，始祖为明代抗日名将”“解读日本文化：不识武士道，难懂日本人”等，使网站逐渐向“东北亚文化的百科全书”的目标靠拢。

（四）趣味资讯亲切可人

“东北亚鲜趣”是东北亚新闻频道的另一个特色。在这个子栏目中，多是一些轻松、诙谐的小趣闻，让网民在看过相关政治经济“硬新闻”后，美美地享受“轻松一刻”。“韩国人为什么爱算命”，“日本老犬寒冬救老妇”，“日本科学家发明‘会唱歌的公路’”，“俄‘太空新郎’庆祝太空结婚四周年”等趣味资讯，单从题目上看，足以贴近生活，打动人心。而“韩流日流”则以娱乐为导向，报道韩国日本娱乐圈最新动态，为“哈韩”“哈日”迷们提供了一道可口美味的“小快餐”。

二　区域网站之未来新发展

东北亚新闻频道虽然在“本土化”特色上做得相当完善，并得到广大网民的认可，取得了一些可喜的成绩。但当各地方网站都开始风风火火大搞“地方化”，地方网站的竞争日益白热化时，一些地方网站更是将特色发挥到极致，以强有力的姿态吸引了广大网民。例如，在深耕本省新闻上，浙江在线走在了前面。浙江在线与浙江各市、县联合，设有“网闻联播”频道，市一级新闻内容作为浙江在线的分站，将各地市的文字、图片新闻基本上一网打尽。浙江在线还与浙江广电局合作成立“浙江网络电视联盟”，又使浙江在线将当地的视频、音频资源一网打尽。可以说，浙江在线真正做成了浙江省的新闻门户。除了新闻之外，各个省网都有凸显各省地方特色的频道或栏目。四川新闻网创办了川剧、川菜、川妹、川茶、川酒、川景等彰显四川特色的频道，并创办魅力四川频道，推广四川的旅游品牌。湖南的“红网”创办了“超女”频道，利用湖南卫视所创造的资源，为自己凝聚人气。面临这一系列的挑战，东北亚新闻频道不仅要在原来的特色上继续深化、加强，又要审时度势，制定出新的方针政策来应对新的危机。

（一）加强资讯的首发性、深化性

在新闻方面，要以本地新闻为主，体现在速度上，就是要做到本地新闻，特别是重大新闻的“首发”。在获取本地信息方面，地方新闻网站占尽“天时、地利、人和”。可以说，地方新闻网站能与大网站在新闻上抗衡的，只有本地新闻。“首发”，可以使自己的内容有别于竞争对手网站；“首发”，可以提升网站的影响力。长期做到本地新闻的“首发”，可以培养起网民“看最新信息，去某某网站”的阅读习惯，从而为网站培养一批忠实网民。着力抓住、抓好几次重大新闻事件的报道，是一个地方网站从众多地方新闻网站中脱颖而出的捷径。东北亚新闻频道借助“东北网”这个大舞台，多少能聚敛一些“原创”和“首发”，但出于网络传播的“同质化”，东北亚新闻多数资讯还是来源于全国重点新闻网站，如人民网、新华网、中新网。从这个方面来讲，它已经不是信息的“制造者”，而只是单一的“转载者”，一个“信息的中介载体”。

没有“原创性”，很难谈得上“深化”。地方网站新闻资讯的进一步深化、细化，能带动更多区域民众参与到新闻的跟踪和讨论中去，因为是身边发生的新闻，更能引起大家的关注。地方新闻网站应该抓住受众这个心理，在如何将新闻资讯进一步深化上做文章。

（二）打造服务型地方网站

对于地方新闻网站来说，做实用性内容的定位就是要立足本地，即做本地实用性信息，突出针对本地网民的服务功能。内容涉及的范围可以非常广泛，如天气预报、旅游资讯、网上购物、网上交友、股市行情，等等。典型的例子是南方网的“网上广东”频道。这是一个纯服务性质的频道，设置的栏目多达 26 个，全部是与本地百姓有关的服务性信息。如“经贸动态”“阳光政务”“特价订房”“医疗信息”“美食娱乐”“电子地图”“南方书城”等，可谓丰富多彩，涉及百姓生活、工作的方方面面。东北新闻网台长傅玉春在“西部网络媒体高峰论坛”上讲出了自己的真知灼见：“中国的网站，特别是新闻网站，千网一面的格局必须打破，一定要办出自己的特色，把地方特色做到网上来。地方新闻网站的互动不够，特别是有关老百姓衣食住行方面互动缺少，我们要反思。"[1]生活资讯因为和老百姓息息相关更受到网民的青睐，上网找信息正在成为一种经常的工作，这也是提高网民黏着度的最好途径之一。因此，体育、文娱、科教、生活类的资讯是地方新闻网站的重要内容。这样一来，本地人可以通过网站方便生活的方方面面，而外地人可以通过网站详细了解这里的风土人情。

东北亚新闻频道虽然在提供服务性信息上做了一定努力，但总的来说还是比较粗糙，也就是说框架、想法很好，但服务性内容还不够充分，远远达不到受众的需求。比如"俄民俗""俄常用语"这两个子栏目很受网民喜爱，因为确实是好点子、好板块，但内容做得却是马马虎虎。共同的特点就是没有更新性，只是特定有限的信息放在那里，第一次受众看到会觉得新奇、实用，但第二次、第三次，如果没有信息的拓展、深化，相信受众不会再买这个网站的账。这样的发展模式也许会获得短期效益，但长期来讲，无疑将无以为继。

（三）寻找地方新闻网站市场"冰点"

随着国家重点新闻网站、全国性商业网站和地方性商业网站的不断发展壮大，地方新闻网站面临又一轮考验和威胁。一方面，它很难打破地域限制，难以和国家重点新闻网站相抗衡，另一方面，它又难以找到守住地方优势的法宝。地方新闻网站过分地在"地方性"和"新闻"两个关键字上做文章，假如文章做不好，"本土化"反倒成为一种羁绊。地方新闻网站要寻找发展机遇，就需要突破这两个概念的束缚，综合地研究环境的多种变数，以及由此产生的影响。从表象上看，中国的网络市场似乎处于饱和。但是，实际上市场的"盲点"或"冰点"仍然存在。比较典型的是，低龄网民与高龄网民都属于网络中的"弱势人群"，针对他们的网站数量很少，而且沿袭着为网络主流人群服务的思维模式，很难真正满足这些人群的特别需求。如果地方新闻网站能抛开"地方性"的限制，研究市场"冰点"，找到网站定位的新角度，也许会找到新的生长点。或是在深化"地方性"的同时，寻找地方市场新的"冰点"。

另外，地方新闻网站还需要打破一种思维定式，那就是，新闻是它唯一的核心竞争力。事实上，虽然地方新闻网站拥有传统媒体的资源，

---

① 崔宏平：《地方新闻网站的地方特色》，《网络传播》2007年第7期。

但是，仅仅靠新闻这一条产品线，很难形成网站的强大营利能力。而新一代的网络不再仅仅是“内容为王”的时代，它将更多地强调“关系为王”。因此，新闻内容应是地方新闻网站价值链上的重要一环，但并不是唯一的环节。在美国，许多地方网站都重视新闻之外的服务。而国内的东方网几年前就靠连锁网吧开辟了一条全新的营利途径，至今仍为许多地方新闻网站所效仿。国内的新闻网站如果能将内容、社区和服务等产品融合在一起，将网上产品与网下产品有机结合，使其互为支撑，将有可能提高网站的综合竞争力。

（王旭逊）

第五篇

东方网“媒体特快”

简　　介： 东方网在打造“上海媒体资讯航母”及“海派资讯门户”的基础上，努力树立“权威、及时、实用、时尚、亲和、互动”的品牌形象，力争成为上海网民通过网络获取新闻资讯的首选网站，国

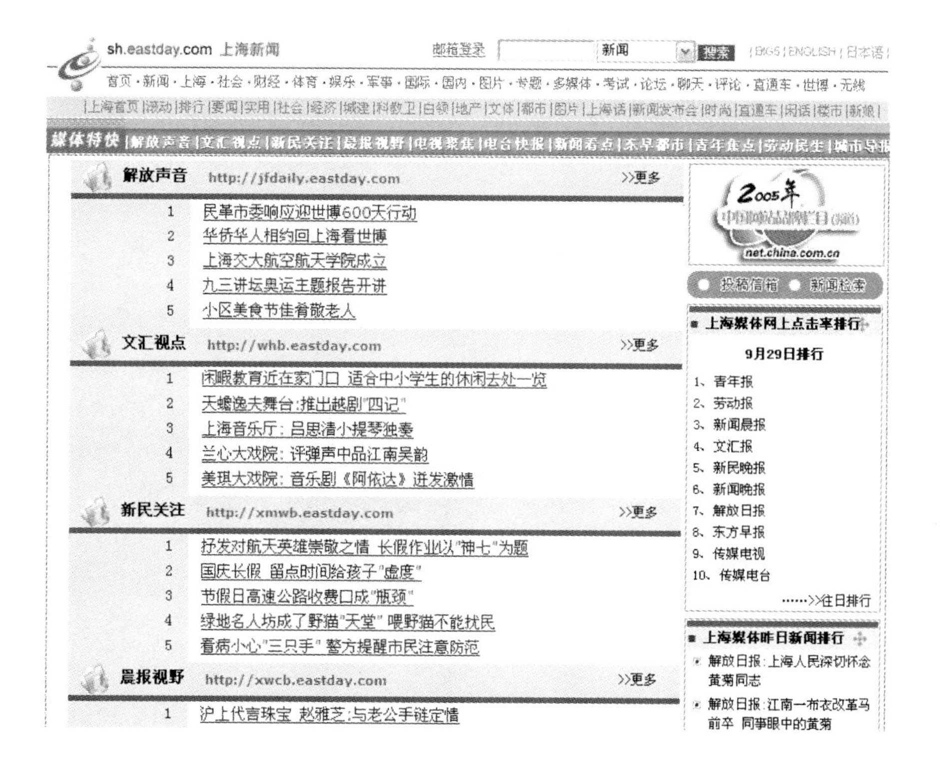

内外各地网民获取上海新闻资讯的首选网站。东方网“媒体特快”原称上海“媒体特快”，是地方性网站东方网旗下的品牌栏目之一，它在立足于东方网“上海媒体资讯航母”及“海派资讯门户”的目标基础上，努力挖掘上海本土新闻资源并与上海10大传统媒体携手打造上海信息快速通道。东方网“媒体特快”集纳了《解放日报》《文汇报》《新民晚报》《劳动报》《东方早报》《新闻晨报》《上海青年报》、上海文广新闻传媒集团等传统媒体的新闻信息，被上海网民称为“上海新闻大全”，成为网络媒体与传统新闻媒体紧密结合的“新闻信息快速通道”。曾被评为“2005年度中国互联网站品牌栏目（频道）”。

理　　念：立足上海，打造上海新闻天罗地网

特　　色：传统媒体资源与网络媒体资源的完美结合

板块内容：“解放声音”“文汇视点”“新民关注”“晨报视野”“电视聚焦”“电台快报”“晚报看点”“东早都市”“青年焦点”“劳动民生”“城市报道”“上海媒体点击率排行”“上海媒体昨日新闻排行”

经典板块：“上海媒体点击率排行”“上海媒体昨日新闻排行”

域　　名：http：//paihang. eastday. com/

新旧媒体　互惠共赢

——对东方网“媒体特快”的评析

东方网“媒体特快”联合上海10大媒体，整合整个上海的新闻资源，打破了上海传统媒体由于版面或传输渠道的局限性，拓展延伸了传统媒介的传播渠道，为10大媒体提供了一个内容、板块相互独立的平台。并且东方网“媒体特快”填补了由于传统媒体的价值取向的各异而对新闻题材取舍不同所造成的对部分上海新闻报道的不足和不全面，真正遵循了栏目“打造上海新闻天罗地网”的传播理念。东方网“媒体特快”网罗上海本地新闻，为上海市民提供了一道快捷、方便、地道的“新闻快餐”。网民点击东方网“媒体特快”仿佛“搭上”一班“特快列车”，以最快时速到达“上海新闻大全”。其网上发布的信息已经成为国内外媒体报道上海的主要信息源之一，是全国以至境外第一时间了解上海权威信息的主渠道。

一　打造平台　成就品牌

在媒介产业形态演进和数字化技术日趋成熟的背景下，媒介融合已经成为媒介发展的必然趋势。媒介与媒介之间的相互渗透和进入，改变了传媒业原有的生态系统，使资源之间合理互补合理配置。传统媒介在与新媒介融合的过程中，整合传统媒介的信息采访权、成熟的采编技术以及专业的采编队伍等得天独厚的优势资源，依据网络数字技术这种新的载体，依据网络新载体的特点，推出了各种以电子为介质的新产品，从而改变和扩张了原有的业务生产模式、商业模式以及赢利模式。东方网总裁李智平在谈到媒介融合时指出：“传统媒体和互联网互动到底走什么样的路？我们认为这不是简单的互动，应该是互联网站提供了一个公共平台”。①东方网“媒体特快”这种将传统媒介与网络媒介结合的

---

① 摘自李智平《提高影响力，我们的雄心壮志“不是梦”》，http：//china. eastday. com/eastday/node81741/node81763/node99917/userobject1 ai1647209. html。

方式，为传统媒介寻求探索与网络媒体合作经营的方式提供了一种新的模式。它联合上海 10 大新闻媒体，将栏目分为解放声音、文汇视点、新民关注、晨报视野、电视聚焦、电台快报、晚报看点、东早都市、青年焦点、劳动民生等 10 大板块内容，每一个板块都代表一家新闻媒体，既是宣传上海的网络平台，又是展现上海本土媒介的一个窗口。传统媒介往往采用纸质或电视媒介的传播形式，这种资源（媒介）的地域边界有限性不便于使上海以外地区或境外的受众了解上海本土品牌的媒介。而利用互联网这种媒介，恰恰弥补了这一缺陷。从广告学的观点来分析的话，这种方式无形之中也会使上海本土媒介对外宣传起到广而告之的作用。在许多媒介还不知道利用自身的优势为自己做广告，更不知道用互惠共赢的方式利用他人资源为自己做广告的时候，东方网却先知先觉地意识到了这样的问题。正像东方网总裁李智平所强调的那样："'媒体特快'最本质的一点并不是打造东方网的平台，而是在网上打造传统媒体的品牌，所有的主流媒体都有它的品牌，都有它在平台上的展示。"①

其实东方网"媒体特快"这种利用自身优势在为上海传统媒介打造网络平台的同时，无形之中也成就了自身的品牌。东方网"媒体特快"集纳的每一个媒体在多年甚至几十年来的发展中早已形成了自己传统的特色和品牌，他们每一个都是品牌媒介。例如，《解放日报》是上海这个国际大都市最具权威的主流媒体，也是了解上海政治、经济、社会最新状况的第一选择。它立足上海、辐射全国、面向世界，以报道政治经济新闻见长，并以"公正、权威、广泛、全面、有效"的特点而著称。《新民晚报》是典型的海派报纸，以"宣传政策，传播知识，移风易俗，丰富生活"为编辑方针，在内容上，力求可亲性、可近性、可信性、可读性，着眼于"飞入寻常百姓家"。上海街头巷尾曾流传着"新民夜（晚）报，夜饭吃饱"的顺口溜。《上海青年报》以"政治家办报，产业化经营"的办报发展理念，追求内容的新鲜和个性，追求经营的创新和发展，追求成就百年大报的理想，成为上海的主要新闻媒体之一。东方网正是承借了这种强大的品牌力量，以及上海人对 10 大媒体的信赖和美誉，树立了东方网"媒体特快"在上海人心中的品牌形

---

① 摘自李智平《提高影响力，我们的雄心壮志"不是梦"》，http：//china. eastday. com/eastday/node81741/node81763/node99917/userobject1ai1647209. html。

象，打造着上海新闻的天罗地网，被上海网民称为“上海新闻大全”。

二　立足上海　贴近市民

东方网“媒体特快”是一个以上海市民为传播对象，充分挖掘上海本土新闻资源的地方性网站栏目频道。它联合上海10大新闻媒体，集纳了《解放日报》《文汇报》《新民晚报》《东方早报》《新闻晨报》《新闻晚报》《劳动报》《上海青年报》，电视台、电台的新闻、娱乐、休闲等重要信息，并在原有新闻稿件的基础上对稿件资料进行筛选、加工、整理。在选择上注重贴近上海人民的生活，关注上海万象，满足了人民的需求和维护了人民的根本利益。在各个板块上，采用消息、深度报道、通讯、新闻特写等多种体裁，但以消息和通讯为主。在消息中多采用简讯或短讯的新闻写作形式，选用动态新闻为主要形态，展现上海发展的风貌。在新闻选题中以时新性为主要价值取向，并以突发事件为主，采用客观叙事的手法，不直接发表倾向性很强的议论，而是借助新闻事实影响网民。报道的风格简洁明了，主题集中；短小的篇幅，快速报道的形式更给读者以清晰深刻的印象，为不同层次的读者了解上海各个层面的社会生活提供了方便，也为板块容纳更多新闻提供了空间。更重要的是解决了上海网民由于快节奏的生活方式所带来的阅读不便，使他们及时快捷地了解上海新闻。

三　新闻排行显特色　端口开放促主动

网络媒体的交互性使得网络受众在阅读或观看新闻后可以提交个人意见，媒体可以在很短的时间内收到反馈的信息。而网站通过显示准确的点击次数，利用网络上的统计软件统计出数据，大大提高了新闻传播效果的评测的客观性。正像东方网总裁李智平所说：“‘媒体特快’之所以吸引传统媒体，使传统媒体有积极性，最重要的是东方网发挥了‘统计’和‘排行榜’的优势。”①“上海媒体网上点击率排行”和“上海昨日新闻排行”以及各个媒体新闻排行这三大排行板块，有助于各个排行媒体了解自身在网民心目中的位置，有利于上海10大媒体之

① 摘自李智平《提高影响力，我们的雄心壮志“不是梦”》，http：//china. eastday. com/eastday/node81741/node81763/node99917/userobject1ai1647209. html。

间的竞争和相互学习。从新闻传播效果的角度分析，网民通过对各个板块的点击率也代表了网民对来自不同新闻媒体新闻的关注和喜爱，这也便于传统媒体通过网络新闻点击率来统计和定量分析传播效果，了解受众对新闻的喜好和需求，并及时反馈信息，弥补了传统媒介与受众互动性不足以及信息反馈不及时的局限性。从媒介经营管理的角度来分析，这种做法可以有效地分析和管理媒介自身的经营状况，以及分析各个媒体在上海地区市场占有份额、受众数量以及媒介的受众市场占有率。这种激励性排行不但有助于全面提高上海的新闻报道实力，同时还能为栏目提供更好更优质的资料来源。而在栏目中设置的评论栏，也是网民参与互动的窗口，有助于弥补报纸在互动环节中的不足。

另外，在与10大媒体合作的过程中东方网“媒体特快”把发稿端口向传统媒体开放，前10篇稿件由传统媒体自己在网上进行发表，很好地调动了媒体的积极性和自主性，扮演着平台“服务”的角色。同时，这种由传统媒体自主发表新闻的做法也能提高内容制作的原创性。

四　板块编排发挥各自媒体的特色

在设计编排的过程中，栏目结合10大媒体的不同特色，发挥了不同媒体在新闻报道方面的特长。例如在“解放声音”这一板块中，就设置了解放论坛这一被誉为中国国内名栏的评论平台。《解放日报》以刊发有影响力的新闻分析和新闻评论而闻名，并经常被国际国内各大媒体转载，是中国最具权威性和影响力的几大媒体之一，在中国政治、经济、文化等领域以及海内外都具有很高的地位和声誉。该栏目以新闻评论为主，发挥了该报在新闻评论与新闻分析中的特长。

而在“青年焦点”这一板块中结合上海城市居住群主要为青年群体，以及《上海青年报》主要消费群体青年化等这些特点为其增设了要闻推荐和综合新闻两个窗口，将信息进行归类划分，符合青年群体的消费心理和消费习惯，这也是《上海青年报》在上海内地媒体排行榜中位居榜首的原因之一。

东方网“媒体特快”利用技术资源优势为上海10大媒体提供板块平台，同时也为自身栏目的发展提供大量的新闻数据库和节目内容来源，突破了由于网站新闻采编资源不足带来的发展瓶颈，充分挖掘了互联网与传统媒介的自有优势，打造出了满足不同上海受众需求的媒介融合新栏目。

五　不足之处

（一）多媒体的优势没有充分发挥。在浏览“上海媒体网上点击率排行”的过程中，笔者发现“电视聚焦”和“电台快报”这两大板块在每次的排名中总是滞后不前，基本上都是处于倒数第一二名（这两大板块分别代表的是上海电视台和上海广播电台）。这不得不令人深思：为什么在媒介天生就有快速及时的优势的情况下，排名却总是滞后不前呢？电视媒介是依靠图文声像的多种符号介质的信息载体，而广播则完全依赖声音这一介质。在面对拥有强大信息承载能力集图、文、声、像于一体的多媒体网络面前，这两大板块只是采用将整版的采访记录稿或广播稿以文字的形式复制传播，甚至将受访者表情，观众反应等现场性很强的场景都采用新闻文字描写的手法，却没有有效利用互联网媒体资源优势，仅局限于图文表达的方式，而浪费了网络资源。这说明，对于来自广播电视媒介的新闻资料二次利用中，不一定只拘泥于采访稿或采访记录，而应该将广播电视媒介中语音和图像的资源数据库也应用到网络多媒体中，采用网络音频、视频的方式传播给受众，增加电视聚焦、电台快报这两大板块的可视性和可听性。因为网络和电视媒介一样都是以显示器作为终端，如今电视的采编播报和节目内容都采用数字化的方式，这与数字化的多媒体网络制作方式相似。所以，在资源的利用上，网络完全可以将广播电视节目的制作成品以视频和音频的方式传播，节约自身采编资源，达到合理的资源配置。电视节目可以利用网络进行二次传播，转化赢利模式。文字传播过于冗长烦琐，与栏目及时快捷的传播理念不符，也不符合上海人快节奏的生活方式与收看喜好，所以造成其新闻点击率不高。

（二）原创性不足。尽管2000年初，在建互联网的时候尝试重视原创，但后来发现采用原创的成本代价很大，所以，在实际运作中放弃。东方网总裁李智平也在考虑重新重视原创的问题。但在实现栏目原创性上突破不大，栏目仍停留在复制的阶段。2007年8月5日东方网精心打造的上海首辆网络多媒体直播车正式投入使用。通过图文、音频、视频等多种网络传播方式，向网民即时呈现第一新闻现场，这是东方网强化新闻原创，创新网络新闻传播样式的重要突破。近年来，东方网立足上海，对各种重要高端会议、节庆活动、市政府新闻发布会，以及各类社区活动、嘉宾访谈，以及对影响上海社会生活的大小事情进行了大量的图文、视频直播，平均每年的直播场次在500场以上。这就说明东方网“媒体特快”完全可以利用东方网的采访特权，依据强大的东方网媒介资源优势，更进一步挖掘资源，坚守原创性路线。

（三）网站的新闻链接联动功能不足。在“友情链接”这一板块中出现了《解放日报》网络版、《文汇报》网络版、《新民晚报》网络版等新闻链接。东方网“媒体特快”确实在与传统媒介的结合和互惠中，起到了将受众向电子版引导的导向性作用，起到了为《解放日报》《新民晚报》等几家报社的报纸电子版进行宣传和推介的作用。但是在浏览这些报纸电子版的同时却发现只有东方网的链接，却并无东方网“媒体特快”频道的直接相关链接，这在与网站的互惠中出现了不足，扮演了“替人做嫁衣”的角色。虽然李智平强调“媒体特快”是上海10大媒体的服务平台，但这种服务的角色不能成为制约栏目发展和赢利的瓶颈。既然“媒体特快”为上海媒体提供了另外一个网络电子版的平台，就应该与它们发挥联动效应。可以在10大媒体的网络电子版的友情链接中加入一些“请读者参阅东方网‘媒体特快’相关信息”的提示，来引导网民在浏览这些电子版的同时，习惯性地对东方网“媒体特快”进行点击阅读。毕竟“媒体特快”与10大媒体的网络电子版相比，新闻更集中，查阅更便捷、及时。

（周晓明）

坚持开拓网络主流影响力 努力营造网络文明氛围*

近年来，东方网根据中央精神和主管部门要求，联系本地实际，积极抢占正面舆论宣传和引导主导权，精心策划和开展网上网下互动工作，为构建和谐网络文化、营造和谐舆论氛围努力探索，并取得了一定的经验，主要是：

一　以技术加策略培育网络重要产品，以产品提升影响力

1. 推出即时新闻排行及点评。创新东方网眼榜视频点评。东方网眼榜视频点评对东方网眼榜视频排行前10位的新闻每天进行10分钟的选择性点评、解读，积极引导网上舆论。东方网眼榜视频点评是国内网站第一个新闻评论视频节目。

2. 提供移动电视滚动信息发布。拓展网络新闻信息衍生产品，在IPTV、MMTV等上面推出滚动字幕。每天提供数百条最新新闻信息，实现对数百万公交车乘客和楼宇人群的新闻覆盖。

3. 搭建记者博客。为了加强与传统媒体的深度合作，东方网发挥技术平台优势，筹划推出记者博客，在网上整合本地为主导的记者资源，提高东方网的吸引力。东方网在名人博客和草根博客之外，开辟出一条专业博客之路。

4. 完善东方评论频道。东方评论频道从原先东方网新闻频道“今日眉批”专栏，发展成为拥有“东方专家论坛”“东方时评”“今日眉

* 原文标题为《坚持探索开拓牢记责任使命　创建互联网先进文化的新途径、新平台、新空间》。入选本书时编者有改动，标题为编者所加，原文载于中国网，http://www.china.com.cn/news/txt/2007-01/29/content_7729149.htm。

批”“上海社科论坛”“990 评论”“网友热评”“快评”等多栏目专业评论频道，拥有 7 支网评队伍，得到业界和网民好评。

二 以技术加资源整合，打造富有特色的网络公共文化主流传播平台

东方网坚持发挥技术平台和内容集聚作用，实施建设网上公共发布平台战略，支撑网上主流文化内容和产品的传播服务。

1. 媒体特快平台。“媒体特快”被网民称为“上海新闻大全”，被评为“2005 年中国互联网站品牌栏目（频道）”。

2. 新闻发言人平台。为中共上海市委、市人大、市政府、市政协、市法院、市检察院和工、青、妇等 12 个政府部门搭建“上海市新闻发布平台”，并集纳了市政府下属 34 个部、委、办、局的新闻发言人网上发布平台。平台的搭建，避免关键时候主流媒体的“失语”，形成传统媒体新闻报道、政府部门新闻发布、互联网舆论引导监管“三位一体”的舆论宣传格局，主动占领、守住、拓展网络舆论工作的新阵地。

3. 创建网上主旋律互动平台。先后推出“保持共产党员先进性教育”综合平台、“市民公德网”公共平台，建立了与精神文明及宣传教育资源互动的上海“东方宣教”“东方先进人物库”和新版“东方文明”平台。

4. 搭建上海综治平台。2006 年 9 月，由东方网承办的“上海综治网”正式开通，集信息发布、网上互动、多媒体播放等多种功能于一体，以收集社情民意为渠道，以“打造平安上海、构建和谐社会”为目的。由东方网为“上海综治”开发的“治安问题举报”系统，是国内省级综治网站中首创的网上举报系统。

5. 打造基于手机的权威发布平台和绿色通道。2005 年，东方网在全国媒体网站率先推出移动 3G 新闻平台，积极打造基于手机绿色通道的移动新闻信息权威公共发布平台。

2006 年，在由上海市通信管理局等单位共同发起的绿色手机文化栏目评比中，东方网的“东方头条快报”作为上海极具新闻影响力的短信产品，本着积极健康、绿色和谐的标准，从 58 家移动信息服务企业 138 个栏目中脱颖而出，获评上海首批十大绿色文化栏目。

三　创新开拓，全力打造公共上网服务的“天罗地网”

从2001年下半年开始，东方网策划“东方网点”工程建设，目前建有299家连锁网吧，有效引领网吧业健康发展。从2005年起，又承接上海市文广局对全市1453家网吧的系统管理平台的建设和维护，每天影响不重复用户百万以上，数十万用户通过东方网点健康上网。

东方网点在建设过程中还先后创立和参与了“青少年网上健康行”“百万家庭网上行”等大型综合活动，倡议创建绿色网吧。东方网点和东方社区信息苑的建设和功能体现，受到社会各方面的广泛好评，中央领导多次视察，并给予高度赞扬。

东方社区信息苑作为东方网创新开拓的公共上网新阵地，目前已完成规划600家中的250家，开发了宽带专网及“365便民平台”，同时，以三个百万（百万家庭网上行、百万妇女网上行、百万青少年网上行）为主，开展各类公益活动和公益培训，成为青少年的绿色网络第二课堂和社区居民公益、健康、便捷的e时代生活服务新天地。

东方网在内容建设上全力支持并带动社区信息苑的宽带专网内容整合与共享，成为东方信息苑平台上电子政务、文化传播、便民服务、青少年网络天地等5大板块、29个频道和256个专栏内容宣传和信息服务的主要支撑和共享信源，发挥出整合传播功能。如东方社区信息苑承办的“和谐论坛”和东方社区信息苑系列专场——“知荣辱、讲文明、迎世博——社会主义荣辱观专题网络论坛”，在全市东方社区信息苑全面开展。东方网和谐发展论坛入驻信息苑，邀请各区区长、书记、街道负责人等嘉宾通过东方网知名互动平台“和谐论坛”以新的方式进入东方社区信息苑，通过实时联网、在线提问等方式，让嘉宾、主持人和普通市民“近距离接触”。东方网嘉宾聊天室落地东方社区信息苑，东方网的知名在线聊天栏目“嘉宾聊天室”正式落地上海东方社区信息苑，标志着东方社区信息苑在多媒体信息化服务和与东方网互动宣传能力上更进了一步。

（东方网股份有限公司董事长　李智平）

第二单元

时事评论类

第六篇

人民网“人民时评”

简　　介：“人民时评”是人民网的精品栏目之一，也是目前我国最具影响力的网络时事评论栏目。2005年，“人民时评”被评为“中国互联网站品牌栏目（频道）”。2001年3月21日，人民网推出原创评论

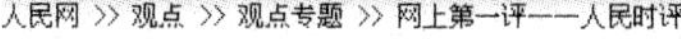

人民时评被评为2005年度
中国互联网站品牌栏目

■ 网上第一评

被誉为“网上第一评”的《人民时评》是人民网创办的我国目前最具影响力的网络时事评论。它围绕舆论关注的焦点、百姓关心的热点发表评论、评述权威、有力、语言明快、犀利，具有极强的冲击力和感染力，因而点击率最高，转载率最高，网友反馈率最高。

人民时评作品获第16届中国新闻奖一等奖

中央严肃查办”处置不力”干部的启示

“未及时上报，处置不力”作为处理官员的理由，反映出高层对官员不肯说实话、不愿及时公布真相、不把老百姓的事情当作大事处理的愤怒，也呼应了公众强烈要求不负责任、不为民众、不讲诚信官员“下课”的意愿。

未及时上报，说白了就是一段时间的瞒报。出了重大安全事故，瞒报的结果，可能是群众的生命财产加倍受损，可能是不能及时挽救可能挽救的生命和财产，可能是难以弥补巨大的漏洞和防止第二次、第三次甚至更多的伤害。为什么有的官员就是不懂这一浅显的道理，为什么就守不住“说真话”这一最起码的底线？

质量安全是企业首要责任

“欲求物有所变，必先立诸己身”，企业要真正树立科学发展观，勇于担当社会责任，在企业发展战略中融入质量追求，在管理制度中突出质量控制，进行触及灵魂的质量安全教育，使质量安全内化为企业文化的

人民时评

人民网充分发挥报社人才济济的优势，推出《人民时评》专栏，每天刊发一篇，对刚刚发生的国内外的重大事件或热点问题，及时

专栏“人民时评”，每天在人民网主页显著位置刊发一至两篇时事评论，自此，母体《人民日报》的评论优势开始在互联网上延伸、拓展。2006年7月，第十六届中国新闻奖揭晓，“人民时评”榜上有名，其作品《我们怎样表达爱国热情》荣获一等奖。这是网络原创评论首次荣获中国新闻奖，也是网络新闻首次获此大奖。自2001年3月“人民时评”被推出以来，该栏目便始终围绕舆论关注的热点和百姓关心的焦点问题及时、公正地加以评述，言辞犀利、明快，很受网民的欢迎；栏目作品的点击率、转载率和反馈率一直位居前列。依托《人民日报》言论库的支持，以及一批高素质评论员队伍的智慧和热情，“人民时评”始终以一种高瞻远瞩、高屋建瓴的姿态在引领着舆论发展的方向，影响着百姓对时事的思索。

主要栏目：“时政”“社会”“科教”“经济”“国际”“其他”“报系人民时评”“时评作者专栏”

特色栏目：“时评作者谈时评”“专题推荐”“时评作者专栏”“精彩回放”

追求与梦想：“为天地立心，为生民立命，为往圣继绝学，为万世开太平”

目　　标：促进社会文明发展和进步

域　　名：http://opinion.people.com.cn/GB/8213/49160/49219/index.html

责任感、理性和实力打造的“网上第一评”

——对人民网“人民时评”的评析

新闻媒体责任感强度的大小往往与媒体在公众心目中满意度的高低成正比，或者，可以说“要有责任感”已经成为公众评价媒体的基础性标准。然而，只有责任感，并不代表这个媒体一定能够成为公众满意的媒体，它还需要具备思维的理性和操作的实力。“理性”好比方向盘，而“实力”好比燃料和发动机，它们正如“鸟之双翼，车之双轮”，对于媒体来说，不可或缺。“人民时评”正是在责任感、理性和实力都具备的前提下，才能够高屋建瓴、稳扎稳打，焕发出勃勃生机，领先于网络评论世界。

一　责任感首先是心系于民

在20世纪40年代，美国的社会责任论者就对大众报刊提出了自己的看法，即报刊应对社会承担起一定的责任。在社会信息化程度不断提高的今天，当网络以它的传播即时、快速、广泛、多媒体等优势跻身于媒体行列，媒体社会责任感的重要性更加凸显。对于媒体来说，所谓责任，就是在法律或道德范围内媒体应尽的职责和义务，它有强制和非强制执行之分。而责任感却是媒体对其应负职责和应尽义务的感知程度和履行表现。而究竟如何评价一个媒体是否具有社会责任感，以“人民时评”作品为例，责任感首先要心系于民。

比如，“人民时评”2005年的作品，《民工不需要“优待”，只需要平等》（作者斯雄）、《敢问铁老大：买票为何这样难?》（作者林治波）、《关注民意不应只在“两会”时》（作者余晖）、《英语真的那么重要吗?》（作者林治波）等。从这些标题之中，我们不难看出，“人民时评”所关注和所反映的正是老百姓的心声。文章选题内容与老百姓日常生活、工作和学习密切相关，只有与之相关，人们才愿意关注、响应和发表看法。同时，想民之所想、发民之所欲发，努力担当起公民自由表达自己意见的代言人角色，也是媒体尽责的一种表现。此其一。

其二，时至2008年，打开“人民时评”的页面，我们又会看到诸如此类的标题：《大部制改革，期待练好“内功”》《买国产车，政府采购该不该带头？》《某些人何以钟情“车子=面子”？》《用200亿造假圆明园，有什么意义？》《试问官员，这个春节你都干啥去了？》《如何才能“不让老实人吃亏”？》……其中，2008年3月14日的评论《大部制改革，期待练好“内功”》正是在“两会”期间备受瞩目的国务院机构改革方案刚刚出台发表的，它及时向人们分析和诠释了大部制改革的真正意义之所在，让人们更深刻地了解和理解了国家相关改革措施执行或施行的原因和目的，起到了稳定民心、促进党群沟通的作用；评论《用200亿造假圆明园，有什么意义？》（2008年3月2日）观点鲜明、论辩有力，它坚决否定了用200亿造假圆明园的想法。通过比较推理等方式帮助人们明辨是非和真假，引导人们树立正确的投资观和价值观。可见，除了想民之所想，关注民生之外，为人民提供一个观点、一个角度，甚或一个方向，也同样是媒体富有社会责任感的表现，因为，在新闻告诉人们想什么之后，人们更加想要的是媒体告知他们应当怎么想。这就是所谓的媒体舆论导向作用。

二　网络评论的力量在于理性

所谓时评，也就是对时事所进行的评头论足，是以言论的方式对刚刚发生的新闻事件做出的快速反应。可见，时评和新闻作品一样，具有一定的时效性。因此，时评作者要在有限的时间内对某一新闻事件、现象做出全面、客观的评论和分析实非易事。由于时间的仓促或者仅凭一时的冲动而将一些未经深思的观点或言论在媒体上发表，其所造成的负面影响是巨大的。这就要求无论是时评作者还是作为把关人的媒体都要始终坚守理性，以理性的态度和思考方式指导自己的言论。邹韬奋曾如是说：“言论固然可以发生舆论的力量，但却不是一切言论都可以发生舆论的力量。只有根据正确的事实和公正判断的言论，才可能发生舆论力量。”[①]

“人民时评”作品《我们怎样表达爱国热情》正是这种理性思考的典范。2005 年 4 月，当日本右翼势力再次通过修改教科书来篡改历史时，激起了亚洲和中国人民无比的愤慨，越来越多的网民开始在网络上表达自己的反日情绪，其中不免出现一些过激的言论。“上海等地还出现了反日游行，并有一些过激的行为。网上还有消息传出，4 月 16 日周末，各地仍会有一些群众举行游行示威活动。”[②]针对这种情况，人民网“人民时评”栏目及时推出了丁刚的这篇文章，文章通过理性的分析引导人们要冷静思考，提醒人们“爱国需要激情，更需要理性”。作者在文章中说，“非理性的无序举动不仅无助于揭露日本右翼的真实面目，反而会授人以柄，给右翼分子攻击中国、欺骗日本民众增加口实，甚至伤害一些真心与中国友好的朋友”。该作品一经推出便在网上引起了极大的反响，文章中的观点明显得到广大网民的认同，各大网站和论坛纷纷转帖，文章连续几天列入人民网网友点击最高的新闻排行榜和热评榜，网友争相留言，仅人民网上的留言就达 800 余条。也正因为如此，该时评在 2006 年荣获了第十六届中国新闻奖一等奖。人民网上诸如此类的时评很多，比如，《比传统节日“申遗”更重要的是什么》（2005 年 11 月 28 日）、《公务员招考“高烧不退”背后的误区》（2005 年 11 月 8 日）、《中国共产党和人民政府的官不是好当的》（2005 年 12 月 5 日）等。

人民日报社总编室编辑陈家兴在他的文章《快速反应中监守理性》中说，就其个体而言，时评作者的观点“有时也许是偏激的，但就整体而言，时评文章的各种观点补充，不仅使事物、现象背后的本质趋于明晰，也在客观上代表了公众的看法和意见”。的确，作为“综合把关人”的媒体，在面对众多的来稿时，各种意见和观点往往同时出现，谁是谁非，更加需要编辑用理性的头脑进行权衡，排除根本性错误的观点，综合多方面的意见，突出主流、正面、积极的言论，从而使文章观点更加客观、公正、有力，也是媒体坚守理性的关键。为此，“人民时

① 穆欣：《韬奋新闻工作文集》，新华出版社，1985，第 324 页。

② 何加正、唐维红主编《第 e 种声音人民时评》，中国传媒大学出版社，2007，第 314 页。

评”专门设有“报系人民时评”专栏，关于同一新闻事件的不同观点的评论文章在这里链接，其目的也是为了能够给公众提供一个全方位的、多角度的思维视角。

三 实力让责任落到实处

市场经济下，竞争在所难免。面对竞争，企业实力的强弱至关重要，媒体也不例外。所谓实力，也就是企业的核心竞争力，它可以从许多方面来衡量，比如团队的创新和协作能力、对市场的洞察力和预见力等。媒体具有企业单位和事业单位的双重性质，除了要在资金、人才和市场等方面占据优势以外，对于一个成功的媒体来说，它的竞争力还应该体现在它的内容、风格、公信力、影响力等“在长期经营中所形成的独特的、动态的能力资源”。①

“人民时评”是目前我国最有影响的网络时事评论栏目，它的高点击率、转载率和热评率证明着它的实力。首先，从资源上来说，人民网依托全国性的权威媒体《人民日报》。在报网联动、媒体融合趋势日趋明显的今天，《人民日报》的资料库和言论库无疑是“人民时评”强有力的后盾和能量来源。

其次，从团队方面看，“人民时评”拥有一批专业的时评作者。他们中既有媒体评论员，也有编辑、记者，他们不仅对党和国家的大政方针，以及各领域的发展方向和趋势非常了解，而且具有敏锐的洞察力和预见力，能够及时、准确地对新闻事件进行解读和评说；此外，经常在“人民时评”的平台上发表评论的还有法律、经济、社会等各方面的专家学者，以及机关干部、企业员工、教师等社会不同阶层、不同职业的普通网友，专家学者的专业素养可以保证所撰写评论的深度；普通网友的慷慨言辞传递着老百姓最淳朴、真实的声音。因此，在“人民时评”的页面上，既有来自专家的一家之言、观点争锋，也有来自“草根”的唇枪舌剑、议论生风。“网络上许多令人拍案叫绝的帖子和许多让人豁然开朗的真知灼见，恰恰是不知名的网友发出的。”②而正是“人民

---

① 吴飞主编《传媒竞争力》，中国传媒大学出版社，2005，第15页。

② 王石川：《我对网评的一点浅见》，选自《第e种声音人民时评》，中国传媒大学出版社，2007，第319页。

时评”博大的胸怀，让来自专业和非专业的各种观点在这里交汇，让“人民时评”真正成为公民自由发表见解和观点的平台。

最后，内容是关键。“人民时评”之中的作品坚持原创，发人所未发，言人所未言。近年来，时评成为一个炙手可热的评论品种，许多媒体开始新开或加开评论栏目、频道，写时评的人也越来越多，人称时评家或时评写手。然而，真正高素质的时评作者却并不多见。比如，如果遇到一个新闻热点，大家就会一拥而上，跟风炒作；至于老生常谈的问题和社会现象则总是老一套，谈起当官的必大骂“腐败”，说起政府一定是“不作为”，且观点牵强、言辞偏激。“人民时评”作为一个国家级新闻媒体网站的时评栏目，其观点和言论对于舆论的引导和影响作用不仅巨大，而且对于政府的决策也起着至关重要的参考作用。因此，“人民时评”首先坚持原创，坚决以自己理性的思维和判断进行评说，以实事求是的态度和理念发表意见。其次，“人民时评”还坚持每天至少发一篇评论，在人民网上滚动播出。这样，“原创＋及时”保证了评论的新鲜性，它对于抓住网民眼球、增加点击率、稳定读者群也一样是最基础和最必要的。

但是，时评毕竟不同于新闻报道。新闻报道是易碎品，时过境迁，新闻变成了旧闻。而时评中智慧的观点、评论对人们思想的影响有时却是长期的。基于此，“人民时评”在追求“新”和“快”的同时，还设有“精彩回放”板块，以满足那些对某些时评思想抱有怀旧情绪的人们的需要，同时，也是对“人民时评”栏目本身历史业绩的展示和再现。

综上所述，媒体只有具备一定的实力方能让其所负的责任得以实践、成为现实。正是在时评作者的努力和网民的热情参与下，“人民时评”才创下了不俗的业绩，在引导舆论，促进我国民主和法制建设方面发挥了不可估量的作用。同时，“人民时评”在网民中间的公信力和影响力不断提升，铸就了其在网民心中的品牌地位。

（毛秋云）

网络评论人的追求与梦想*

——写在人民网原创评论“人民时评”获中国新闻奖之后

5年前，2001年3月，人民网推出原创评论专栏“人民时评”，每天在人民网主页显著位置刊发一至两篇署名时事评论，使母体《人民日报》的评论优势在互联网上延伸、发展。

5年后，2006年7月，第十六届中国新闻奖揭晓，“人民时评”榜上有名——《我们怎样表达爱国热情》荣获一等奖。这是网络原创评论首次荣获中国新闻奖，也是网络新闻首次获此大奖。

一　总想为这张“网”点缀上一些亮点

网络评论为广大公众提供了新的发言渠道，也为政府部门打开了了解民意的窗口，因而受到广泛关注，发展迅猛。网站纷纷推出评论频道和专栏。

人民网“人民时评”专栏的编辑思路非常明确：围绕舆论关注的焦点、百姓关心的热点、党和政府工作的重点进行评说，针砭时弊，击恶扬善，通过作者、编者的共同努力，使网络评论和传统媒体的评论一样，担负起推动社会文明和进步的使命。

创办伊始，“人民时评”就制定了严格的审稿制度，从作者交稿到上网发布，必须经过编辑编稿、评论部主任审稿、人民网分管副总编辑定稿签发三个环节，缺一不可。5年多来，人民网总编节假日加班审定评论稿、深夜被电话叫起收看邮件的事情时有发生。

经过几年的积累，“人民时评”拥有了一支高素质的评论员队伍。他们中有媒体评论部和编辑记者，他们了解党和国家的大政方针、掌握

* 原文发表于《网络传播》2006年第8期，入选本书时编者有改动。

各领域的发展方向和趋势，能及时、准确地对新闻事件进行解读和评说；有法律、经济、社会等方面的专家学者，他们的专业素养保证了所撰写评论的深度；还有机关干部、企业员工、教师等普通网友，他们的文章传递着老百姓最朴素、最真实的情感和思想。

此次获奖评论《我们怎样表达爱国热情》的作者丁刚是《人民日报》高级记者，曾任驻瑞典、比利时（欧盟）和联合国（美国纽约）记者。美国“9·11”恐怖袭击事件发生后，他是首先进入现场的中国记者之一。

这篇时评刊发于2005年4月16日，当时，日本右翼势力再次通过修改教科书来篡改历史，激起了亚洲和中国人民的无比愤慨，中日关系不断降温，网民的反日情绪不断高涨，网上出现不少过激言论。针对这种情况，人民网评论部及时策划评论题目，约请对二战历史有较深入研究的丁刚撰写时评，引导大家冷静思考、理性爱国。

丁刚在写作中，将思想性和知识性有机地融合在一起，通过翔实的史料和透彻的说理，揭示出日本右翼种种劣行的历史原因和文化根源，提出“要促使日本能够以史为鉴，就不是只宣泄一下愤怒的情感能解决得了的问题，还需要我们促进更广泛的交流，更多地展示理性的力量。要用这种力量来让日本人民，让世界人民更多地认识日本右翼的真实面目和危害，营造一种让右翼难以生存的国际舆论环境”。

评论写得精彩，发得适时。2005年4月16日，人民网主页显著位置推出此篇评论，各大网站及论坛纷纷转帖，百度上可搜索到的相关网页达1540多个。文章连续几天列人民网网友点击最高的新闻排行榜和热评榜。网友留言踊跃，仅人民网上的网友留言就达800余条。

2005年4月19日下午，人民网日文版将其编译成日文发布，在日本网友中也产生较大的反响。4月24日，《人民日报》“人民论坛”又以同样的标题刊发了此篇评论，网络原创评论落地党报，增强了影响力和传播面。

丁刚曾说过：“给人民网写时评，最让我看重的就是网友们的帖子。有的时候，网友们的点评会让我想到下一篇时评的选题；也有的时候，我会为网友们的批评而深感惭愧；更多的时候，我会情不自禁地为网友们的精彩评语叫好。正是网友们的帖子在激励着我不断地去思索、去写作。”

和丁刚一样，“人民时评”的作者们都十分珍视这个平台，重视网友的反馈。“人民时评”的留言量常常是人民网所有栏目中最多的。网络互动的特性在“人民时评”上得到了很好的体现。

专栏作者杓木多次表示：给“人民时评”写稿，是一件很富挑战性的事儿。因为，作为中国第一大报主办的网站，其读者层次之高，覆盖之广，点击率之高，都是有目共睹的。正因为如此，这又颇能“激活”我们这些作者。不说殚精竭虑吧，也是兢兢业业，总想为这张“网”点缀上一些亮点。

《人民日报》高级记者袁建达认为：“网络新闻时评的兴起和蓬勃发展，体现了中国民主和法制建设的一个巨大进步。更多的人可能会因此而学会思考、学会监督，更多的领导干部、决策者、执法者可能会从这些来自专业工作者或者民间的理性声音中得到启发，而把人民和社会赋予自己的工作做得更有人性、更有成效、更具合法性和科学性。”

《人民日报》评论员陈家兴则把网友的鼓励“化作进一步写好评论的动力”。

正是因为拥有这些优秀的评论员，有严格的发稿制度，才保证了“人民时评”的高质量、大反响。几年来，“人民时评”一直是人民网点击率、转载率、网友热评率最高的栏目，在网友中以及业界拥有很高的认知度，也是人民网发挥正确舆论引导作用的重要平台。在首届互联网品牌栏目推荐活动中，人民网的“人民时评”和“强国论坛”一起当选品牌栏目。

二　发人所未发，言人所未言

大家稍加留意就不难发现，现在不少被追捧的网络评论往往是一些言辞激烈，却没有多少实际意义的言论。谈到官员，一定是腐败；谈到政府，则不是“作秀”就是“不作为”。脱离实际、观点牵强、言语偏激，是它们的共性。这样的评论，会误导公众，会影响政府部门的决策，也会影响网络评论自身的生存和发展。

“人民时评”也强调要第一时间推出评论，保证人民网在突发新闻、舆论热点方面绝不失声；但我们更注重评论的思想性和对工作的指导性。相对于评论的新闻性而言，能否发现具有倾向性的问题，发人所未发，言人所未言，难度更大，要求更高。

2006年3月17日，“人民时评”推出评论文章《面对文化逆差 中国果真就强大了吗?》。评论的起因是2006年“两会”上，赵启正委员在大会发言时用一个个令人震惊的数字列举了我国图书出版、文艺演出、电影、语言文化等多种文化形态的进出口交流的逆差之势，提出中国的“文化逆差”正在制约中国成为世界强国。

“人民时评”作者、《人民日报》评论部副主任卢新宁告诉我，她要围绕这个主题写篇时评，但还需搜集一些资料，要等几天再交稿，问行不行？我说，没问题，这样的题目值得我们等。

17日下午，作者交稿，当日20时57分，上网发布。作者在文中提出了一个值得我们关注的大问题——“考量一个国家的强大，究竟该用什么样的标准?”文章指出：“一个真正的大国，不是靠卖衬衫给世界贡献多少GDP就可以的。它还必须在文化、在人类的价值观上，拥有影响和引导这个世界的文化力量。而这些我们有吗?”

作者呼吁：“中国经济已经很强大了，但是除了商业和生意，除了利益和利润，还应该在文化上，存有影响和引导这个世界的理想和责任感。”

评论推出后，连续几天列在人民网新闻排行榜上，网友留言达4页之多，媒体、论坛纷纷转载。

网友们非常认同作者的观点，还纷纷为传承文化传统建言献策。这让作者和我们编辑都觉得非常兴奋和欣慰，认定自己做了一件非常有意义的事情。

不可否认，新闻评论是舆论监督的重要手段。但监督不是目的，解决问题，促进社会的发展和进步才是我们的目标。

当然，要做到这些，无论是评论作者，还是评论编辑，都应该具有强烈的责任心和使命感，要有良好的政治素质和业务素质。

“为天地立心，为生民立命，为往圣继绝学，为万世开太平”，这是中华民族多少年的精神追求，也应成为我们网络评论人的追求与梦想。

（人民网评论部主任　唐维红）

第七篇

红网“红辣椒评论”

简　　介：2001年5月31日，由中共湖南省委宣传部主管，湖南省政府新闻办公室主办，湖南省互联网新闻中心、湖南华菱钢铁集团有限责任公司和湖南远景信息股份有限公司共同投资兴建的红网正式开通。网站的发展思路是“就地起步，快速成长，争创一流”。在与国企合作方面，实行“AB体制”，在整合媒体资源上网的同时，还建立了现代企业制度，对新闻原创、品牌栏目建设、短信阵地的开辟进行大胆尝试。同年，红网推出特色言论频道“红辣椒评论”，旨在广泛反映民

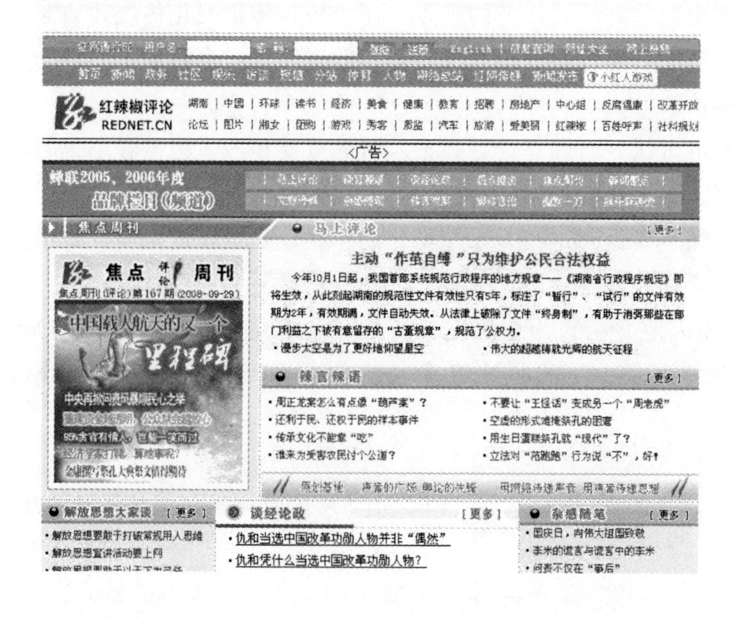

众声音，解读新闻现象的本质，正确引导舆论。2003年5月30日，红网成立两周年之际，“红辣椒评论”扩容改版。2005年7月下旬，红网第五次改版，“红辣椒评论”被置于首屏予以突出的页面展现。

改版后的“红辣椒评论”坚持每日更新，平均每天发表原创评论作品20余篇，拥有固定的评论作者群约800位，是目前我国发表原创评论最多、转载率最高的新闻网站之一。2005～2007年，“红辣椒评论”连续三年被评为“中国互联网站品牌栏目（频道）”。

宗　　旨：用网络传递声音，用声音传递思想，在互联网上搭建一座交流的平台，构筑一个声音的广场

理　　念：声音的广场，舆论的先锋；用网络传递声音，用声音传递思想

主要栏目：“马上评论”“辣言辣语”“谈经论政”“观点撞击”“焦点周刊”“新闻圈点”“文教评弹”“杂感随笔”“体育观察”“媒体言论”“幽默一刀”

域　　名：http://hlj.rednet.cn/

“红辣椒”“红”在何处

——对红网“红辣椒评论”的评析

“红辣椒评论”蝉联三届中国互联网品牌栏目，并且，在其他诸多的奖评活动中屡屡获奖，这不得不让网民及业界人士对其刮目相看。一个没有稿费制度的网络评论栏目何以聚集如此之多的网络评论写手，又何以赢得网友们热心的关注和不厌其烦的点击，并好评如潮，这不得不让我们对其栏目作一番认真的分析和思考。品读“红辣椒评论”，公平、公正、小角度、大众化、平民情、符合大众阅读口味恐怕正是其中蕴藏的玄机。

一　辣椒精神——要辣不要麻

谈辣椒精神之前，我们先来谈谈辣椒。在网上搜索“辣椒”一词，我们会找到如此的资料介绍：辣椒，茄科辣椒属，别名有番椒、海椒、辣子、辣角、秦椒等，为一年生草本植物。原产于中南美洲热带地区，明朝时期传入我国，后逐渐在国内广为栽培。因其具有刺激食欲，驱寒祛湿的功效，且口感热辣，让人食后有酣畅淋漓之感，因此，为大众普遍喜爱，据此推测，这大概也是辣椒最终能够成为大众菜的原因之一。

按成熟程度区分，辣椒分为青辣椒和红辣椒，青辣椒可以做菜，红辣椒可以加工成干辣椒和辣椒酱等用作调味料。不过，相比较而言，似乎红辣椒的辣味更足。辣椒虽然是大众菜，但是，如果按地域进行区分，在我国湖南、四川等地的人们应该更加喜食辣椒，当地人们素有“不怕辣、辣不怕”之说。

如此，地处湖南省的红网将其言论栏目定名为“红辣椒”的缘由由此可见一斑。因为喜食辣椒，因而对辣椒别有一番钟爱之情，亲近之感。托物言志，取辣椒对人味觉的刺激感受，将其用于比喻言论对人的精神的警示和刺激作用，形象而逼真；且更易说明栏目的主旨和意图。

至于其中的“红”字，我们可以这样理解，一是引申用来形容言论“辣”的程度；二是缘于该栏目隶属于红网，取其“革命老区”之意。如此名称通俗、生动、易懂、易记，这对大众来说首先就具有一种亲和力。且“红辣椒评论”栏目所发文章也多言语犀利，“辣味”十足，颇有“辣椒”之风，非常符合大众的欣赏口味。

相传，明代之前，花椒曾是调味料中的主味之一，但是，后来者居上，辣椒传入我国以后，其受大众喜爱的程度似乎要大大超越花椒。有人戏言，花椒给人以麻木感，而辣椒则给人以辣痛感；正是有了辣椒的存在，人们才不必整日耽于花椒的“麻木”之中。用此种解释来理解“红辣椒评论”的“辣椒精神”，便是“要辣不要麻”。“不麻木，不沉沦；因刺激而清醒，因清醒而理性，因理性而崇高；基于良善的悲天悯人，基于法治的道义承担。”①

这股子辣劲，我们仅从“红辣椒评论”里的作品标题就可以看出。《“骂领导等于犯罪”，什么逻辑?!》《靠什么规范开发商3%的利润率》《为农民献爱心有何不可?》《董卿真的不识“诗”与“词”?》……标题简洁、直白、毫无修饰，甚至有点咄咄逼人的味道，一种“辣不怕”的精神顿时溢于言表。

二 编辑选稿——看稿不看人

俗话说，“不以貌取人”，而“红辣椒评论”栏目的编辑则“不以名选稿”，看稿不看人。来稿不论是出自名家，还是出自名不见经传的“新人”，只要稿件的质量和风格符合栏目的要求，就有被选取、登载的机会。因此，虽然“红辣椒评论”暂时并未设立稿件付酬制度，但是却聚集了一大批“铁杆”的网络评论写手。这是因为，一方面，没有论资排辈的门槛限制，对很多“新人”来说，“红辣椒评论”栏目就是一个最好的锻炼舞台，他们或许出于一种表达的欲望，或许出于一种练笔的目的，总而言之，越来越多的“新人”愿意靠近“红辣椒”。其次，因为来稿一律没有稿费，所以，在该栏目所发的言论便褪去了名利的外衣，少了许多功利性的因素。因此，文章言语恳切而真诚，多为作

① 杨耕身：《对“红辣椒评论”之“辣椒精神”的考证》，http://news.sina.com.cn/o/2005-08-14/16046688727s.shtml。

者肺腑之言、真实感受，其中的观点和看法也很容易在网民中产生共鸣，而颇受网民追捧。

正是编辑的一视同仁，为网站吸纳了不少忠诚的评论写手，专业的和非专业的，“老人”与“新人”。目前，“红辣椒评论”栏目除拥有5名资深专职评论员外，还有包括特约评论员、通讯员等固定的作者群近700名，这个群体中有许多是来自普通的网民。如此庞大的一个群体，是红网成为国内较大的原创评论基地的主要原因。而“红辣椒评论”的评论作品也被多家媒体转载。

三 反映民生、传递民声

“红辣椒评论”虽然系地方新闻网站所办言论栏目，扎根基层，对基层情况比较了解，然而在媒体上情下达、下情上达的过程中，“红辣椒评论”始终坚持“声音的广场，舆论的先锋；用网络传递声音，用声音传递思想”的理念。以新闻事实为依托，透过现象剖析本质；以宣传党的路线、方针、政策为根本，面对现实，为社会的政治、经济、文化建设把脉问诊。及时跟踪新闻热点，持续关注国计民生的各个方面。这种定位和执著将贯穿于“红辣椒”始终。①

其次，由于评论作者多来自民间，因此，所发评论作品便充满“泥土味儿”，多是大众的声音。与一些政治性较强的国家级媒体多从宏观角度出发相比，“红辣椒评论”的作品则角度灵活，形式不拘一格。其中，大多数作品从普通民众的立场和角度出发，反映民生，传递民声。该栏目以“广泛收集与反映民众声音”为己任，在频道运作过程中始终坚持“贴近生活、贴近实际、贴近网民”的“三贴近”原则，大至国家的发展规划、改革措施、方针政策，小到百姓的衣食住行，只要关系民生，在“红辣椒”上就可以看到相关的评论。比如，打开“红辣椒评论”的网页，我们经常可以看到这样的话题——“三农”、教育、矿工、反腐等，而这些正是老百姓最为关注的。《有公正的教育才会有公正的社会》（2008年4月8日）正是站在普通公民的立场，指出名校高收费现象是由于教育资源分配不公而造成的；《官小缘何“架子”

---

① 杨国炜：《春节献辞：用网络传递声音　用声音传递思想》，http：//hlj. rednet. cn/c/2005/02/09/662891. htm。

大?》（2008年4月9日）针对一些基层干部把自己等同于“土皇帝”，“架子”端得很足，“谱”摆得很大，但是却在“心理上与群众有距离，在情感上与群众有隔膜，在心灵上与群众不相通”的现象，作者分析了其中的原因，及可能造成的社会负面影响，并提出了“治疗”的良方，代表了民间的真实呼声。

评论只有贴近生活，才有意义；只有贴近实际，才能可信；只有贴近网民，网民才愿意关注。此外，就同一问题，“红辣椒评论”还往往加强与其他媒体的合作，把相关评论文章呈现给网民，让读者对同一问题有一个全面的认识和了解，从而有助于他们做出理性的和正确的判断。

四　辣味十足，针砭时弊

“辣言辣语”正是“红辣椒评论”的语言风格和特色。“辣”让有同样感受和有话要说的百姓精神振奋；“辣”让那些被指责和被批评者坐卧不安、如芒在背。的确，对于社会的不公和各种弊端，对于影响社会进步和社会发展的各种不文明行为和做法，我们丝毫也不能姑息谦让。人们最痛恨的就是那些不痛不痒的批评，最鄙视的就是那些做足了表面文章，而丝毫收不到效果的做作之举。“红辣椒评论”栏目之所以深受网民的喜爱，很大一部分原因在于它的许多文章不是在“作秀”，而是用犀利的语言和层层深入的手法将那些社会的阴暗面和为人们所不齿的言行暴露无遗，使得它们毫无藏身之处。

文章《最要当心警察成为富人的“家丁”》[①]对于警察为富人免费护款的“义举”颇有微词，明确提出质疑：“如果他‘3万元’你‘警察护款’，那么我哪怕‘3分钱’你也得‘警察护款’。”“身价千百万的富翁‘3万元’只当毛毛雨丢了就丢了，而一个下岗职工的‘两万元’或许是一家老少的命根子！为了社会的长治久安，谁更需要保护?”评论《刘德华：你还是莫要“退休”的好》，作者在表达了希望刘天王延期“退休”娱乐界的想法后，转而陈述自己之所以会有这样想法的原因，矛头直指如今的娱乐明星们，毫不留情和直截了当地表达

① 鲁开盛：《最要当心警察成为富人的“家丁”》，http：//hn. rednet. cn/c/2008/04/09/1479737. htm。

自己的真实感受，“如今的娱乐圈实在是让人失望，看看近年来娱乐圈明星的作为我们就可知晓。在艺人素质方面，从赵薇身穿日本军旗装招摇过市开始，到前些时日超女何洁说‘真后悔自己是亚洲人’为止，中间还有杨丞琳称南京大屠杀杀30万人有点少了……艺人们的素质之低让人害怕，对于具有公众影响力的明星们来说，他们的一举一动都对世人尤其是青少年产生极大的心理影响，那些孩子模仿他们是很平常的事情，不可想象，若是喜欢赵薇的人都穿日本军旗装将会是怎样的一个场景。若如此，难堪的就不仅仅是个别人，更多的是让我们的国家、民族难堪”。[①]这种尖锐的批驳言辞的确“够辣”，不过，在有同感的网民看来，也许他们会说，“够爽”。

“红辣椒评论”广纳民众的声音，给他们以一个公平、公正和公开的舞台，让他们在这个舞台上用文字和激情激浊扬清，用理性的思考来澄清事实，引导舆论，从而，也使“红辣椒评论”变得更加成熟，把声音传得更远。

（毛秋云）

① 张凤鸣：《刘德华：你还是莫要“退休”的好》，http：//hn.rednet.cn/c/2008/04/09/1479641.htm。

搭建全球知名中文网络评论基地[*]

“红辣椒评论”是红网于2001年开办的一个以发挥网络媒体优势，广泛反映民众声音，解读新闻现象的本质，正确引导舆论的言论频道。开设有“马上评论”“辣言辣语”“谈经论政”“观点撞击”“焦点周刊”“文教评弹”“杂感随笔”“体育观察”“娱乐麻辣烫”等特色专栏。其宗旨是用网络传递声音，用声音传递思想，在互联网上搭建一座交流的平台，构筑一个声音的广场。这是红网加强舆论监督，体现“新闻立网”的重要标志。

键舞文飞评天下，秋去春来椒渐红。四年耕耘，四载艰辛，在上级部门及领导的大力支持与帮助、数百作者无私奉献、众多媒体与同人的精诚协作、全国网友的关注与鼓励下，“红辣椒评论”得以茁壮成长，是目前全国所有新闻网站中发表评论文章数量最多、转载率较高的原创评论基地，逐渐成为在网络上有较大影响力的知名品牌，为推进网络评论的发展，正确引导网上舆论起到了积极作用。

这4年，全世界都在携手合作迈向和平与发展的美好未来，我国的改革开放和经济建设也取得了新的重大进展，社会更加和谐，科学发展观得到不断落实，民主法制建设得到加强，社会主义物质文明、政治文明、精神文明建设和党的建设取得了新的成绩，经受了发展与前进过程中的各种风雨与坎坷的考验。我们与所有网民一起共同见证了这一段令人难忘的历史时刻，一起经历了“9·11”双子楼被撞、巴以冲突、印巴冲突、美伊战争等事件给我们带来的震惊与不安；一起经历了大大小小的矿难、印度洋地震海啸等各种灾难所带来的痛苦与思索；一起享受

---

* 原文刊发于 http：//news. rednet. com. cn/Articles/2005/07/721115. htm。入选本书时编者有改动。

着中国入世、“神五”飞天等改革开放成果所带来的欢欣与快乐。大家以“红辣椒评论”为交流的平台，相知相聚，一起为实现国家富强、民族振兴、社会和谐、人民幸福的宏伟目标出谋划策，直言相辩，无怨无悔；一起寻找与释放自己生命的亮点、放纵自己的激情、宣泄出生命的磅礴冲力！用激扬的文字汇集成互联网巨大的思想库，用不羁的个性、独立的思考、理性的辨析、民主法制的理念伴随着“红辣椒评论”一起成长！

这 4 年，栏目一直秉承“声音的广场，舆论的先锋；用网络传递声音，用声音传递思想”的理念。以新闻事实为依托，透过现象剖析本质；以宣传党的路线、方针、政策为根本，面对现实，为社会的政治、经济、文化建设把脉问诊。共收到了六万多篇投稿，发表了近二万篇原创评论，大到党代会、全国“两会”等，小到各行各业、百姓衣食住行的方方面面，及时跟踪新闻热点，持续关注国计民生的各个方面。每一篇评论都是一种思想的表达，尖锐的，平和的，宏大的，琐碎的，专家学者的，平民百姓的，共同汇成了一个巨大的思想库。为广大网友提供了较大的选择空间与交流的平台，会聚了各方的声音，被网友们誉为“只要新闻有价值，红网就会有评论”。

这 4 年，栏目在选稿时，始终坚持“有利于社会稳定、有利于党的建设与发展、有利于民主法制建设、有利于宣传科学理论传播先进文化、有利于塑造美好心灵弘扬社会风气”这一基本原则，始终以“新闻性、重大性、社会关注性、未来影响性、可持续关注性、背景性、分析性、预测性、客观性、建设性”为选题的基本标准。在目光所及的各种报道范围内，我们希望栏目的选题是网友们最关心的，所选用的文章具有足够的深度、独特的角度及广泛参与和评判的广度。无论是各类政策法规、文件出台，还是美伊战争、印度洋地震海啸、“神五”发射、孙志刚案等各类新闻事件，“红辣椒评论”都及时发出了自己的声音，就新的政策法规、新事物、新现象、新成果、新经验、新问题及时进行解读、提出建议、给予褒扬与批评。在通过言论的方式帮助公众了解新闻事件的来龙去脉和新闻事件的深层内涵，在帮助公众聚焦、“消化”新闻的同时，通过不同身份、不同观点、不同利益背景、不同论据与逻辑的观点交流与碰撞，宣泄公众情绪、引导社会舆论，对社会的政治、经济与文化建设起到了积极的促进作用。得到了国务院新闻办公室、中共湖南省委省政府及省委宣传部、省委外宣办等部门领导的肯定与表扬，受到了网友们的广泛好评。

这4年，栏目始终将“贴近生活、贴近实际、贴近网民”融会贯通于频道运作与编辑过程中。为了更好地体现频道特色，让栏目更加细化，内容更为充实，我们进行了四次大规模改版与数次微调，每天发表原创评论文章的数量也由刚开办时的一篇逐步增加到现在的二十多篇；为了体现网络新闻媒体的特征，让网友们的评论文章及时发表，编辑的上班时间改为下午2时至深夜12时，进行二审与三审的负责人审稿签发时间也改为夜晚11时到凌晨零时30分，并且无论周末还是节假日都坚持正常发稿从未休刊。为了扶持与鼓励评论写作新手，在组稿时对新写手更为关注，只要取材与评论角度相同，哪怕多花时间作修改也会尽量使用新手的投稿，对那些经常投稿而在选题、写作角度、深度与技巧上确实存在某些缺陷的刚接触评论写作的投稿者，编辑会写信鼓励并给他一些写作建议。正是因为一直坚持“三贴近”原则，才使得“红辣椒评论”的受众越来越多，影响日趋扩大，作者群逐渐扩展，拥有了一个近700人的固定作者群，现在不少活跃在国内各大传统与网络媒体的评论作者就是从“红辣椒评论”开始起步慢慢走出去的，也正因为有了无数新鲜血液的加入，才使得“红辣椒评论”充满了朝气与活力。

这4年，虽然我们做了很大的努力，付出了不少心血与汗水，但也还存在一些不足与遗憾。不过，我们相信，在各位领导、同人及网友们的支持与帮助下，我们会逐渐克服这些不足与弥补这些遗憾。我们将一如既往地不断改进自己、发展自己，实现新的突破，以自身的优势广纳声音，激浊扬清，引导舆论，唱响时代的主旋律，使“红辣椒评论”变得更加成熟，声音传得更远，影响更加扩大。

（红网新闻评论部主任　杨国炜）

第八篇

南方网“南方时评”

简　　介：“南方时评”系南方网所办的时事评论栏目。南方网（www. southcn. com）开通于2001年12月13日，是由南方报业传媒集团、羊城晚报报业集团、广东省广播电影电视局、广东省新闻出版局、广东省出版集团有限公司等省内新闻、出版、文化、社科单位共同出资建设而成。它依托于南方报业传媒集团，是在中共广东省委领导下，由省委宣传部组建管理的广东省重点新闻网站，也是国务院新闻办公室确定的全国十家大型新闻网站之一。南方网旨在全面整合广东各地新闻信

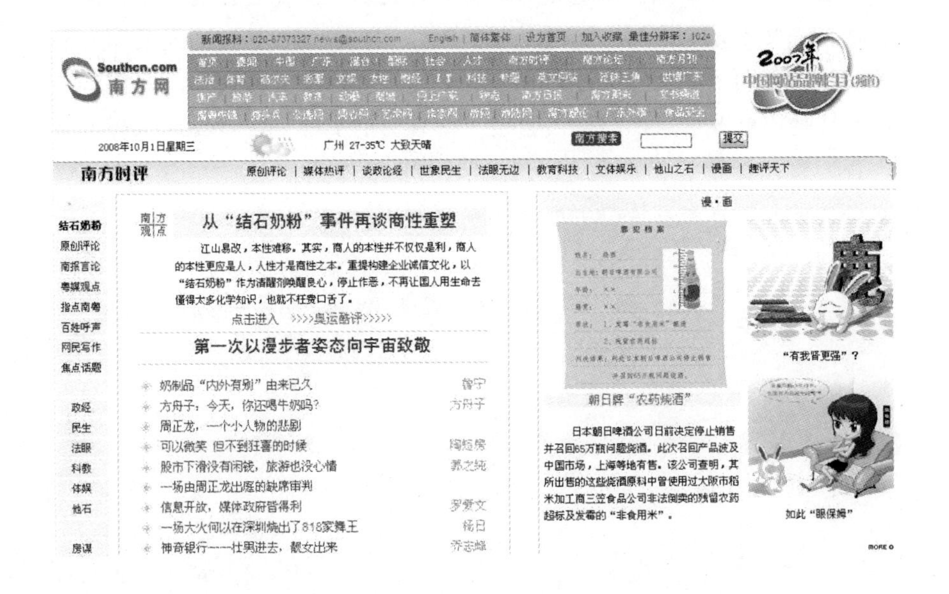

息资源，着力建设南粤新闻频道和“广东地市媒体网上平台”，锻造专业强势新闻网站的特色品牌优势。南方网的网民包括海内外所有关心广东社会经济发展的人士。因此，可以说，南方网如今已成为国内外网民认识、了解广东的最重要窗口。

那么，作为南方网的时评专栏，“南方时评”顺理成章地成为广东本地及关心广东地区发展的网民们进行交流和言语表达的重要平台。因为有着众多媒体单位作为后盾，南方网有着充足的新闻信息来源。而新闻是评论的发端和起点，有新闻才会有话题，有话题才会有评论，因此，“南方时评”也理所当然拥有源源不断的评论话题。2008 年 1 月 30 日，“2007 年度中国互联网站品牌栏目（频道）”在北京揭晓，“南方时评”跻身于中国互联网站品牌栏目之列，这表明“南方时评”作为一个地方新闻网站的评论栏目在引领国内舆论的过程中，发挥着积极的作用和影响。

主要栏目：“原创评论”“媒体热评”“谈政论经”“世相民生”“法眼无边”“教育科技”“文体娱乐”“他山之石”“漫画”“趣评天下”等

栏目其他板块：“南报言论”“粤媒观点”“指点南粤”“百姓呼声”“网民写作”“焦点话题”“股事”“车论”等

宗　　旨：关注在构建和谐社会中前进的中国，致力于成为“声音的广场，舆论的先锋，思想的来源”

域　　名：http：//opinion. southcn. com/

万千百姓事　尽付“趣谈”中

——对南方网“南方时评”的评析

正如开始步入新闻深读时代的纸媒一样，时评类栏目或频道也越来越被各新闻网站所看好。然而，新闻网站扎堆开设这样的栏目又很容易出现“千网一面”的同质化现象。在这种背景下，如何突出栏目的特色和个性，找准栏目定位，做好受众市场的细分，是决定时评栏目能否存在和发展的关键。

同样入选2007年中国互联网时评类品牌栏目，湖南红网的“红辣椒评论”突出“辛辣”的特色，通过与网民进行互动，针砭时弊，俨然一副“横眉冷对千夫指，俯首甘为孺子牛”的气魄。而“南方时评”则不同，通观起来，大致可用一个“趣”字来形容。嬉笑怒骂、百般调侃，以他山之石攻己之玉，画里有话，可以说是该栏目的一大特色。有这样一种轻松娱乐的氛围，相信人们更愿意和更容易在其间展开评论和进行思想交流。

一　趣在漫画——画里有话

文字语言是人们进行评论的主要表现形式，作者的思想往往通过语言的巧妙组织而表达出来。因此，在这种情况下，作者的语言表达能力和文字功夫如何就显得特别重要，因为，它是决定时评作者的思想和意向能否准确被传达的关键。但同时，由于文字与生俱来的深刻特性，“文字时评”往往限制了某些网民的接近、接受和深入理解。漫画则不同。除叙事功能之外，漫画在传统意义上还具有讽刺和幽默的功能，且由于人们对漫画这种形式喜闻乐见，所以它经常被用来代替文字表现一定的思想和主题。

与其他时评栏目相比，“南方时评”在以文字评论为主的情况下，增加了漫画评论的方式。漫画与文字相结合，不仅使网站页面看起来生动活泼，充满生气，而且，还扩展了人们的思维想象空间。同一幅漫画，不同的人会有不同的理解。这画外有话，画里有话，就看你如何开掘了。“南方时评”这种利用多手段进行传播的方式不仅符合网络的多媒体传播特性，更重要的是它所收到的传播效果往往要大于单纯文字媒体的传播。

2008年3月17日的《“两会”五大“炮手”》，图中，有几个人正推着“炮”车前行，而仔细一看，“炮”筒却是“麦克风”制成的。将用于讲话用的“麦克风”比喻成“炮”筒，这种颇具幽默感的比喻首先激发人们进行思索；而点开该漫画之后出现的文字说明让人们在顿悟之中获得一种愉悦感。文字说明如下：

> 本次“两会”召开十几天来，围绕各种问题“一炮未停一炮又起”。随着“两会”进入尾声，本次“两会”五大“炮手”谜底揭开。张茵、李金华、钟南山、葛剑雄、穆麒茹被称为本次“两会”的五大“炮手”。（《南方都市报》3月17日报道）

同样，漫画《局级通行证》（2008年2月20日）中，一领导模样的人被刻画得高大无比，整个公园就在他的脚下，一抬脚，他就可以一脚跨入公园的墙内。而大门紧闭的公园门口，却排着长长的“小”人物的队伍，他们在毫无办法地等待着公园大门的开启。画面中，不同级别的人的待遇有如此巨大的反差，不由得人们不愤愤不平，刨根问底。原来：

> 日前，广州市政协委员陈德发对公园的优惠制度表示质疑。他说，广州市的局级干部都有一个通行证，进出所有公园畅通无阻。（据《新快报》报道）

相比较单纯的文字时评作品，这种先以漫画对人的视觉产生冲击，抓住人们的眼球，然后用文字辅以说明的时评，寓教于乐，趣味无穷，深受人们喜爱；同时，网民更容易接受评论作品之中的观点和思想，且对其印象更为深刻、更为久远。

另外，漫画除具有讽喻的功能之外，还常常让人们在捧腹大笑中进行思辨和警醒。2008 年 3 月 24 日的《办暂住证抽万元大奖》，根据 3 月初，浙江温州梧田派出所推出暂住证有奖登记活动后，在近两周时间里，已有 1 万多人前往登记的情况，用漫画将人们的这种“快富”心理刻画得淋漓尽致，整个画面渗透着讽刺和幽默的意味，不由得不让人在观看此漫画后感到自惭。而这正是该时评作品所希望达到的传播效果。

二 趣在语录——彰显经典

在“南方时评”的“趣评”一栏中，有一条叫做“2007 年最经典的语录集锦”。打开链接，位置是“南方论坛”之“岭南茶馆”，该页面中部上方不停地闪烁着“慎思明辨且论且谈”几个大字，用以标明该茶馆的精神所在。“茶馆”，可以说是现代人们进行闲聊、交流和互相调侃的好地方，它代表着人们的一种文化生活方式。“岭南茶馆”虽然是网络虚拟茶馆，但在这里闲聊一番，也别有情趣。

打开“2007 年最经典的语录集锦”，其中不乏来自草根阶层的智慧闪光。由于这些话语充满着对现实社会的点评，因此，我们也可称之为“一句话评论”集锦。下面是截取“集锦”中的部分语录，这些总结性的话语大多并不是针对某一个新闻事件而发，而是针对一种社会现象或存在的社会问题而发，由于具有普遍意义，且又很有概括性，因而被网民尊崇为“经典”而集录起来，供更多的网民朋友玩味、思考：

试金可以用火，试女人可以用金，试男人可以用女人。

男人要有钱，和谁都有缘。

亲人之间，谈到钱就伤感情；情人之间，谈到感情就伤钱。

我们产生一点小分歧：她希望我把粪土变黄金，我希望她视黄金如粪土！

当年是不上大学一辈子受穷，而现在是上了大学马上就受穷。

过去：一流学生出国，二流学生考研，三流学生就业。

现在：一流学生就业，二流学生出国，三流学生考研。

顾客不是上帝，顾客只是上当。

孩子把玩具当朋友，成人把朋友当玩具。

现实中用真名说假话，网络中用假名说真话。

没钱的时候，老婆兼秘书；有钱的时候，秘书兼老婆。

有钱的人怕别人知道他有钱，没钱的人怕别人知道他没钱。

好好活着，因为我们会死很久很久。

不要相信什么一见钟情，因为你不能一眼看出对方挣多少钱。

我们好像进入了一个只有拿出钱才能证明爱心的时代。

话说出去之前你是“话”的主人，说出去之后你便成了“话”的奴隶。

高职不如高薪，高薪不如高寿，高寿不如高兴。

偷一个人的主意是剽窃，偷很多人的主意就是研究。

虽然这些话语不完全正确，但最起码代表了某些人的共同立场和看法。简短，却一语中的；随意，但趣味性十足，这就是其之所以成为“经典”的秘密。

三　趣在标题——幽默生动

“看文先看题”，这尤其适合于人们的网络阅读习惯。在网络海量的信息面前，要搜索到自己最需要的信息，或者是自认为有价值的文章，标题是决定信息或文章是否被选中的第一关。其实，好的标题不仅对于一篇文章来说至关重要，对于一个网站来说，它甚至能够代表整个网站或整个栏目的风格。

一般来说，思想性、知识性和趣味性被认为是好标题的“三性”。在“南方时评”的时评作品标题中，突出趣味性的同时，更融合了深刻的思想性和丰富的知识性。这主要表现在用比喻、拟人、对偶、反问等手法使标题内涵丰富、寓意深刻、给人启迪、发人联想。比如，“房谋”中的《太阳最红，房地产最黑》，就套用了老歌之中的歌词“太阳最红，毛主席最亲”一句，非常具有讽刺意味，且给人以过目不忘的感觉；“车论”中的《“超生”和“难产”都不是好兆头》，用人的“生理生产”现象来借喻车辆生产，形象生动，使问题浅显易懂；类似的标题还有，如“股事”里的《股市虚而不胖，年中问鼎八千点?》、“南方言论”中《南都：兢兢业业工作不易，干干净净为官更难》、“焦点话题”中《大部制改革，多出来的部长咋办?》等，都代表了“南方时评”栏目的评论风格——在风趣、幽默的话语中让人回味无穷。

不仅如此，以上这些手法的运用，还使文章标题显得生动、形象，格外入眼。从而，在网民搜索阅读的过程中，更容易被选中，增加了文章和网站栏目的点击率。但趣味性不同于低俗、庸俗，它首先建立在高尚、健康的基础之上。这也正是“南方时评”趣味性的可贵之处。

有特色才有生存的空间。当然，“南方时评”并不是仅仅依靠其趣味性才走向成功，但对于地方媒体来说，特色才是成就其品牌的最重要因素。

（毛秋云）

以清醒头脑观照社会现实

当前，中国正处在改革、发展的重要关口，由于社会转型带来利益关系调整，我们的社会还存在一些暂时难以解决的问题，比如就业难、看病难、教育贵、社会治安问题、城市交通问题、环境污染问题、物价问题、城乡差距加大、贫富分化加大、腐败，等等。这些都是我们评论所要紧密关注、积极表达的话题。“南方时评”正是南方网开办的一个广泛反映民众声音、解读政策方针和提出建设性主张的言论栏目。

“南方时评”努力以理智、清醒的思考在改革、发展、稳定的大局下关照、关注社会生活的方方面面，关注百姓所关注的涉及生活、生存、发展的基本问题。在新闻内容、主题上，用平民视野解读国家政策，促进政策与民意对接，以人文精神关注社会民生，对同老百姓利益密切相关、最具现实意义的问题加以评论，提出建议；在论述方式和语言表达上，采用通俗易懂、大众化的平民语言，注意文章的易读性，同时注重观点的多面性，让网民能听到不同的声音。

传递网友的思想与声音，打开一扇反映民间舆论的窗口。过去，普通老百姓还不太习惯和不太善于利用新闻媒体来表达自己的呼声，况且，传统媒体受时段、版面限制，传达民意呼声的渠道不是很畅通。网络的出现，改变了这一状况，首先，人人都可以将自己的观点、言论发布到网络上；其次，网络空间无限，可以为网民发表言论提供一个大舞台；最后，网友中间有各行各业人士和有着较高水平的写手，这是民间舆论的代言人。

客观地讲，民间舆论中有的是谏言，有的则是怨言，谏言固然可嘉，怨言也未必就可畏。其实，让民怨及时发泄出来往往可以缓解冲突，消除某些潜在的隐患，无视民怨乃是不明智之举。当然，民间舆论带有一定的利益驱动性和盲从性，其建设性和破坏性俱在。善待民间舆论，是形成舆论多元的良性状态所必需的。

南方网将网民言论中的一些论点明确、论据充分、论证有力的时评类文章在“南方时评”频道刊出，更多地传达网友的思想与声音，引导网上舆论。

2005 年 11 月 3 日“南方时评”编发了网友王长明的《扫除垃圾短信运营商责任重大》一文，呼吁电信运营商强化自身的社会责任意识，采取必要的经济、技术手段，并与国家相关法律的明确完善和政府监管的逐步加强相配合，遏制利用手机发送短信息从事各种违法犯罪活动的势头，还我们洁净的短信世界。网民回帖上万条表示支持，并提出了种种建设性措施。

在政府和公众间架起沟通桥梁，促进政策与民意对接。“南方时评”围绕落实科学发展观和建设和谐社会，发表评论，解读政策，促进社会各方面的理解与支持，有利于各项工作的开展；同时，坚持以人为本，民生为上，关注民生，表达民意，贴近民情，推动有利于群众利益的意见反映在重大方针政策中。解读政策，反映民意，“南方时评”在政府和公众间架起一座良性互动、积极沟通的桥梁，实现政策与民意的对接。

正视热点难点问题，提供建设性意见。“南方时评”努力在第一时间对社会事件发表评论，不回避热点难点，通过对社会热点事件的评说和解读，正确引导舆论，及时疏导民意，使之走向理性和法治。针对就业难、看病难、教育贵、社会治安问题、环境污染问题、物价问题、腐败等社会热点问题，“南方时评”共组织编发原创评论 5000 余篇，反映百姓呼声，促进政府部门工作。对一件事情，我们不是动不动就用讽刺挖苦、冷嘲热讽的手法去评判，而是努力提供解决的途径和思路，为构建社会主义和谐社会提供建设性意见。同时，疏导人们的一些迷茫思想和偏颇认识，培育良好社会心态，努力消除不稳定因素，及时化解矛盾。

与传统媒体互动，通过传统媒体的影响力来扩大舆论引导力量，进一步增强舆论引导效果。在重大主题及方针政策的评论报道中，“南方时评”加强与本集团旗舰媒体《南方日报》的合作。如，“南方时评”在 2007 年广东省十次党代会编发的原创评论《感张德江“再干 20 年方敢言发达”》一文被《南方日报》在重要版面转载；2007 年广东“两会”期间，“南方时评”编发的原创评论《抑制房价就是大政绩》被《南方日报》作为“最佳网论”转载，等等。“南方时评”的声音通过强势报纸媒体得到强化传播，巩固了南方网在《南方日报》等报纸媒体读者心目中的影响力，进一步强化了南方网及“南方时评”的权威性。另外，“南方时评”的文章还被《南方都市报》转载数十篇。网报互动不仅增强了网评的权威性，更扩大了网评的影响力。

“南方时评”自2005年10月底正式推出以来，每天收到来稿400多篇，到目前共发表原创评论10000余篇。三年多来，“南方时评”的访问量一直保持持续增长，社会影响力在不断扩大，还被评为“2007年度中国互联网站品牌栏目（频道）”。长时间以来，在百度和Google搜索“时评”中，“南方时评”长期占据前两位。我们将继续努力，将“南方时评”打造成一个贴近民情、关注民生、反映民意，表达人本关怀的话语平台和有建设性主张的言论阵地，为和谐社会开辟一片更蓝的天！

（“南方时评”责任编辑　付刚）

第九篇

东南新闻网“西岸时评”

简　　介：作为福建省重点新闻网站的东南新闻网于2001年10月18日开通，在对台宣传中发挥了重要的作用，用网络架起了海峡交流的桥梁。“西岸时评”是福建东南新闻网发挥网络媒体优势，在互联网站品牌建设方面的一个新的亮点，是广泛反映民众声音、解读新闻现象的言论栏目。频道在建设上坚持“贴近实际、贴近生活、贴近群众”原则，积极宣传党的路线、方针、政策，帮助网民了解新闻事件的来龙去脉和新闻事件的深层内涵，解疑释惑，针砭时弊，疏导情绪，化解矛

盾，正确引导网上舆论，服务“海西”中心工作，为建设海峡西岸经济区创造良好的网上舆论环境。

目前，“西岸时评”坚持每天发表评论50多篇。每当国内外有重大的新闻事件与社会现象发生，频道都会及时刊发时评文章；对于社会关注度高、可持续性强的话题，主动策划；频道针对“房价”“物价”“医疗”“带薪休假”等民生热点，充分发挥互联网交互性强、图文音像并茂的特点，推出系列评论专题，引起网民的热烈反响。

“西岸时评”关注你的关注，会聚专家观点、网民智慧，给受众体味思辨的快感。

获得“2007年度中国互联网站品牌栏目（频道）”称号。

理　　念：关注海西发展，感怀民生冷暖，评析时政热点

主要栏目：“特别策划”“焦点话题”“建言海西”“谈经论政”“多棱镜”“视·评”“观点PK台”“西岸文集”“民生杂谈”“媒体观察”“一周热评”“图说世相”“文体漫谈”“嘉宾论坛”“网友评说”“热点调查”

经典栏目：“焦点话题”“建言海西”“民生杂谈”“媒体观察”“观点PK”“多棱镜”“时政观察”

域　　名：http：//www. fjsen. com/r/view. htm

感怀民生　评析热点

——对东南新闻网“西岸时评”的评析

自 1998 年 11 月《中国青年报》的“冰点时评”推出以后，时评在纸质媒体上大行其道。随着网络媒体的崛起，网络时评也成为网络媒体的新宠。

我国历来有重视评论的传统，评论常常重于新闻，而时评以其反应快捷、不拘形式、观点新鲜自由、战斗力强等特点，一直受到人们的欢迎。作为新闻传播的附属功能，观点传播是对新闻传播的延伸。时评作为传播观点、引导舆论的重要形式，在经济快速发展、各种思想激烈碰撞的今天，有着深刻的现实意义。

网络媒体，改变了传统的新闻信息传播模式，改变着中国的“媒介生态”。我们进入了一个观点的时代，网络时代的人们不仅需要新闻，更需要对新闻的解读和对个人观点、意见的表达、宣泄。所以作为网络的传播者以及传播中的“把关人”不应只是信息的采集者和发布者，更多地应该是信息的整理者和思考者。

东南新闻网“西岸时评”深刻认识到网络评论的社会现实构建力量，因此在结合地方特色的基础上，“西岸时评”以关注海西发展，感怀民生冷暖，评析时政热点为频道理念，通过策划、选择、整合、加工，形成了自己的网络舆论场，在这个舆论场里帮助网民了解新闻事件的来龙去脉和新闻事件的深层内涵，解疑释惑，针砭时弊，疏导情绪，化解矛盾，通过网络的“议程设置”来正确引导网上舆论，进而有效地平衡民间舆论的走向。

一　自主评论　强化主流声音

所谓“自主评论”是指由网络传播实体自己组织主持并作为该实体权威观点和立场表达的品牌性评论。这类新闻评论的典型是人民网的

“人民时评”（网上第一评）、东方网的“东方时评”、南方网的“南方时评”、东南新闻网的“西岸时评”。这些时评栏目之所以成为品牌，就在于拥有自己的自主评论。品牌意味着受众在情感上“依赖你”，在行为上“接触你”。品牌栏目的塑造，遵循的公理往往也就在于：你有别人没有；别人有，你的更好。加强自主评论的组织和策划，是树立自己品牌的关键，是成为主流的利器。

东南新闻网“西岸时评”开设有“焦点话题”栏目来发表自己组织的焦点内容，解读与评析热点，如《市长接待日“门庭若市”不是好现象》。南方网“南方时评”与东南新闻网“西岸时评”是“2007年度中国互联网站品牌栏目（频道）”，两者相比，“西岸时评”虽没有直接开设“原创评论”，但评论内容有不少也是自己的原创评论。而它的“观点 PK 台”是栏目的一大亮点，是在整合媒体资源的基础上推出的创新举措，在宽泛的意义上来讲，它也算是自主的评论。下面根据“西岸时评”的“观点 PK 台”作一内容分析：

标题：“打劫银行”，谁的神经“打结”？
正方：作业“策划打劫银行”是教唆犯罪
反方：策划“打劫银行”打破陈旧教育理念

标题：“艳照门”能进班会的大门吗？
正方：“艳照门”进入班会是教育理念创新
反方：“艳照门”进入班会是个馊主意

标题：封杀湖南卫视有必要请示观众吗？
正方：封杀湖南卫视怎么不请示电视观众
反方：难道湖南卫视就掐不得？

标题：提高高校学费穷人就上得起学吗？
正方：且慢向茅于轼先生“拍砖”
反方：茅于轼真的关心穷人上不起学吗？

标题：春运票价上涨是惠民还是“打劫”
正方：春运铁路票价应适当上涨
反方：春运票价不是纯粹的市场问题

以上是从“观点PK台”中抽取的部分内容，从中我们可以看出这样组织评论的方式新颖，通过选题策划，正方、反方的观点争鸣，使不同的声音通过这一平台得到表达。从内容的组织上看，充分展现了“舆论不一律”的特色，同时这一做法，也是对受众的尊重，不采取直接的观点“灌输”，尊重人们的思考能力，坚持以“受众为中心”，体现网络的公平性，在不同的意见表达中，去平衡意见的表达，在一定程度上体现了舆论的本质。从传播学的角度来讲，能够关注时事热点，关注评论的网民，一般具有较高的知识素养，他们有独立的分辨能力和思考能力，通过“两面说”的做法，更能够调动他们的积极性，使他们对问题有一理性的判断。

“西岸时评”有意识地创新自己的评论组织形式，形成自己的特色，这正是区别其他时评栏目的妙处，通过不同的观点争锋，在一定程度上扩大了评论的影响力。我们不能总是“千网一面”，在媒体同质化严重的今天，作为传播主体应该摆脱使受众面对如同马尔库塞所说的“单面的人”的尴尬。

二 打“民生牌”塑造媒体亲和力

“感怀民生冷暖”是“西岸时评”的理念，也是栏目的追求，一个网站以关注民生为己任，足见它的媒体责任意识很强，这也正是主流媒体的定位所在。民生问题事关全局，事关社会的稳定和人心的安宁，十七大特别关注民生，把民生问题作为重大的问题来抓。打“民生牌”是很多媒体的举措，民生问题是人民最关切的，在新闻理论中，民生报道体现了新闻的接近性、重大性的新闻价值要素。

“西岸时评”通过“专题策划”来深度分析民生问题，详细解读民生。如《农民工融入城市有多难?》的专题，关注城乡和谐中的农民工问题。通过整体的板块布局，反映农民工的现实处境，如《让农民工在城市生活，并有选择》和《农民工的“城市梦想”在悄然生长》；以及“焦点评论”下整合《关注农民工何必“戴帽子”?》《无处安居，农民工如何融入城市?》《文化生活匮乏是农民工融入城市一道槛》3篇文章来深度评析农民工的生活状态；另外还通过“延伸阅读”的方式如《外来工何时成了蔑称?》《两代农民工遭遇各不同》等报道的链接，使农民工的报道深入细致、分析深刻。《A股暴跌政府该不该救市》也采取同样的专题报道的组合方式，深入地探讨和分析。

“民生杂谈”会聚了对民生话题的评论，通过栏目的集纳，针对最新的时事进行评价。如《让百姓害怕是公权力之耻》《哈市奴工案试剑劳动合同法》《“奴工事件”：血酬仍在继续!》《不要让百姓“不敢言而敢怒”》《“袭警”的乞丐不该被拘留10天?》……

“西岸时评”巧打“民生牌”，通过对民生的关注和独到的评析、整合，展示了媒体的“亲和力”，而“亲和力”意味着拉近了与受众的距离，增加了点击率，网络时代点击率就是影响力，通过塑造品牌的亲和力来培养受众的消费黏度也即忠诚度，不失为明智之举。

三　汇集评论　媒体联姻扩大影响

所谓“汇集评论”是国内网络媒体借助网络传播优势，将新闻评论汇集起来，比较集中地呈现给用户使用。目前，网上汇集各家新闻评论的做法主要是汇集各家传媒和媒体网站评论的内容，通过内容的合理整合，体现栏目的整体传播实力，扩大传播的影响力和渗透力。笔者通过对“西岸时评”的内容分析，发现其最突出的一点就在于：该栏目媒体联姻巧整合，会聚评论扩影响。与人民网“人民时评”、新华网“新华时评”相比，“西岸时评”所缺乏的是自身资源优势和资本优势，因此只能在评论的有效会聚、组合、加工上下苦功夫。与“南方网”的“南方时评”相比，“西岸时评”给人一种整体感，板块化比较明显。而“南方时评”则分类化、活泼，这也正是两者的不同之处。

“西岸时评”与传统媒体、网络媒体携手，其下属的子栏目吸纳不同媒体的内容，整体策划、组织，使栏目内容充实丰厚。“特别策划”的每个专题，都利用报网之间的联动，策划出深度的报道内容，评论体现出思想的深邃性。下面具体分析其他子栏目的内容整合。

“建言海西”关注的是海西的发展，在言论中通过媒体的聚合，来建言献策，如《发展社区教育推进学习型社会建设》（文章来源：《福建日报》）、《探求海峡两岸农业合作发展之路——来自省社科界第四届学术年会的声音》（文章来源：《求是》）……

“谈经论政”评析时政热点，如《“公车改革”其实是不改革!》（文章来源：中国经济网）、《垄断不破，损公自肥的手就缩不回来!》（文章来源：《燕赵都市报》）、《真抓实干也没必要拿开会打瞌睡开涮》

（文章来源：西岸时评）、《“天下之大，民生为最”是百姓之福》（文章来源：西岸时评）等。

“多棱镜”从不同角度折射思想智慧，如《禁止骂人的北大还有闪烁的思想吗》（文章来源：中国江西网）、《余华和阎连科饱汉不知饿汉饥》（文章来源：红网）、《鲁迅骂得，教授就骂不得?》（文章来源：《华商报》）、《“艳照门”：不要期待绝对的道德!》（文章来源：《南方都市报》）……

“视·评”则通过视频评论热点话题，如《“3·15”曝光垃圾短信制造商　用户私隐谁保护》（文章来源：CCTV）、《国务院30年经历的5次改革》（文章来源：CCTV）、《惠民政策难执行　开发商拒绝公积金贷款》（文章来源：新华网）……“西岸时评”利用央视、新华网的视频资源，优势引进，推出新的视听评说，集纳成板块，是地方新闻网站的整合亮点。

“媒体观察”依托各大报纸和新闻网站，对最新的时事热点的评论进行摘编，形成自己的评论专集，如：

- 《人民日报》：从总理的心声和牵挂看教育公平
- 《南方都市报》：“教室里抢银行”只是思想自由
- 《南方都市报》：封杀汤唯的理由有点滑稽!
- 《中国青年报》：女大学生何以赢了考试却输了就业?
- 《河南商报》：天气预报不准气象局就该道歉!
- 《东方早报》：“房贷政策松动”说明了什么?
- 《广州日报》：羡6小时“鱼”不如结8小时“网”
- 《新京报》：警察打记者滥权为何屡禁不绝?
- 《工人日报》：彭宇案和解，道德伤口上的一把盐
- 《新京报》：查处“黑车”不该滥用“线人”
- 《潇湘晨报》：我们生活在一个花边社会里!

此外，“文体漫笔”和“嘉宾访谈”也通过类似的内容摘录、组合，使人们关注最新的讨论话题，同时也在建构着人们的讨论话题，总之，媒体间存在着“议程设置”，媒体与受众之间也在设置议程。

“西岸时评”与包括人民网“人民时评”、南方网“南方时评”、东方网“东方评论”、红网“红辣椒评论”在内的15家媒体合作，媒体联姻打造出“西岸时评”网上评论发布平台，具有了聚合效应。如果

说“西岸时评”的成功是媒体联姻，是内容整合的艺术，应该很贴切。网络的优势就是能够有效地组织自己的内容建设，形成自己的整体风格。地方新闻网站在走地方特色的同时，在锁定自己的定位的基础上整合媒体的资源，扩大报道的聚合影响力，是提升媒体竞争力的有效方略。

四　通民情“与网民共舞”

网络的一大特性就是具有交互性，尤其在传媒技术日益发达的当下。与传统媒体相比，网络传播克服了“大教堂式”的传播方式，受众不再是“沉默的大多数”，技术的可能性使得网民能够表达自己的看法、观点。《数字化生存》的作者尼葛洛庞帝指出，我们正处于一个“消解中心主义”的时代。网络评论的互动方式取代了传统媒体的播报方式，个体化的传播主体成为自主主体，分散的、多重的主体形成自由、多元、开放的传播态势，从而传播话语由单一向多重，集中向分散趋行。

“西岸时评”开设有“网友评说”，并在此基础上又设立了“西岸文集”。这些评论是网友根据现实热点发布的见解，是民意的汇集。“西岸时评”尊重网民的观点，有意识地整合他们的言论，将这些言论作为一种反馈式观点报道资源，进行梳理、集纳、选择、加工，促使舆论的适当聚合，形成舆论多元的良性态势，进而有效地引导舆论。由于评论大多出自网民之手，因此其他网民在阅读的过程中能消解心中的“症结”，也会积极跟帖表达自己的态度。“西岸时评”成为网民意见的聚集地和网民智慧在讨论中升华的平台。

“西岸时评”还开设了“热点调查”，通过网上调查来了解网络民意，这也是了解舆情的方式。使受众主动参与媒体制作，是媒体进步的表现。网络时代本身就是“与网民共舞”的时代。

五　结语

用正确的舆论引导人，是中国新闻媒体的社会责任。在网络传播中，网络评论数量多、速度快、互动强，对于引导受众正确认识新闻事件，正确参与评论社会热点问题，营造平等开放的舆论平台，形成良好的舆论导向，具有先天的优势。尤其是时评，短小精悍、风格不拘，是网络评论的“轻骑兵”。“西岸时评”致力于建造良好的舆论氛围，评析热点，服务海西，感怀民生。我国早期著名的新闻研究者徐宝璜说过，新闻纸“登载真正之新闻，以为阅者判断之根据……发表精确之社论，以唤起正常之舆论”。[①]因此在一定程度上，网络评论与社论同理，担负着唤起正常舆论之重任。

（王延辉）

① 徐宝璜：《新闻学》，中国人民大学出版社，1994，第7页。

用“品牌”引领“西岸时评”专栏发展之路

“西岸时评”是福建东南新闻网为强化网上舆论引导力和影响力而开辟的网络时评宣传阵地。频道在创办之初，就确立了走品牌发展的战略。经过几年的积累，“西岸时评”已经成为全国知名的网络时评品牌，先后荣获“第十八届中国新闻奖网络新闻作品复评新闻专栏类优秀专栏”“2007 年度中国互联网站品牌栏目（频道）”“第十四届福建新闻奖新闻名专栏”等荣誉称号。

一　树立品牌意识，打造“海西”最具影响力的网络时评频道

在一个品牌经济的时代，树立新时代媒体的品牌形象，对于媒体的发展至关重要，媒体通过树立品牌形象创造价值，成为自身生存和发展的必经之路。“西岸时评”在策划、筹备之初，网站领导意识到，作为一个网评品牌，需要具有独特的，负责任的，有公信力、感召力、亲和力的品牌形象，否则无法在网民心目中体现出其特殊的价值。

首先，网站根据中共福建省委、省政府大力推进海峡西岸经济区建设的战略部署，将该频道命名为“西岸时评”。可以说，“西岸时评”这个名称很好地诠释了频道立足福建“海西”发展战略、放眼全国的品牌诉求，对于日后塑造、传播、提升“西岸时评”品牌的知名度和美誉度起到了基础和关键的作用。

此外，网站将“打造‘海西’最具影响力的网络时评频道”作为“西岸时评”的品牌定位，制定了“关注海西发展、感怀民生冷暖，评析时政热点”的品牌理念。

可以说，正是由于前期的品牌发展意识，为“西岸时评”的品牌发展之路奠定了良好的基础。

二　贴近实际，打造品牌公信力和导向力

网络时评不时出现的脱离客观实际的情况，会削弱其品牌的公信力和导向力。脱离实际首先表现在由假新闻引发的评论。在互联网时代，信息传播比以往任何时候都重视先声夺人的特点，因此出现有些网评作者为了抢占先机，在没有确认新闻真实性的情况下，仓促对假新闻做出评论，这样的评论即使写得再精彩，论证过程再严密，也只会对“西岸时评”品牌的公信力造成损害。因此，在求“快”和求“真”的问题上，“西岸时评”要求首先确保评论事实的真实性和准确性。编辑在收到投稿后，先要对评论涉及的新闻事件的真实性，通过搜索权威新闻网站进行查证，对于一时无法查证的新闻，编辑主动要求作者提供相关消息的出处。对于无法查证的新闻来源，宁可延缓发布或不发。

脱离实际还反映在部分评论作品脱离具体的国情、省情、社情、民情。这些网评作者由于不能用辩证唯物主义的方法论看待客观现实，缺少充分的调查、研究，习惯于将一个新闻事件、一种社会现象上纲上线，因此文章内容空泛、肤浅，对实际工作起不到指导作用，无法担负起干预现实生活，为正义鼓与呼，最终推动社会文明进步的使命，反而会混淆网民明辨是非的标准。“西岸时评”对于此类哗众取宠的网评，即使牺牲暂时的点击率，也要坚决予以抵制，因为这将损害到品牌的公信力和引导力。

正是由于多年积累的品牌公信力和影响力，“西岸时评”在宣传党的方针政策以及应对网上突发事件中的作用越来越突出，较好地发挥了网评频道引导舆论的作用。

三　贴近生活，提升品牌亲和力

当前，网络评论的同质化、肤浅化问题较为突出，许多网评频道的评论文章观点相近、角度相同，分析问题如蜻蜓点水。究其原因，主要是一些网评作者将自己禁锢在象牙塔里，没有贴近火热的现实生活，没有充分关注、深入挖掘社会生活方方面面的问题。长此以往，网评品牌很难形成自己的特点和个性，必将削弱品牌的亲和力。

破解评论同质化、肤浅化问题的方法就在于让评论贴近现实生活，多视角、多层次关注民生百态。为此，“西岸时评”在栏目的设置上做

文章，设置了如“多棱角”栏目，引导网评作者直面现实生活，对一个社会问题，进行多角度、多层次的深度挖掘和诠释，既讴歌、反映社会生活中美的、好的、光明的一面，同时也勇于针砭时弊，报喜也报忧。设置“观点 PK 台”栏目，对当前社会热点现象，展开思想碰撞，引发网民讨论，让真理越辩越清、越辩越明；设置“建言海西”栏目，鼓励网友对“海西”发展建言献策。上述的做法，一定程度上减少了一些无病呻吟、无的放矢的评论，激发出了一些有深度、有价值、有针对性、贴近生活、贴近网民，受到广大网民热烈追捧的好文章。

除此之外，贴近生活还表现在“西岸时评”对于社会关注度高、可持续性强的民生话题，积极关注、主动策划。“西岸时评”针对“房价”、“物价”、“医疗”、“带薪休假”、《劳动合同法》等多个民生关注热点推出系列评论专题，邀请政府官员、专家学者通过评论、访谈、网友互动等多种形式对现实生活中出现的鲜活、典型的事件进行解疑释惑，引导广大网民正确认识和理解国家各项方针、政策出台的来龙去脉和背后的深层内涵，疏导情绪，化解矛盾，从而在政府和广大网民之间架起了一座“网上的民生之桥”，进一步树立了品牌的亲和形象。

可以说，贴近生活、关注民生是“西岸时评”打造品牌亲和力的关键。

四　贴近网民，塑造品牌感召力

对网络媒体而言，网民在信息传播过程中较传统的媒体掌握着更多的自主权，“西岸时评”只有贴近网民才能吸引网民，品牌才有感召力。而在传播的形式和手段上贴近网民的阅读习惯为其主要途径，在评论话题设置上贴近网民，是培育网友忠诚度和参与度的关键因素。

为贴近网民，“西岸时评”首先在评论的语言风格上力求遵从网友的阅读习惯，坚决摒弃居高临下的官话、不切实际的套话，多使用具有网络独特魅力，体现网络平等性、互动性的语言。频道在选用稿件时忌长篇说教，力求选用网民希望读到的短小精练、一针见血、针砭时弊的文章。

其次，“西岸时评”在评论话题设置上注重从网民的关注点入手，寻找小的切入点，将复杂的问题细化，推出即容易吸引网友阅读，又方便网友参与讨论的系列评论文章。这些小话题往往可以收到“以小见大”的良好传播效果，迅速形成热门话题。

最后，“西岸时评”高度重视一般网民在评论中所发挥的作用。一些网民在阅读时，可能一时有些所思所想，就会积极跟帖，表达自己的态度，提出自己的见解。虽然这些见解可能论点不够深刻、论据不够充分、论证不够严密和系统，但这些只言片语却蕴藏着网络原生态的真知灼见，是一个需要充分予以挖掘的大宝库。“西岸时评”针对网民就热点问题发表的各种看法，专门组织编辑进行甄别、筛选，将一些有代表性的言论用“西岸酷评”的形式，直接编辑到相关评论文章后面，推荐给更多的网友，进而引发更多的讨论，让网民智慧在互动交流中得到升华。

只有贴近网民，想网民之所想，品牌才能为群众所接受和认可，才会具有感召力。

五　不断创新，保持品牌活力

媒体品牌虽然是无形资产，但是和其他行业一样也是一种产品，也有周期性。所以，“西岸时评”在创办伊始，就通过不断创新赋予频道新的内涵。“西岸时评”的创新是通过以下几种途径来实现的。一是根据形势和市场的变化有意识地进行改版、拓版，实现自我的超越。“西岸时评”先后经历了三次大规模的改版，每次改版在页面的表现力和栏目设置的科学性等方面均有长足的进步。在最新一次改版中，频道的LOGO采用毛笔书写，页面清新、大气，其页面设计风格在众多互联网网评栏目中可谓独树一帜，令人过目难忘。二是根据网民需求的变化适时、灵活地开辟新栏目。例如，当频道编辑了解到网友已不满足于阅读文字评论，还希望通过配发图片直观了解评论事件发生的现场状况时，“西岸时评”就适时推出“图文评论”栏目。三是随着品牌形象的成熟，“西岸时评”将逐步进行品牌延伸和开发，如计划推出网友评论文集，等等。

“西岸时评”坚信，只有不断创新才能保持品牌生机和活力。

总之，“西岸时评”创办以来坚持走品牌发展之路，坚持用“三贴近”原则引领频道品牌塑造，不断创新，开拓进取，为正确引导网上舆论，为海峡西岸经济区建设营造良好的网上舆论氛围做出了积极的贡献。

（“西岸时评”主编　徐嵘）

第三单元

论坛访谈类

第十篇

人民网“强国论坛”

简　　介：“强国论坛”的诞生有着深刻的历史纪念意义。1999年5月8日清晨，中国驻南联盟大使馆遭遇以美国为首的北约导弹袭击，造成3人死亡，20多人受伤。这一残酷暴行激起了中国政府和人民极大的愤慨，各地群众纷纷提出强烈抗议，谴责之声不断高涨。在这种背景下，《人民日报》网络版于1999年5月9日及时开通了“强烈抗议北约暴行BBS论坛”，为民间的这种激愤情绪提供了一个表达和宣泄的渠道。6月19日，抗议论坛易名为“强国论坛”。

“强国论坛”是我国第一个网上时政论坛，由于日均跟帖数巨大，又被称为“天下第一坛”“最著名的中文论坛”。2006年，“强国论坛”

作为人民网的知名栏目入选“中国互联网站品牌栏目（频道）”，而“强国论坛”是该次评选中入选的唯一网上论坛社区。论坛下设“经济论坛”“三农论坛”“国际论坛”“两岸论坛”“实名论坛”“反腐论坛”“军事论坛”“女性论坛”等二三十个子论坛。作为一个民间性的网上社区论坛，“强国论坛”是一个民间声音和观点会聚的场所，是党和政府联系群众、了解社情民意的窗口，是网民交流和交换信息、意见的平台。

栏目板块：“精华区”“热帖”“热评”“深入讨论”“实名”“辩论”“旧版”“访谈”“周刊”“网友之声”“时政频道”

宗　　旨：“八方风雨论坛，一片赤心强国”

理　　念：在虚拟的网络世界寻找真实和理性

域　　名：http：//bbs1. people. com. cn/board/1. html

声音的广场　思想的集散地

——对人民网“强国论坛”的评析

追求言论自由是人类与生俱来的权利和梦想。然而，回顾人类发展史，或者由于政治的原因，或者因为物质和技术条件的限制，人类追求言论自由的道路充满了艰辛和坎坷。众所周知，绝对的自由是不存在的，因此，所谓的言论自由就是在尽可能宽松的制度和物质环境下，人们发表言论所能够达到的自由状态。与过去相比，随着我国政治民主制度的发展进步，以及互联网技术的发展和应用的普及，加上人们的主体意识的不断增强，人类自由表达自己观点和意见的梦想最终得以通过网络而实现。人民网“强国论坛”的开通，是互联网时代媒体对意见发表模式的积极探索，是人们争取言论自由的一种有益尝试。而“强国论坛”也作为中国的“言论特区”受到了中国政府和海内外华人的关注和认可。

一　观点的自由市场或公共领域

提起“强国论坛”，人们很容易想到“观点的自由市场”的概念。这个概念是由英国的政论家和文学家约翰·弥尔顿最早提出的，其大致的意思是真理是通过各种意见、观点之间自由辩论和竞争而获得的，并非权力所赐予。只有让各种思想、言论和价值观在社会上自由地流行，人们才能够在比较和鉴别中认识真理。后来，英国的哲学家约翰·密尔（1806～1873）在《论自由》一书中指出：“我们永远不能确信我们所力图窒闭的意见是一个谬误的意见；假如我们确信，要窒闭它也仍然是一个罪恶。”①

“强国论坛”似乎正是这样的一个“自由市场”。首先，论坛开设

---

①〔英〕约翰·密尔：《论自由》，许宝骙译，商务印书馆，2005，第20页。

了尽可能多的子论坛，从“时政”“经济”“军事”“法治”到“情感”“婚恋”“房产”“三农”“科教”“影视”“音乐”“读书”“文化”“历史”“女性”“健康”“旅游”“汽车”“体育”“游戏”“IT”等，可谓是应有尽有。如此多的子论坛意味着网友可以就社会上方方面面的事物和现象展开自己的话题，畅所欲言。

其次，在论坛上发言的主要方式就是发帖、跟帖，并通过这种方式进行各种思想的碰撞和观点的辩论。并且，发帖内容只要不违反国家有关的法律规定，不违背论坛自身的管理条例即可。发帖程序快捷、简单、易便，无须经过编辑的审核、定稿、校对程序，也不必严格要求文通字顺、合乎章法。至于哪些帖子不能进入“强国论坛”，人民网负责人蒋亚平曾概括说，总的想法是，一是只要不违法、只要爱国、只要符合《人民日报》网络版宣传报道基本原则，二是只要格调健康、只要讲礼貌，那么可删可不删的，就不删。当然，有些时候，包括对一些老是捣乱的人的帖子，那就是另一个标准，即可删可不删的，就坚决删。①因此，可以说，这种并没有对网民有过多限制和特设什么禁区的论坛言论环境，已经无异于“观点的自由市场”。

“公共领域”（德语 offentlichkeit，英语 publicsphere）是一个源自于西方的政治学概念。“公共领域”概念的提出和讨论，影响最大的是近40年前德国当代著名学者于尔根·哈贝马斯（Jurgen Habermas）。哈贝马斯在其《公共领域的结构转型》一书中写道：“资产阶级公共领域首先可以理解为一个私人集合而成的公众的领域；但私人随即就要求这一受上层控制的公共领域反对公共权力机关自身，以便就基本上已经属于私人，但仍然具有公共性质的商品交换和社会劳动领域中的一般交换规则等问题同公共权力机关展开讨论。这种政治讨论手段，即公开批判的确是史无前例”。②按照哈贝马斯的理论，“‘公共领域’是指一个国家和社会之间的公共空间，市民们假定可以在这个空间中自由言论，不受国家干涉”。

① 彭兰：《强国论坛的多重启示》，http：//www. people. com. cn/GB/14677/21963/22062/2469490. html。

② ［德］哈贝马斯（Juergen Habermas）：《公共领域的结构转型》，曹卫东等译，学林出版社，1999，第32页。

从“强国论坛”的组织形式上看，它是由版主和网民共同组成的。除屈指可数的版主之外，大部分网民是互不见面、互不相识的。他们是彼此分散的、孤立的个体，他们可能是来自不同的职业、民族和社会阶层，但是，正是因为有了人民网“强国论坛”这个公开的话语空间，才将大家聚合在了一起，从而也使得这个公开的话语空间具有了公共领域的性质。网民们在此可以尽情地进行沟通，也可以展开各种充分的讨论，或品评时事，或抒发感想，或激烈辩论。

二　爱国、强国之声乃为论坛主流

由于“强国论坛”诞生的独特历史背景，它从一开始便凝聚了这样一群网民，他们热爱我们的祖国，怀抱正义和热情，关注社会，关注现实，更希望为我们祖国的富裕和强大而尽一份心、出一份力。论坛的主题“八方风雨论坛，一片赤心强国”恰好道出了这些网民的心声。也正是因为这样，该论坛最激烈的讨论莫过于对于政治和时事的讨论。

2008年3月14日，西藏拉萨发生了严重的打砸抢烧暴力犯罪事件，在这起事件中，18名无辜群众的生命被夺走，382名群众人身受到伤害，几百家店铺被砸、被烧。然而，让人难以忍受的是以美国有线电视新闻网（CNN）为代表的西方媒体，竟然不顾新闻事实，站在暴徒的立场，攻击我国政府和我国的民主制度。网民们坐不住了，他们在论坛上不断发帖、跟帖，对西藏达赖分裂祖国的图谋进行揭露，也对CNN扭曲事实的报道表示强烈的愤慨和不满：

达赖听着：放下屠刀，立地成佛！

［**三加一**］为什么连国外的人都会产生同情心，甚至有的人从电视中看到后会流下眼泪，而口口声声爱西藏的达赖的眼中却没有泪水，这更让人看清了他的企图分裂国家的本质，看清了他只想自己利益、不管西藏同胞死活的丑恶嘴脸！

［**大于**］他编造的谎言虽然离奇，炮制的消息也骇人听闻，但是他忘记了愚人节游戏的另外一个重要的规则，还要最能骗取人们相信。把达赖这些年说的做的前后一比较，再与事实一对照，除了想用他作为分裂中国政局的那些对中国心怀恶意的人之外，还有多少人会相信他呢？

［**赵资料**］达赖在受到中央政府多年的冷遇后眼看暮年已到，再不进行反扑为时已晚，所以就打着“和平”“人权”的幌子老调重弹，说

的完全是他当年的那一套老话，达赖现在的如意算盘是，继续以不支持“藏独”为幌子骗过世人，等到时机成熟他得到西藏实际管辖权后，再进行实质性的“藏独”活动。

［**冬瓜糊涂**］中国有句俗话道：听话听音，锣鼓听声，一个不放弃政教合一主张的人，其所讲的民主、自由和人权又会是怎样的呢？这或许是高举人权大旗指责中国政府的人所要回答的一个重要问题。

感谢西方媒体把全球华人凝聚在一起！

［**闲庭信步**52］西藏暴乱，震惊全国，更让全国人民震惊的是，西方主流媒体的报道居然说的全是反话！媒体的“倒立”看问题反映了西方社会的“倒立”看问题，从达赖获诺贝尔和平奖、苏丹达尔富尔问题、抵制奥运会，直至这次西藏暴乱，让迷信西方媒体公正客观真实的人们大跌眼镜。

［**强国之鹰Ⅱ**］在强大的谴责声中，CNN、BBC 等西方主流媒体至今连个道歉都没有。我国的新闻主管部门必须责其检讨违反职业操守的行为，向全中国人民道歉，不能允许违反新闻职业道德，公然违法的行径存在！必须把虚伪无耻的 CNN 赶出中国！

［**野猪**］“3·14”拉萨事件发生后，CNN、BBC 等老牌反华工具立即通过造谣诋毁的手段，集中制造虚假新闻以声援这个大型暴力闹剧，似乎全球人民立即就可以煽动起来。人民战争的汪洋大海确实展现出来了，但不是他们希望的那种，而是相反。

［**郑华淦**］西方一些媒体和记者的宣传，充分暴露了西方宣称的新闻的真实性和客观性是多么的虚伪，其丑恶行径只能让全体中国人民反感、厌恶和愤怒。达赖集团早先就提出的要利用北京开奥运会，并说这是争取“西藏独立”的最后机会。如今，中国人更是清醒地看到了达赖集团和西方反华势力的确是沆瀣一气，妄图抓住这最后一根稻草。

这些犀利、毫不留情的言辞表达的正是论坛网民发自肺腑的真实声音，是他们的爱国热情和正义感在特殊事件面前的集体迸发。

不仅在危及国家安全的重大事件面前如此，即使对于那些平常的新政策措施出台、领导人讲话，以及法治不公、制度不严、官场腐败等现象，论坛网民们也总要七嘴八舌，说上两句，或建言献策，或批评指正。毕竟，关注和参与也是爱国的一种表现。这些声音的表达不仅彰显出论坛网民健康、积极、文明的素质，也使政府了解到真实的民生、民意，并引以为其决策的参考，从而也发挥了“强国论坛”强国的政治功能。

三 恰当的管理使论坛和谐成长

“强国论坛”的开通是对传统新闻传播理念的一种挑战和变革。在传统的新闻生产方式下，大众传媒是新闻信息和新闻产品的主要提供者，在“强国论坛”网民是传媒生产的主角。但是，由于网民的分散性，以及其生产方式（主要是跟帖）的无组织性，要想使他们的讨论和辩论积极、有效，还需要有一套管理方法和管理制度。

第一，将论坛进行分类、分区是满足不同群体网民表达和交流需要的最好办法。以敏感时政话题讨论为主的“强国论坛”之下有许多并不具有较强政治性的分论坛，这一点我们在前边已经讲过，不再赘述；此外，论坛还设有“浅水讨论区”和“深水讨论区”，以便对不同层次、不同水平的网民进行区分。一般来说，千字以上的帖子才可以进入“深水区”，而“深水区”的存在也有利于一些有思想、有见地的帖子的产生。

第二，“强国论坛”推出的“一语惊坛”栏目每天还会从大量的帖子中选取一些当日论坛中或睿智深刻、或生动有趣的短评快语。正所谓“万千风云事，尽付一言中”。这些惊人绝妙之语有时竟成为网络流行语，比如，在西方媒体歪曲报道西藏“3·14”事件之后，“做人不能太 CNN”便很快成为当时的网络流行语。

第三，为了进行积极、正面的舆论引导，并发挥其上情下达、下情上达的桥梁作用，“强国论坛”还经常邀请一些嘉宾与网友进行对话交流。比如，请周济谈教育热点问题，陈健谈联合国事务和中国外交，路甬祥谈自主创新建设创新型国家，康厚明谈农民工参政议政等。这些嘉宾的言论可以避免一些谣言的扩散，对于正面引导舆论也起到了一定的积极作用。

第四，论坛还设有热帖排行、热评排行、网摘排行和论坛排行等，这样，不仅可以将一些精彩的帖子和言论优先呈现给网民，而且还可以将人气旺盛的论坛推荐给网友，使他们能够参与更加充分和热烈的讨论。

（毛秋云）

“强国论坛”的规与格 *

人民网“强国论坛”是网友交流思想、讨论是非、发表见解的场所。因为它的匿名性和网友的自发性、广泛性和复杂性，导致情绪化甚至不负责任的言论在所难免，加上不同派别、不同势力暗中角力、争夺，这里实际上成了浓缩的小社会、虚拟的大阵地。

在这个“小社会”“大阵地”中，众多言论相互影响、激荡，容易形成趋向性很明显的“意识流”“言论流”，它们不趋向这一边就倾向那一边，并且越汇越多。如何使这些言论趋于理性，合乎法律、法规和国家政策，乃是论坛管理人员长期面临的问题。

网络论坛是公共话语平台，是让人说话的地方，但说话要有一定之规。这个“规”就是相关的法律、法规以及根据这些法律、法规制定的论坛管理规定。首先，“强国论坛”有自己的《论坛管理条例》，网友上贴必须先注册，只有接受这个“管理条例”才能注册成功。你在“强国论坛”发言，我们欢迎、鼓励，但你的发言必须符合我国的法律、法规，符合“强国论坛”的管理条例。具体来说，你不能造谣、传播道听途说的消息，不能搞人身攻击，不能诬陷、诽谤他人，不能挑动民族矛盾，不能鼓动、煽动他人从事违法活动等等，这些不符合规定的上贴的言论一经出现就会被删除，如果一再上贴此类言论，版主会提醒甚至警告你。多次警告仍无效，就很可能受到封笔名甚至封户的惩罚，“强国论坛”的舆论引导先是画定一个大圆圈，不允许出法律、法规之“格”，在此范围之内网友的话语权是受到保护的。

其次，“强国论坛”的舆论引导是通过多种方式鼓励理性讨论，推荐那些见解独到、分析深刻、观点正确、获得好评的帖文。网友们讨

---

* 原文载于《网络传播》2005 年第 5 期。

论，见解不同、观点各异，什么样的帖文应该占有更好的页面位置，受到更多人的关注？显然是那些观点正确、见解深刻者。“强国论坛”通过在帖文前“加星”、放到页面顶部的“今日关注”加以推荐，放到社区首页和人民网首页予以肯定和强力推荐，或者收入“网友之声”及精华区等手段，方便网友随时浏览。这些做法，是对帖文的称赞，是对作者的肯定，也是对整个网友群的引导。这样的引导是柔性的，网友乐于接受并愿意为争取得到这样的“待遇”而努力。

最后，通过嘉宾与网友在线平等沟通、交流的方式进行引导。嘉宾访谈是“强国论坛”长期以来行之有效的舆论引导方式，现在“强国论坛”一年邀请三四百人次的嘉宾来做访谈，几乎每一个热点问题都有嘉宾在线答疑，这些嘉宾谈自己的本行或很有研究的领域，而且是以平等的身份与网友交谈，不是居高临下、盛气凌人的宣讲和灌输。嘉宾介绍情况，阐述观点，回答问题与网友展开讨论。网友可赞同、认可也可不同意，甚至反驳，还可对嘉宾的回答进行评说，甚至打分。因为网上身份平等、气氛融洽，每次访谈，网友积极参与，积极提问，乐于与嘉宾沟通、讨论。有的网友不同意或不完全同意嘉宾的意见，但沟通了，引起思考，也是一种影响，一种引导。这种引导可能不是“吹糠见米”，立即见效，但会起到潜移默化的作用。当然，引导的方式还有一些，如版主主持一些话题讨论，版主简要发言或点评引导，版主推荐好文或好帖，请网友主持热点问题的讨论，等等。应该说，“强国论坛”聚集了众多爱国者、热血之士和理性网友。他们是“强国论坛”的主流、中坚，也是人民网进行舆论引导的主要力量。“强国论坛”始终能够在法律、法规允许的范围内进行运作，总体上维持比较理性的讨论氛围，这与有效引导有关，也离不开这批中坚网友的支持。

（人民网副总裁　官建文）

第十一篇

央视国际网站“复兴论坛”

简　　介：“复兴论坛”以历史为“经”，以世界为“纬”，引发网民深入探讨21世纪中国在中国共产党领导下，如何实现中华民族伟大复兴这一意义深远的历史性课题；探讨富国强民、民族振兴的发展之路，话题涉及各个领域的焦点、热点，努力打造权威性、专业性、学术性并重的大型主题时政论坛。“复兴论坛”作为大型时事论坛，以民族复兴为核心，以政治、经济、道德、文化、军事等各领域涉及民族复兴的重大问题和话题为内容，是弘扬民族精神、坚守民族自信，广大网民参政议政的基地。“复兴论坛”以“务实见风格，开放求品质”为自己的风格，目前已和“强国论坛”“发展论坛”共同成为中国最具影响力

的时政论坛。被评为“2007年度中国互联网站品牌栏目（频道)”。

理　　念：以“民族复兴”为核心

板块内容：“复兴论坛”“复兴调查”“复兴时评”“北京2008”“我的圣火论坛”“留学生护圣火”“海峡两岸”“网评天下”“财经论坛”“中国证券”“科教兴邦”“军事天地”“文化广场”“民访杂坛”“图说天下”“体育”“3·15论坛”“投诉地带”“维权交流”“淘店”“社区服务中心”“网友投诉”“社区公告”

经典板块：“复兴论坛”“网评天下”“焦点网谈”“尽言国事”“民坊杂坛”

域　　名：http://bbs.cntv.cn/forum-932-1.html

顺应民族崛起呼声　燃烧大国复兴激情

——对央视国际网站“复兴论坛”的评析

2007年10月8日，以党的十七大召开为背景，以央视一套热播的大型历史政论片《复兴之路》为契机，央视国际（CCTV. COM）打造的大型时事论坛——“复兴论坛”（fuxing. bbs. cctv. com）正式上线发布，通过网络媒体延伸和拓展了公众对该政论片的关注和评价，使得民族复兴、富国强民等话题成为舆论关注的焦点。同时“复兴论坛”还开通手机无线互联网（wap. cctv. com）的论坛专区，手机用户可以随时参与到论坛的话题讨论中来，实现了两个载体的互联互通。

央视国际网站专门开辟的“复兴论坛”，以《大国崛起》《复兴之路》的主题内容为话题，引导网民辨析、思考世界大国兴衰，对当前中国在世界格局中的位置和面临的任务进行思考和表达，同时也为党的十七大创造良好的舆论氛围。

一　以民族复兴为核心内容的时政论坛

央视国际“复兴论坛”是随着《复兴之路》的开播而开坛的。《复兴之路》将焦点锁定中国艰难曲折的民族振兴之路和中国人民在中国共产党的领导下所取得的伟大成就。全剧共分6集，分别以“千年巨变”“峥嵘岁月”“中国新生”“伟大转折”“世纪跨越”“继往开来”为主题，选定各个历史阶段最具代表性的人物和事件进行历史重现，全景式追溯了中华民族的强国之梦和不懈探索的伟大历程。“复兴论坛”利用《复兴之路》的高起点定位，以及在观众中的良好口碑和深刻影响，站在国家、民族伟大复兴的战略角度，将论坛定位为时政论坛，努力将其打造成为权威性、专业性、学术性并重的大型主题时政论坛。

该论坛分为“复兴论坛”“体育”“3·15论坛”“社区公告”4个

母论坛和“复兴调查”“复兴时评”“北京2008”等19个子论坛，而所有的子论坛也都兼有时政属性。“复兴论坛”：有关民族复兴，国家兴亡的内容集合；“尽言国事”：群策群力，畅所欲言，有关国家大政方针、民生话题的总汇；“网评天下”：百家争鸣，各抒己见，对社会近期“热点”“焦点”事件的讨论；“民坊杂坛”：记录身边事、抒发小感想、轻松小幽默，尽情享受快乐生活的乐园；“焦点网谈”：从专家到网民，聚集经典言论，“复兴论坛”的精品原创区；“复兴调查”：放大调查视角，关注万象百态，问卷调查搜集民意民声；“复兴时评”：把握政局，评论时政，用客观的事实引导民众言论。

一个国家强大的标准，不是仅仅靠经济基石的坚固来做根本的判断。其真正意义上的衡量标准是基于一个国家的民族精神，即国家民族的“魂”。一个经济高速发展，民族精神健全的国家，才是真正意义上的大国。民族精神的建构是依靠提高整个国家的民族意识才能够完成的，需要完善每个公民的整体素养，使他们产生对国家的、民族的归属感、自豪感，产生民族忧患意识。国家是每个公民生存的根本，有了这种民族意识，才会形成民族崛起的渴求。关注大国崛起、期盼民族复兴，是一个永恒的主题，也是一个时代课题，能够引起观众与网民的强烈共鸣。“复兴论坛”正是央视国际借十七大召开之际和《复兴之路》热播之时，为广大网民开辟的一个崭新的互动交流平台。“复兴论坛”的开坛正是顺应了人民精神文明发展的需求和历史的发展潮流，使论坛在开办不久就迅速聚集了人气。从2007年10月3日上线测试，访问量已经突破了100万人次。到2007年10月11日论坛访问量已达120万人次，白天瞬间在线用户稳定在2500人次左右。而到2007年10月24日，“复兴论坛”竟突破了721万人次的访问量，平均每天的流量达到51万人次。正像中央电视台网络传播中心主任汪文斌所惊叹的那样：“‘复兴论坛’自开坛以来所引发的网民的反响可以说是远远超乎了我们的想象。因为它是我们平时的用户访问量的10～15倍。党的十七大把老百姓和网民对国家发展的关注提高到一个前所未有的高度，所以大家都希望为中华民族伟大复兴能够建言献策。自己有什么想法，自己有什么建议，自己有什么样的意见都希望能够有所表达。我觉得这是我们论坛现在能够这么热、这么火的一个重要前提。”

二　强强联合　优势互补

央视国际依靠中央电视台的资源，使“复兴论坛”从建立起就比别的网站论坛拥有较高的起点，为网民搭建了一座民意表达的桥梁。而自身的“民族复兴”定位，又使栏目从众多的论坛中脱颖而出。“复兴论坛”引导网民思考世界大国的兴衰，将网络和电视、网民和观众的多方位互动发挥到极致，获得更加广泛的传播空间，这也预示着央视国际从资源整合的阶段逐步向品牌原创的阶段跨越。央视国际将坚持正确舆论导向作为自身的原则和目标，积极引导广大网民，使论坛体现出权威和大家的风范。

正因为如此，才吸引了搜狐社区与“复兴论坛”的合作，并于2007年4月16日正式启动了“复兴论坛搜狐版”。这可谓是互联网社区里“两强”的首次合作，通过这样的“强强联合”，双方取长补短，优势互补，让广大网友在这里真正感受到崛起的力量！网友可以探讨更为贴近生活的时政话题，也可以分享更为权威的社会话题，共同探求富国强民、民族振兴的发展之路！而搜狐社区作为“中文第一社区”，日均浏览量突破7000万人次，日均访问人次数突破600万，拥有“女人”“娱乐”“新闻”“体育”等21个主题社区，几乎覆盖了网友生活的各个方面，每天登录搜狐社区已经成为数以百万计网友生活的一个重要组成部分。与“复兴论坛”合作，搜狐社区与“复兴论坛”一起发扬“民族复兴”的核心理念，把弘扬民族精神、民族自信视为己任，共同打造最具影响力的，别具特色的互联网论坛！

三　内容更新　与时俱进

“复兴论坛”首先通过网络媒体延伸和拓展了公众对电视政论片《复兴之路》的关注与评价，进一步抒发和表达了电视观众、网民对于“中华民族伟大复兴”的感言和情怀，并逐步形成舆论关注的焦点。为了将论坛的时政话题与时代的发展步伐相结合，“复兴论坛”不断地更新内容以体现时代的要求。为了迎接党的十七大，论坛特设了《十七大越来越近，你对党最想说的心里话是什么》《给总书记捎句心里话》《大家来说说中国“崛起”的标准》《中国形象标志可能不再是“龙”，你同意吗?》等专题。为了迎接奥运会的召开，以及弘扬奥运火炬传递过程中的爱国热情，新增设了“北京2008”“我的圣火论坛”“留学生护圣火”三个板块。在专门开设的《给总书记捎句心里话》栏目中，网民们留言踊跃，热情高涨，大到国计民生，小到柴米油盐，观众和网民纷纷写上自己的心里话，同时还为总书记送上自己的寄语和祝福，这一专栏访问量突破50万人次，以395141人次的查看量和10093的回复量，遥居诸专题之首。就像中共中央党校教授沈宝祥所指出的那样："民众通过网络（社区论坛）参政议政，实际上是行使民主权利。这是在高科技基础上，借助互联网推进民主政治发展的一种新方式和新途径。‘复兴论坛’刚刚起步，网民们通过这一平台表达自己的真实意愿，传递出来自最基层的声音，为民族的复兴出谋划策，是具有鲜明时代色彩的积极举措。”[①]中央电视台举办的“2007年度《感动中国》人物评选”活动启动以来，受到社会各界的广泛关注。央视国际“复兴论坛”又迅速成为广大网民推荐感动人选的首选阵地。“复兴论坛”与时俱进的内容真诚地打动了网民的心，人民有什么希望、建议和要求，以及自己想与政府说的知心话，纷纷都呈现在了论坛上。“复兴论坛”成为党和政府与人民群众之间的“传声”者，真正做到了汇民智、聚民意、传民情！

四　技术承载实现安全、稳定双原则

2007年1月CNNIC发布的最新统计表明，36.9%的中国网民经常使用论坛/BBS/讨论组，论坛社区应用再次超过即时通讯，成为仅次于获取信息的互联网基本应用。但是论坛的技术终端是论坛人气不断上升的主要保障。一些已经具备相当规模的论坛，经常因为服务器资源耗尽、安全问题或其他原因而损失人气。作为“复兴论坛”的技术提供方康盛创想（Comsenz），采用Discuz技术搭建“复兴论坛”使论坛能够承受巨大的访问量，在安全和稳定性方面也是独树一帜，完全可以胜任不断攀升的高性能、高负载需求。Crossday Discuz! Board（以下简称Discuz!，中国国家版权局著作权登记号2003SR6623）是康盛创想（北京）科技有限公司（英文简称Comsenz）推出的一套通用的社区论坛软

① 摘自《CCTV复兴论坛上线　发挥民意桥梁作用》，http://soft.zol.com.cn/68/681930.html。

件系统，用户可以在不需要任何编程的基础上，通过简单的设置和安装，在互联网上搭建起具备完善功能、很强负载能力和可高度定制的论坛服务。自2001年6月面世以来，Discuz！已拥有6年以上的应用历史和30多万网站用户案例，是全球成熟度最高、覆盖率最高的论坛软件系统之一。Discuz！可以容纳150万篇帖子并稳定负载2500人/30分钟在线的流量，最高可达5000人/30分钟在线。“复兴论坛”采用Discuz！技术就很好地避免了不断上升的论坛人数所造成的承载能力的瓶颈。同时Discuz！技术的独特特性也实现了“复兴论坛”安全、稳定的双原则，而这也是论坛吸引网民的最主要的因素之一。论坛的安全和稳定以及它的超承载能力，为网民言论的成功发表，避免言论篡改都起到了很好的保护作用。

（周晓明）

第十二篇

东方网“和谐论坛”

简　　介：2005 年 4 月 30 日东方网联合新浪网、北京千龙网、南方网、北方网、浙江在线、中国江苏、“上海热线”“东方讲坛”以及由上海交通大学牵头的“中国大学生在线”等 8 家网站主办的“和谐

发展论坛”正式开通。该论坛主要面向广大青年学生，就社会热点问题进行讨论，以和谐的方式开展争辩，以沟通的方式达至和谐、以和谐的共识促进发展，寻求社会和谐发展之路，建设和谐文明的网上家园。

2007年7月，东方网“和谐发展论坛”更名为“和谐论坛”，将论坛时政板块建设成立足上海、关注全国，以民为本、关注民生的平台。同时将论坛既作为专家、官员解读政策和引领舆论的窗口，又是普通市民发表合理化建议或不同意见的渠道。东方网“和谐论坛”利用网络平台有力地推动了地方民主制度建设，凝聚着网民的呼声和智慧，在反复沟通与辩论中，使矛盾和问题得到解决，科学和民主精神得到张扬。被公众誉为会聚民意民智、推动民主进程、沟通社情民意的“和谐之网”。2007年，东方网“和谐论坛”被评为“中国互联网站品牌栏目（频道）”。

理　　念：和谐之网，打造和谐论坛

板块内容：“和谐论坛”“高考论坛”“上海热点”“上海闲话”“情感论坛”“随便贴图”“美女贴图”“娱乐八卦”“影视回声”“文峰笔会”“时尚新干线”“口水大本营”

经典板块：“和谐论坛”

域　　名：http://bbs.eastday.com/eastbbs_front/front/biz/index/bbs04_usr0001_01_index.htm

推动民主进程　沟通社情民意

——对东方网“和谐论坛”的评析

东方网“和谐论坛”以立足上海，辐射全国的战略方针，依靠东方网“和谐之网”的美誉，结合东方网“权威、公信、民生、亲和”的理念追求，在此基础上努力坚持“亲民”和“扩大影响”两条路线，通过社区入驻、版面联盟、专家网民互动等多种合作方式展示着东方网“和谐论坛”的和谐风范，营造了文明和谐的网络论坛。东方网“和谐论坛”在东方网主流媒体的影响下，沿袭了主流媒体的权威性，使自己的论坛栏目在平易近人中不失严谨，自由畅言中不失舆论引导，潜移默化中不乏观点鲜明。正是东方网“和谐论坛”的这种品质，使论坛在其短短的 2 年中由初出茅庐的后起之辈，发展成为 2007 年的成熟品牌论坛，博得了网民的厚爱。

一　和谐之网　打造和谐论坛

创建 8 年来，东方网从率先发布上海市政府的信息决策，到创办“网议人代会”“和谐论坛”等名牌网络时政栏目，利用网络平台有力地推动了地方民主制度建设，被公众誉为会聚民意民智、推动民主进程、沟通社情民意的“和谐之网”。

2007 年，从上海“两会”、上海市长咨询会到全国“两会”、党的十七大，东方网闪耀在每个重大会议现场，屡次开创了多个“第一次”。同年春天，东方网现场图文直播了上海市人代会小组审议及全国人代会上海团审议的情况，让公众足不出户就能“参与”审议的全过程。此举被新华社、《人民日报》、中央电视台以及海内外媒体广泛报道，东方网的网络直播被誉为“中国民主政治的重要进程”。

2007 年，东方网论坛整体更名为“和谐论坛”。东方网将“百姓建言”和“和谐论坛”两个品牌互动栏目相融合，形成了“民智征询 +

民意会聚+政府反馈+媒体宣传”一条龙的“百姓建言沟通链”。东方网“和谐论坛”还与市发改委共同推出了“我为上海节能减排降耗献一策”的百姓献策网上有奖征集活动，全力打造具有上海特点的网络民主政治品牌专栏。

正是这样一个以权威、公信、民生、亲和为理念和追求，以发展网络民主为特色的上海品牌新闻网站“东方网”，用特有的和谐理念全力打造出了具有上海特点的网络民主政治品牌专栏——东方网“和谐论坛”。东方网“和谐论坛”无论是在风格还是在内容上都与东方网的和谐宗旨相辉映，它的和谐，不但表现在其情系民意，解读政令，上下沟通，营造现实社会的和谐，更重要的是营造了一种网络的和谐，将现实社会中发展不全面、不完善的民主，在网络中得到推动和实现。东方网“和谐论坛”通过改善互动方式，比如聊天与论坛接合、直播和聊天接合等等，提高“和谐论坛”的品牌影响力，不断地使网民关注论坛，参与论坛，提高了网民流量，形成了一批长期的、稳定的会员。而这些会员视论坛为家园，对论坛有着深厚感情，并且有些会员通过“和谐论坛”这样一个平台，在对某一问题进行讨论的过程中相互之间激发共同的爱好和兴趣，从而结下了友谊。会员对论坛，以及会员与会员之间的这种感情的凝结，是形成论坛和谐氛围的重要基础。

二　专家、学者、网民　共同促进民主发展

“和谐论坛”通过专家参与、专题讨论、网友互动等形式，与广大青年学生就构建社会主义和谐社会中出现的各类热点话题开展讨论和对话，力求通过“先锋”和“权威”之间不同观点的争辩和沟通，形成主流共识。在论坛开通的2005年4月30日至5月4日之间，“和谐论坛”每天下午2时邀请国内知名专家学者，围绕“稳定是和谐社会的基石”“中国今天应有怎样的中日大格局?”“中日关系：以史为仇，还是以史为鉴?”“明天，用什么纪念我们的节日?”“激于义止于理——怎样才是真正的爱国?”5个专题，和广大网民进行网上交流。这种专家和网民互动的方式，提高了网站的权威性，提升了公民素质和参与水平。强化了公民意识教育，加强了对国家意识的宣传，培养了公民对国家乃至民族的认知，利用论坛的影响力使每一个参与谈论的网民增强“国家兴亡，匹夫有责”的权利义务意识，提高了每个公民的爱国意

识，加大了公民素质培育力度，使公民牢固树立民主法治观念和自由平等精神，推动了社会和谐发展。这种互动方式将一些专家和学者从高高的象牙塔里请了出来，与普通的大众面对面地对话，对一些带有普遍性的观点进行讨论，为专家及学者提供了一个接触大众的平台，也为网民提供了一个足不出户就能接触高水平、高质量文化知识的课堂。

另外，网民通过论坛一是直接或半直接地参与某些制度的建立和完善，能提高公民参与政治的广度和深度，也有利于社会稳定，有利于提高政府管理、决策水平。同时也完善了我国的人民代表大会制度，以及一些民主工作在现实生活中的不足。二是推进公民对立法工作的参与，深化民主立法。公民参与立法工作，既是充分反映民情、体现民意的过程，也是向公民宣传、普及法律知识的过程，同时又是实现立法目的的过程。在已有经验基础上，拓宽了公民参与立法的广度和深度。同时，在目前公开征求立法建议、法规草案公布、立法听证等各项制度并不完善的情况下，东方网“和谐论坛”积极地推进了公民参与立法工作的制度化、规范化建设，不断提高了民主立法水平。

三　创新合作方式　实现效益增值

2006 年 4 月 24 日东方网“和谐论坛”以新的方式进入东方社区信息苑，在东方社区信息苑举办了“知荣辱、讲文明、迎世博——社会主义荣辱观专题网络论坛”。论坛邀请各区区长、书记、街道负责人等嘉宾通过东方网知名互动平台，通过实时联网、在线提问等方式，让嘉宾、主持人和普通市民“近距离接触”。这种选择入驻社区的做法，打响了“和谐论坛”的第一炮，使刚成立不久的论坛在很短的时间内扩大了知名度。

社区通常是由若干社会群体（家庭、民族）或社会组织（机关、团体）聚集在某一地域形成的一个生活上相互关联的大集体，也是和群众生活联系最紧密的民政单位。这种性质决定了社区是反映和收集群众意见的聚集场所。而社区参与也是培育公民意识的重要途径。社区参与不仅是社区建设的动力之源和衡量社区建设成功与否的标志，也是衡量社区自治发展水平的重要指标，社区成员参与的广度、深度与数量也代表着公民意识的发育程度。坚持政府和社区以及社区成员之间的公开、民主、平等的互动沟通，建立一整套社区信息公开制度以及便于社区群众监督和参与政府各项工作的决策制度，有利于政府在广泛搜集群众反馈意见的基础上科学决策，更好地保护社区居民的合法权益。由于东方网在内容建设上全力支持并带动社区信息苑的宽带专网内容整合与共享，所以将东方信息苑发展成为全市各社区多点位覆盖的新型的数字文化综合服务平台及延伸终端，成为市民社区文化活动的重要基地就十分迫切。2008 年 1 月下旬东方信息苑完成第一个三年发展阶段，建成社区信息苑 300 家、农村信息苑 600 家，遍布全市 19 个区县。这个信息服务大平台，将继续建设兼有全国文化信息资源共享工程基层点、国家数字电影放映工程基层点功能的农村信息苑，在 2010 年建设 1800 个，基本实现行政村全覆盖。东方网“和谐论坛”很好地利用了东方网信息苑，将社区与信息终端相结合，拓展了社区民情、民意，以及文化的交流空间，为政府和社区以及社区居民提供了一个交流的平台，产生了较高的社会效益。在利用社区参与的特点扩大了论坛的影响力的同时，也利用公益活动产生的公信力，提高论坛的权威性，更增加了社会效益。

社区和大学一直以来都是网民的主要聚集地，因此充分挖掘社区和大学资源，有效使用社区营销手段，掌控社区营销效果，对于媒体运营商来说不失为一个良策。东方网长期公益服务产生的公信力、与街道稳定的关系、各类行家专家的参与、专人管理的信息化网点、与居民线上线下的互动等，以及社区体验、社区讲座、社区竞赛等多种面向不同年龄层的创意营销活动，都集中体现了东方数字社区突出的资源优势，这为商家开展社区营销提供了很大的帮助。

网站或论坛的赢利途径来源于网民的大流量和高点击率，提高网站流量和点击率关键在于影响力。高校网络辩论赛以及各类行家专家与网民线上线下的互动、社区体验、社区讲座、社区竞赛等，这些都是提高网站或论坛知名度、美誉度，并最终建立忠诚度从而稳定巩固网民流量和点击率的营销策略，也是最具有感染力和最贴近大众的营销平台。东方网“和谐论坛”通过举办这些公益活动为广大的学子和社区居民提供了丰富的“文化大餐”，在丰富了这两大群体的业余生活的同时也扩展了自身的媒体运营模式，实现了经济效益和社会效益的双赢。

四　发挥联动力量　提高论坛影响力

一个论坛的生命力，不能仅仅依靠网民的注意力，更主要的是一种影响力，否则就会是昙花一现。而影响力的提高取决于论坛能在多大程度上影响那些具有社会行为能力的人们对社会的判断、了解，乃至付诸实践。也只有发挥了这种影响力效应才能使网民对论坛产生信任感，提高忠诚度，并最终形成对论坛的群体感情，达到稳定并发展论坛成员的目的。“提升流量影响力和舆论影响力”，是东方网的两条生命线。只有不断提高传播实力，吸引网民的浏览、参与，才能使新闻网站的网上宣传，发挥权威媒体的作用，成为网上宣传的主阵地、主力军和主渠道。

东方网“和谐论坛”积极与其他网站的知名论坛联盟，以实现版面的联动。在东方网“和谐论坛”的友情链接板块中，设置了28个网站的优秀论坛的链接，在与其他论坛享有联动效应，资源共享的同时也扩大了自己的知名度和影响力，使更多的跨地区的网民关注，了解网站论坛的动态，参与到论坛的议题讨论之中。板块联盟强调的就是互惠互利，使分属于不同论坛的多个板块在各种资源上可以尽可能地共享。并且不断地通过各种增进板块间联系的活动，使多个板块在网络中展现出强大的形象，吸引更多的网友加入多个板块中，自然也大大地化解了论坛间激烈的竞争，起到加深论坛之间联系的作用，为论坛与论坛之间在未来的合作打下良好的基础。随着网络论坛的迅速发展，各种论坛层出不穷，造成了相互间的竞争越来越激烈。可喜的是目前随着“和谐论坛”影响力经济的扩展，主动和该论坛要求板块联盟的网站邀帖日益增多，其中很多都是被“和谐论坛”在网民中的影响力所吸引，更为可贵的是收到了与“和谐论坛”不同主题风格的论坛约请函。这就说明了“和谐论坛”的影响力不但辐射到了相同主题类型的论坛，并且也吸引了风格各异的其他论坛的注意。

五　建议

第一，由于互联网受众的隐匿性，传播的自由性和互动性，使网络传播的可控性难度加大，传统媒体的“把关人”的作用在网络上已经减弱。对于论坛这样一个人们可以自由阐述观点，发表言论，甚至发泄过激情绪的平台，发挥网络把关的作用更是难上加难。在论坛上发挥网络“把关”的作用，就要有效地利用舆论引导，循循善诱，潜移默化地影响网民。论坛可以把握网民一段时期内对某一问题的讨论热点和关注热点，了解网民对论坛议题的设置，从而约请一些某一领域的学者或专家对这一时期网民热衷的问题与网民进行讨论和评述，加以舆论引导，用专家的视角发挥网络“把关”和舆论引导的作用，更好地营造论坛和谐氛围。

第二，针对部分网民意见分歧所造成的网坛成员部分流失的问题，应该发挥论坛中意见领袖的作用。在群体传播中，意见领袖往往对信息流有一定的控制作用。群体传播的意见经领袖对信息的二次传播，信息进行了二次的加工、处理，不但可以实现群体内信息的舆论引导，而且对于部分论坛成员的意见分歧以及由于昂奋的评论过程中出现的情绪失控所造成的言语攻击，起到一定程度的缓冲作用。所以，“和谐论坛”可以细心发现和挖掘一些论坛中的意见领袖，利用他们在群体中的领导角色，管理论坛，增加论坛中会员之间的群体归属感，提高群体的核心凝聚力，从而稳定和提高论坛的网民流量和论坛人气。

（周晓明）

第十三篇

中国政府网“在线访谈”

简　　介： 中国政府网“在线访谈”于2007年度获得“中国互联网站品牌栏目（频道）”的殊荣。

中国政府网“在线访谈”于2006年中国政府网站开通时成立。该栏目主要针对当前社会上的热点问题和人民群众关心的问题，邀请相关部门的负责人进行访谈，并在访谈过程中接受网民的提问，从而形成一种良性互动，官员知道人民群众怎么想，人民群众也能及时了解官员的视角和思考方式。

网站将访谈内容的实录刊登出来，并将摘要分要点列举，便于网民及时查看。

访谈内容按照官员的不同来源，分为部门访谈和地方访谈。

域　　名： http：//www. gov. cn/zxft/

零距离官民接触

——对中国政府网“在线访谈”的评析

中国政府网的“在线访谈”栏目将中国高官和平民百姓的距离拉近了，改变了原来官员和平民生活在“两个世界”的尴尬局面，平民不了解高官对热点问题的实际想法，高官也不了解平民百姓实际的生活状况和真实感受、想法。官民双方均处在一种信息不对称的状态，影响了政府工作的正确制定和合理开展，也容易在平民中间产生对官员负面的“刻板印象”，不能实现双方关系和谐的良性发展。

“在线访谈”栏目开通以后，国务院有关部门和地方政府的负责人陆续走进该栏目。他们通过该栏目及时回应社会热点问题并正确引导舆论，不断创新政府和网民的交流互动形式，既及时、权威、准确地宣传了我国政府的重点工作，又展示了我国政府亲民为民的良好形象；既为广大网民提供了政策信息服务，又准确有效地传达了政府的声音，架起了政府和公众互动交流的桥梁。中国政府网“在线访谈”栏目日益成为我国最具影响力的网上访谈品牌栏目之一。

一　权威解读，平等对话，贴近民生

作为中央政府的门户网站，中国政府网从开始运行，就在积极介入社会热点问题并正确引导舆论中寻找自己的地位。“在线访谈”栏目为各部门、地方的官员和平民百姓之间的无障碍沟通搭起了一座桥梁。通过该栏目，相关政府部门的负责人会及时对最新出台的政策，突发性事件，网民和公众最关心的社会热点、焦点事件做出权威准确的解读；通过和网友充分沟通的互动形式，来解答网友心中的疑惑，引导舆论的健康发展，明确政府的相关政策。

一个经常被人津津乐道的例子来自 2006 年 7 月 5 日 10 时，“在线访谈”栏目对中国地震局专家、中国地震台网中心副主任张晓东研究员

的采访。在前一天的上午 11 时 56 分，河北文安发生 5.1 级地震，北京地区当天有相当明显的震感。“北京是否将要发生地震”成为网友和市民议论的焦点，恐慌的情绪在蔓延。针对这一情况，张晓东研究员给予了明确的答复，“文安地区没有人员伤亡，此次地震震级较弱，未来几天不会有大的地震，也不会影响到北京”。专家第一时间的权威解答，很好地安抚了市民恐惧的心理，为稳定社会正常秩序起到了很好的作用。

我们可以清楚地看到，面对突发性事件，“在线访谈”栏目能够有效地成为连接公众和专家的纽带，这样就能够保证权威的信息以及应急措施等在第一时间通过网络得到传播，网民和公众也能够迅速得到专家的解答，并按照专家的建议采取适当的行动。“在线访谈”很好地引导了舆论，这就大大挤压了流言、谣言滋生蔓延的空间。在面对突发事件时，最大的难点就是无法控制各种流言、谣言利用人们的恐慌心理而迅速传播，从而导致社会秩序混乱。2003 年的“非典”就是一个深刻的教训。而“在线访谈”在处理突发危机事件时的作用，也应该引起足够的重视，成为今后危机处理时一个可复制性的经验。

在处理社会热点问题、焦点事件上，“在线访谈”打破以往对敏感问题采取缄默或绕行的做法，以绝不回避的态度，实事求是地对待每一个群众关心的问题。新华网总裁、中国政府网负责人周锡生说：“中国政府网在每个社会热点问题的处理过程中不能缺位……政府和百姓信息不对称，已成为转变政府职能亟待解决的一个重要问题。”[①]为此，“在线访谈”会及时邀请有关部门负责人深入浅出地回答网民提问，既客观展示了政府的工作举措，又赢得了广大网民和公众的支持和理解。网民、公众和政府之间由此真正做到了零距离、平等的交流。

这样的例子有很多。例如，2008 年 1 月 20 日 15 时，“在线访谈”栏目邀请铁道部政治部宣传部部长、新闻发言人王勇平对马上就要开始的“春运”做出了官方的解读，回答了网友关心的各种问题。王勇平通过“在线访谈”，向全国人民明确表示了“春运”期间车票不会涨价，并介绍了铁道部面对“春运”挑战所采取的种种措施。在访谈

① 张宗堂：《中国政府网：“不下班的政府”，公民叫好》，《新华每日电讯》2006 年 10 月 11 日，第 4 版。

过程中，王勇平还特地讲到了对旅客心情的理解。一下拉近了与公众的距离。而网友的提问，更是涉及了许多尖锐的问题，如女大学生在挤火车过程中被挤下站台轧死的惨剧该由谁来负责，对铁道部新推出的电话订票的种种质疑，对火车站卖票存在问题的揭露，学生在买票过程中的困难，等等。而这些问题，在传统的官民交流模式中，是很难直接反映给负责官员的，更不要说听到官员对这些问题的回答了。在 2007 年 6 月 12 日的一次访谈中，发改委价格司副司长周望军、农业部畜牧业司副司长陈伟生、商务部市场运营司副司长朱小良对从当年四五月开始的猪肉价格、粮价的迅速上涨给出了解释，表明“国家将采取宏观调控措施来应对周期性的价格浮动”，同时对“保护农民养猪积极性”“做好猪肉等副食品市场稳定工作”等热点问题上也都一一回应。许多生猪养殖户参与了这次访谈，页面浏览量达到 3 万多人次。①

“在线访谈”有效地扩展了官民交流的渠道和模式，增加了官民接触的几率，拓展了官民接触的空间。周锡生在中国政府网开通两周年的访谈中表示，要进一步增加互动交流，“在线访谈”工作力度要大大加强，还要加强网上问题征集，围绕政府重要工作征求网民意见。②正如周锡生所言，“在线访谈”在互动性方面下了很大工夫，并在保持其特色的基础上，涉及更多主题的内容，策划紧跟时代热点，覆盖社会建设与公共生活的多个方面，体现了中国政府主动服务公众的姿态、展现了中国政府开放的胸襟。“在线访谈”栏目对构建和谐的政府与民众的关系、加强政府与民众之间的互动起到了重要的推动作用。

二　人性化栏目设计为公众提供方便

“在线访谈”人性化的栏目设计，给广大用户提供了很大的方便。用户在登录中国政府网“在线访谈”后，能够非常清楚地获知该栏目每次访谈的主题，方便读者点击阅读。

---

① 隋笑飞：《官员与网民“面对面”，公民与政府“零距离”——中国政府网“在线访谈”架起政府和公众互动交流的桥梁》，《新华每日电讯》2007 年 7 月 30 日，第 1 版。

② 《稳步推进政府与公众的交流互动——中国政府网开通两周年总编辑在线交流》，《中华新闻报》2008 年 1 月 16 日，第 C02 版。

当选择好想要阅读的主题后，点击进入该主题的页面，更是有一种豁然开朗的感觉。页面上首先是大字标题，醒目突出本次访谈的主题。接着就简要介绍了本次访谈的主要内容、访谈时间以及嘉宾身份。然后就是根据本次访谈的内容，将嘉宾的观点进行分类总结，并将分论点进行概括，构成“访谈摘要”，罗列在主页面上，读者可以根据自己的兴趣选择部分分论点，点击进行深入阅读。在访谈实录中，读者可以根据自己的爱好选择正序阅读或者倒序阅读，页面的下方还提供本次访谈的全部记录，读者可以更加全面综合地把握该次访谈的内容。在每一个访谈的页面，都提供与该访谈相关联的背景资料的链接，用户可以通过这些链接深入了解该访谈主题的背景，从而能够深刻地认识到该访谈所涉及的主题在当代社会中的意义，有利于广大公众与嘉宾更加有效地互动，减少因为缺少相关知识而提出一些不相关的问题，给双方的交流带来了障碍。为了方便公众的提问，了解和搜集公众对该主题的真实想法，在每个主题页面上，都有一个“点击提问”的链接。用户点击进入后，就可以发表自己的问题，同时可以阅读其他用户提出的问题。嘉宾根据这些提问，了解公众对自己主管部门的认知和期望，以便更好地开展工作，将互动的结果落到实处。

同时，“在线访谈”栏目的合理分类使读者能够更加快捷方便地寻找拥有的信息。该栏目根据访谈主题的不同，将访谈分为两大类，分别是“部门访谈”和“地方访谈”。“部门访谈”主要是针对全国性的普遍问题，请与该问题相关的部门负责人进行解答；“地方访谈”则是针对地方出现的问题或现象，邀请当地的相关负责人进行解答。

三　公众积极参与互动，彰显网络媒体的政治社会化功能

政治社会化的定义非常的庞杂，但基本上所有的定义都包括两点：一是政治社会化是一种政治学习过程或方式，而这个过程或方式是长期的、持续的；二是“政治社会化”传递的政治文化，其内容涉及四个方面，即政治知识、政治信仰、政治价值和政治情感。[①]简单来说，政治社会化可以理解为政治体系利用多种渠道传播与创新主流政治文化以

① 谢岳：《大众传媒与民主政治》，上海交通大学出版社，2005，第99页。

培养政治人的过程。[1]作为政治社会化主要对象的政治个体，其实现的传统途径有家庭、学校、政治事件、同辈团体、宗教等。[2]但是在传播手段高度发达的今天，媒介已经代替上述传统手段成为个体政治社会化的主要手段。而互联网已经成为政治社会化途径中的主力军。

"在线访谈"栏目为公民的政治社会化提供了一个很好的平台。通过"在线访谈"，公众了解了各部门负责人、相关专家对社会热点问题、最新出台的政策的观点，获得了一个权威的、官方的认知。而公众对该事件的认知，又是在一个非常平等、公开、自由、轻松的环境中获取的，这种认知相对于在不情愿的情况下强加的认知更容易被人接受，再加上众多的网友发表类似的观点所带来的"沉默的螺旋"效应，专家、权威的观点很可能就转化成公众自己对该事件的观点。公众就在这样一个潜移默化的过程中，形成了对事件的正确认知。这就是一个典型的政治社会化的过程。在"在线访谈"栏目中，公众可以公开发表自己的意见和建议，相互之间的交流和观点的表达，可以培养公众参与政治活动的热情，促进社会政治民主的进程，培养自己的政治人格，提高政治素养。"在线访谈"可以在公众中形成一种对特定事件或现象的主流观点，增加了社会的向心力，能够促进社会的稳定发展，这又是一个国家拥有强大执行能力的基础。而国家执行能力的强弱，关系到国家推行民主制度的难易，[3]甚至直接关系到这个国家的兴衰。

四　"在线访谈"改变政治传播的模式

中国传统的政治传播模式是以典型的正面宣传为主。针对当前宣传的重点，找到对应的例子，来证明宣传重点的正确性。用陈力丹教授的话说就是"新闻是发现的艺术，但我们却把它变成了证明的艺术，在狭窄的政治功利范围内掂量它"。[4]在这种典型的政治宣传中，没有负面的形象和问题，"高大全"的形象充斥在各种报道中，"假大空"成为这

---

① 张昆：《大众媒介的政治社会化功能》，武汉大学出版社，2003，第6页。

② 谢岳：《大众传媒与民主政治》，上海交通大学出版社，2005，第102～106页。

③ 王绍光：《安邦之道：国家转型的目标与途径》，生活·读书·新知三联书店，2007，第3～32页。

④ 陈力丹：《新闻观念：从传统到现代》，复旦大学出版社，2004，第180页。

些宣传的标志特征。在很长一个时期内，这种空洞浮夸的报道在我国新闻体系中占据着绝对主流的地位。随着我国新闻工作者新闻理念的更新以及全球化影响下大量国外资讯的流入，这种陈旧的、典型的政治宣传逐渐不得人心，中国民众的厌恶之情随处可见。但由于党政报纸的属性限制，这种典型正面宣传的逻辑很难短时间内得到彻底改变。党政报纸成为“僵硬教条”的代表，政治传播的效果难以令人满意。

网络的出现提供了改变这一尴尬局面的机会。网络内容的多样化打破了政治传播传统模式的单一和呆板；网络的即时互动性吸引了更多的民众参与到政治讨论中来；而网络匿名性的特点，尽管在一定程度上提供了各种流言、不法言论的滋生空间，但却给大胆进言提供了宽松的氛围。这一系列的特点都决定了网络是打破政治传播沉闷气氛的有力武器。而“在线访谈”栏目则为这种尝试开了个好头。“在线访谈”强大的互动功能，使其克服了传统媒体存在的单向传播、受众被动接受的问题，网友的提问、留言和评论形成了热点话题。在传播者的正确引导下，与良好的社会风气相适应的社会舆论、群体氛围在这些话题的讨论中会逐渐占据主导地位。①“在线访谈”将社会中的焦点、热点问题、突发事件以及相关的负责人毫无隐晦地暴露于公众面前，直接面对公众的质问，一改原先“报喜不报忧”的政治传播模式。敢于将这类事件公开、透明地置于公众面前，也反映出政府执政能力的提升和作为一个负责任的大国的自信心的提高。这些嘉宾在访谈中具有诚意的回答，往往能够化解网友原先的负面情绪，得到网友的支持和理解，为进一步开展工作奠定了舆论基础。在对外传播上，“在线访谈”这种公开、透明、互动的形式，是很容易被有民主氛围的国家所肯定和接受的，有利于改变西方对中国是“集权主义”国家的刻板印象，提高中国在国际上的声誉。

五　结语：刚刚起步的征程

中国政府网“在线访谈”栏目，搭建了高级官员和普通民众之间

---

① 石坚、朱剑虹：《论“在线访谈”在正面典型宣传中的作用》，《新闻知识》2007年第5期。

沟通的桥梁，为民主形式的创新开了个好头。我们必须坚定不移地沿着这条道路走下去，开创更多类似于“在线访谈”的栏目，关注民生、反映民生，真正做到执政为民。

（张　放）

稳步推进政府与公众的交流互动*

——中国政府网开通两周年总编辑在线交流

［**主持人**］今年（2008年——编者注）1月1日，是中国政府网正式开通两周年的日子。两年来，网站的发展受到社会各界广泛关注，中国政府网编辑部也经常收到网民的来电、邮件和网上留言。今天（2008年1月9日——编者注），我们邀请到新华社副社长兼常务副总编辑、中国政府网总编辑周锡生，与海内外网民在线交流，请他来谈一谈中国政府网两年来的发展情况。

［**主持人**］周总，您好。一转眼，中国政府网已经两岁了，首先要恭喜一下，作为中国政府网总编辑，这两年来的工作您一定会有很多感想。

［**周锡生**］中国政府网今天有了比较好的发展，是和海内外网友对中国政府网两年多来的关心、关注、支持和帮助分不开的。

［**主持人**］据统计，目前全球互联网站点有1亿多个。我国.CN名下的网站数已达80多万个，以.GOV.CN命名的各级政府网站数量超过2万个。请问政府网站的特点是什么？中国政府网又有哪些自己的特色？

［**周锡生**］正如刚才主持人所讲，现在全球互联网发展非常迅猛，可以说每天都有新的网站在增加。中国政府网与互联网上其他网站有相同之处，也有很多不同之处。从相同之处来说，大家都是通过互联网来点击浏览，大家都要通过上网才能看到，网页的基本格式和网络的功能有不少方面是相同的。中国政府网与其他互联网站还有很多不同。首

* 本文来源于中国政府网站，http：//www.gov.cn/zxft/ft2008/1/wz.htm。入选本书时编者有改动。

先，这是中华人民共和国中央人民政府门户网站，是我国最高级别的政府门户网站。因为它是政府门户网站，所以与一般新闻网站、商业网站、娱乐网站以及其他类型的网站是不同的。政府网站的主要功能就是发布政务信息，开展网上互动交流，提供网上政府服务。这就是中央政府门户网站的三大功能定位。

［**主持人**］中国政府网这三大功能定位决定了它自身的特点，也是我们中国政府网站的一个特色。

［**网友柠檬树**］中国政府网是中国政府最权威的网站，它现在在世界上有怎样的影响力？

［**周锡生**］中国政府网于2005年10月1日试开通，2006年1月1日正式开通。开通以后，中国政府网在海内外的影响力与日俱增，不断扩大。从我们了解的情况看，中国政府网的受众目前已覆盖全球200多个国家和地区。页面浏览量在两年多一点的时间里，一直在稳步增长。中国政府网在正式开通之初，曾经在全球政府网站系列里排到第二位，甚至有一天升到第一位。现在看政府网站的人越来越多，互联网上转载中国政府网的信息也越来越多。你们可以打开互联网站，特别是搜索引擎看一下，转载中国政府网的信息数量是比较多的。另外还有很多传统媒体，比如报刊、电台、电视台也大量报道中国政府网的信息，或者根据中国政府网发布的信息进行二次报道。

当然，我们也非常清醒地认识到，因为网站开通的时间还比较短，特别是建设中央政府门户网站，在中国是一个史无前例的事情。互联网站不断发展，社会公众的需求也在不断增加，我们还有不少方面需要加强和改进。

［**主持人**］中国政府网的受众都是哪些人？

［**周锡生**］我们做过这方面调查，也委托一些专业人士和机构帮助我们调查。我们认为要把中国政府网办好，首先必须了解受众的大致结构、他们的需求情况，这很关键。同时，我们也需要通过一些互联网调查机构统计的情况，进一步了解我们的受众分布。根据我们的了解，目前中国政府网的受众主要还是分布在中国，但海外受众在不断扩大。从国内来讲，主要是在北京、广东、上海、浙江、江苏、辽宁、河南、四川、重庆等省区市。从国外来讲，目前主要分布在几个互联网大国，比如美国、加拿大、德国、英国、北欧、中东一些国家。从我们的邻国来

讲，韩国点击浏览中国政府网的人比较多，日本、菲律宾、印度尼西亚、马来西亚、印度等国家浏览中国政府网的网民也很多。在中东和非洲地区，中国政府网的受众正在不断增加，这也是我们感到很高兴的事情。

［**网友团队之星**］在信息化时代，世界各国都非常重视网络传播的力量，各国的政府网站纷纷开通，周总，哪些政府的网站办得比较好？与它们相比，我们的政府网有什么长处？

［**周锡生**］关于政府网站，它的网址、域名都带有 .GOV，总体定位和名称是相同或相近的。但是世界各国情况不同，特别是各个国家的国情不一样，各国政府在运作和管理上就有很多不同。所有这些都决定了不同国家的政府网站在表现形式和内容上必然有所不同。

中央政府门户网站，必须坚持为社会公众服务。由于中国的情况和其他国家情况有很多不同，所以很难说哪个国家的政府网站是最好的。如果从受众数量来看，互联网比较发达、信息化基础比较好的国家，上网的人数可能就多一些。但也不能单纯从网民数量来判断一个网站的好坏，还要看这个网站的功能如何。

网站的信息更新量很重要，如果一个网站几天不更新，有的栏目长时间不更新，显然网民是不会给它打高分的。从世界范围来讲，加拿大和美国、欧洲的一些政府网站，包括亚太地区的一些政府网站，我感觉在页面设计上是比较好的，在功能实现上也比较先进，这主要和这些国家的互联网环境比较好、信息化基础比较好有关。

在内容更新上，中国政府网还是有很多自己的特色。我们的更新量非常大，在世界各国政府网站中是比较靠前的。和其他网站不完全相同的是，我们的网站信息中穿插了一些新闻报道内容。也有人提出，政府网是不是只发布一些政府信息就可以了，其他内容可以不要。我们试过，也征求过许多网民意见，觉得两方面有一定的结合会更好。中国政府网和新闻报道比较接近的栏目是“今日中国”，让网民通过这个栏目了解中国的大事。从我们内部统计来看，“今日中国”这个栏目在中国政府网里的点击率是比较高的。

［**网友午夜麦田**］我比较关注中国政府网“在线访谈”“人事任免”栏目。我还想了解，中国政府网的主要栏目架构是怎样的？

［**周锡生**］中国政府网有四大板块，动态信息板块、互动交流板

块、网上服务板块、静态资料板块。我们主打的栏目有十多个，除了“今日中国”外，像“在线访谈”是我们非常重要的一个栏目，这个栏目受网民的关注度非常高，主要是围绕政府工作重点、社会关注的热点来组织在线访谈。自开通以来，我们一共组织了近130场在线访谈，其中2006年32场，2007年大幅度增加，达到了2006年的3倍。在线访谈嘉宾越来越多，从中央政府到地方政府的许多官员，都走进了中国政府网访谈间。这些访谈嘉宾，有的开始时有一些顾虑，特别是谈一些敏感问题、复杂问题的时候。但他们来了以后感觉很好，简单地说，原来不想来的愿意来了，来过的人还想来，安排不上的还要争着来。“在线访谈”在网民中反响也很好。我这里可以举几个例子。比如前不久，因为我们市场上粮油等一些食品价格上涨比较快，使一些高校的学生对食堂有些意见，感觉价格在涨，饭菜不如以前了。针对这一情况，教育部教育发展规划司的副司长张泰青主动到中国政府网进行网上访谈。他在访谈中表示，政府非常关注高校学生食堂情况，已经采取了一系列措施确保学校食堂价格稳定，包括加强学校食堂管理、增加补贴，等等。同时，他希望学生尽可能在学校里用餐，不要到外面去，因为学校里的食品更安全，大家吃得会更实惠。这个访谈对帮助学生正确认识当前物价问题、疏导学生情绪起到了积极作用。

目前，中国政府网的在线访谈基本上都是由国务院办公厅牵头组织的，他们做了很多工作，有关同志非常辛苦，效果也很好。国务院其他有关部门，包括地方政府也都积极支持，现在包括国务院各部门的政府官员，地方政府官员也越来越多地走进中国政府网在线访谈室，与网民交流。

［**主持人**］网民也想了解，2007年刚刚过去，中国政府网在信息发布、互动交流、办事服务等方面做了哪些工作？有什么创新？请您给盘点一下。

［**周锡生**］中央政府门户网站是在党中央、国务院领导同志的亲切关怀和指导下，由国家信息化领导小组批准建设，是我国电子政务建设的重要组成部分，是我国各级政府面向社会的一个重要窗口，也是公众和政府互动的一个重要渠道。对于促进政务公开，推进依法行政，接受公众监督，改善行政管理，全面履行政府职能，具有非常重要的意义。这个网站是国务院和国务院各个部门以及各省区市在国际互联网上发布

政府信息和提供在线服务的一个综合平台，由国务院办公室牵头并负责内容的规划和组织以及综合协调，由新华社负责中国政府网的运行维护、内容发布更新和技术建设等。新华社党组织高度重视中国政府网的建设，举全社之力做好内容保障、技术保障等各项工作。

从信息发布的角度讲，中国政府网主要体现了权威性。首先是发布国务院文件，包括“国务院令”“国发”“国办发”“国函”“国发明电”等文件，2006 年到 2007 年，一共发布国务院的文件 280 多份，重要文件包括《政府信息公开条例》《国务院关于解决城市低收入家庭住房困难的若干意见》《大型群众性活动安全管理条例》《中华人民共和国企业所得税法实施条例》，等等。在中国政府网上，可以通过搜索查到 2000 年到现在所有的国务院公报。除了国务院重要文件以外，各个部门的重要文件，在这个网站上都有发布。此外，各个政府部门当天的重要政务信息和各省区市当天的重要政务信息在中国政府网上都能及时发布。这是我们发布政务信息方面最重要的一块。

在网上服务方面，中国政府网有网上服务大厅，也有服务专栏，主要是面向公民、企业和外国人士。中央政府门户网站和地方政府网站在服务方面不完全一样，地方政府网站主要是直接受理公众提出来的服务要求，比如说办理身份证、护照或者做其他具体事务服务。中央政府门户网站主要是提供政府的办事指南，比如说对公民的服务涵盖从出生到死亡的全过程。而一些具体办理是在地方政府网站上实现的。从中国政府网上可以链接到各个省区市政府网站，通过各省区市政府网站又可以链接到各区县网站。

在互动交流方面，主要还是通过在线访谈、网上调查等形式实现。2007 年我们就公众非常关注的问题做了 17 期网上调查，比如职工带薪休假问题、老百姓对政府有哪些期盼以及节能减排等等，征求广大网民的意见。

［**主持人**］我们了解到，网民经常通过电话、电子邮件向中国政府网反映意见，对这些意见政府网是怎么处理的？

［**周锡生**］我们非常欢迎网民通过中国政府网反映问题。我们会认真接受，归纳整理后转交有关部门。从网站开通时就设立了热线电话，也公布了邮箱。我觉得多听一些、多了解一些网民的意见是很有好处的。

我们非常重视网民对我们网站的意见和建议。这个网站是在中央领导的亲切关怀下，在各部门大力支持下建设起来的。欢迎网民给我们提出改进的意见，告诉我们怎样设计更好一些，怎样更受网民欢迎，帮助我们更好地开拓思路。我们尽管有好几个同志专门搞研发工作，我本人也经常看国内和国际的政府网站，但是我们相信，不少网民了解得要比我们多得多，我们可以进行交流。

另外，我们开过不少专家和网民的小范围座谈会，比如在2007年年初，我们先后召集了3次座谈会，由时任国务院副秘书长徐绍史主持，大家提了不少意见和建议，借此机会专门对他们表示感谢。

新华社通过派驻在国际和国内的新华社分社采编人员，帮助我们了解各个方面对中央政府门户网站的意见和建议，对我们帮助非常大。这方面好的评论也很多，比如有网民说：中国政府网的开通使我们看到了一个“24小时不下班的政府”。中国政府网开通以后，有不少公务员说，查阅国务院的文件很方便，特别是通过中国政府网的一些直播，可以了解中南海里国务院会议到底是怎么开的，国务院部署了哪些重要工作，国务院领导同志提出了哪些工作要求。

还有就是网民希望我们的搜索功能进一步改进，开设论坛。还有人提出，现在中国政府网有了中文简体版和繁体版、英文版，能不能增加法文版、西班牙文版等。我们很重视网民的意见，会稳步推进，先把现在的中文版和英文版办好，再考虑其他事情。

[**网友飞**] 是否可以谈一下政府门户网站的发展前景？未来的政府网站究竟可以发展到什么程度？

[**周锡生**] 目前中国政府网发展非常快，主要是各级领导和广大公众重视、关心、支持的结果。在2007年网站开通一周年的时候，97个省部级领导给中国政府网发来贺信，我们非常感动。有这么多网民关心我们，有这么多专家学者关心我们，有这么多部门和地方领导关心支持我们，中国政府网总体发展态势很好。当然我们工作中还有不少方面需要改进。在新的一年里，我们将本着更加务实、创新的精神，扎扎实实地做好工作。

第一，我们要深入学习贯彻落实十七大精神，以十七大精神来指引中国政府网的各项工作，深入贯彻科学发展观，更加紧密地配合党的中心工作，配合国家发展的大局。

第二，要进一步深化中国政府网的内容建设，解决好几个方面的问题：一是信息发布不完全，有的部门有，有的部门没有；有的地区有，有的地区没有；有的行业有，有的行业没有。二是一些信息宣传味比较浓。三是信息贴近性不够，系统性不够。

我们要在信息发布的贴近性上下工夫，要注意信息发布的“十性”：准确性、实效性、针对性、全局性、比较性、前瞻性、可操作性、综合性、连贯性、深度性。信息发布的形式也要多样化，不只是发一篇稿件、一张照片，还要用好网上直播等特殊形式。2007 年我们做了 190 多场直播，量是非常大的，最多一天就做了 5 场直播。中国政府网的直播人员从 2005 年 10 月首次走进中南海，共在中海南直播了 30 多次国务院重要会议。还有多个部门的新闻发布会我们也进行了直播，比如公安部的新闻发布会、教育部的新闻发布会、北京奥组委的新闻发布会。目前，直播已成为中国政府网加强信息发布的重要内容，这方面还大有潜力可挖。

第三，要进一步加强互动交流。一是在线访谈要大大加强。二是加强网上问题征集，就是围绕政府重要工作征求网民意见，比如 2008 年全国“两会”3 月召开，我们可以提前征集网民对政府工作的意见。三是网上调查还可以做得更全面、更有针对性、更贴近一些。四是加快论坛建设，更好地听取民声民意。五是改善网上服务。

第四，要进一步优化网站的应用功能。包括完善邮箱、搜索等功能，音视频还要进一步加强。我们常讲一句话：网络无限、竞争无限、发展无限。

［**主持人**］今天周总紧紧围绕中国政府网的三大功能进行了介绍，也对下一步工作和举措提出了很好的设想和考虑，由于时间关系，我们的访谈很快就要结束了。请周总再跟网友说几句吧！

［**周锡生**］谢谢各级领导对中国政府网的亲切关怀、指导，非常感谢海内外网友对中国政府网一直以来的关心、厚爱和帮助。进入 2008 年刚刚 9 天，我借此机会，向广大海内外网友致以新年的祝福，祝大家在新的一年里身体健康、工作愉快，同时希望中国政府网在大家的共同努力下能够越办越好。谢谢大家！

第十四篇

中国网“中国访谈”

简　　介：中国网是国务院新闻办公室领导，中国外文出版发行事业局（中国国际出版集团）管理的国家重点新闻网站。始建于1997年，是用简体中文、繁体中文、英文、法文、德文、日文、西班牙文、阿拉伯文、俄文、韩文和世界语10个语种11个文版对外发布信息的“超级网络平台”，其读者分布在世界200多个国家和地区。

“中国访谈”是中国网“视频中国”频道强势推出的新闻类深度访

谈栏目。其以正在发生的社会热点与新闻焦点为主题，新闻视野遍及整个社会发展的所有领域，以视频为传播手段，通过与政府领导、各界专家及社会知名人士进行深入、理性的探讨，来展示中国社会发展的巨大变革，同时对中国经济发展的未来前景进行研讨与前瞻。“中国访谈”体现了政府新闻媒体所具有的权威性与严肃性，具有较强的舆论引导作用、厚重的文化底蕴及较高品位。几年来已先后有数百名政府官员、外国使节、专家学者、名人名家走进中国访谈演播室，与网友进行在线交流。

该栏目获得“2007年度中国互联网站品牌栏目（频道）”称号。

理　　念：让世界了解中国，让中国走向世界

宗　　旨：中国访谈　世界对话

特　　点：智慧的对话，思想的交锋。解读政策法规，阐释社会热点，讲述世界风云，倾诉人生故事

栏　　目：“官员访谈”“外国使节看中国”“专家学者”“名人名家”“商界精英”“人物故事”“网上直播”“视频中国”等

域　　名：http：//fangtan. china. com. cn/

打造精品　对话高端

——对中国网“中国访谈”的评析

对于一个访谈栏目来说，受访人思想的高度、心灵的高度，是支撑其可持续发展的灵魂所在。中国网创办的“中国访谈”就是这样一个兼具精品和高端的网站栏目。

“中国访谈”是2007年中国网精心打造的网络高端对话平台，它充分利用多媒体手段，以视频、图片、文字、互动为表现形式，既有电视访谈节目的元素与手法，同时还具备网络的表现特点与方式，传播形式多样、传播速度快捷，同时又最大程度的体现了网民间的互动功能。

一　立足权威　打造精品

中国网由国务院新闻办公室主管，中国外文出版社发行事业局主办，是国家对外传播的主流网站，是以全球华人及国外网友为主要对象的提供综合性信息服务的专业网站，为全球华人提供我国政治、经济、社会、教育、文化等各个领域的新闻及服务信息。因此，资讯权威性便成为“中国访谈”栏目创办的基础，也逐渐成为其生命的所在。

作为中国网倾力打造的一个高端精品栏目，“中国访谈”秉承了中国网“让世界了解中国，让中国走向世界”的专业理念，在具体内容设置上做到既有最新的高层动态、人事任免；有权威的中共十七大的理论解读、各地落实科学发展观的资料和数据；有党和国家各级领导人的讲话和活动，也有诸多学者和网民的文章。其栏目的信息量大且权威，打开栏目，就能基本了解我国的最新高端动态和基本情况。它展示着国家的光辉形象，传递着中国前进的脚步声。

创办精品栏目是一项系统的工程，是各个部门同心协力创造的结晶。“中国访谈”作为中国网的一级栏目，其在发展过程中顺应需要又设置了多个二级精品栏目。关于精品栏目，丁关根同志曾指出“精品就是思想深刻，艺术精湛，具有强烈的吸引力和感染力，在社会和群众中产生广泛影响的优秀作品”。[①]而中国网“中国访谈”在2007年相继推出的“外国使节看中国”“中国外交官看世界”“走进新闻发言人”等系列主题访谈就是其颇具特色的二级精品栏目。如在“中国外交官看世界”栏目中，80多名我国外交官做客“中国访谈”亲身讲述，展示当代世界外交中的历史故事、奇闻逸事，以及世界风土人情。通过这扇窗口，加深了国人对世界的了解，也加深了外国网友对中国的认知。

多年来，中国网“中国访谈”一直秉承创办精品栏目的意愿，传递着中国的声音、世界的信息。在以后的日子里，中国网“中国访谈”应更加立身于向世界及时全面地介绍中国，并将“竭诚为中国和世界各国的访问者提供迅捷、权威的信息服务”作为栏目层次提升的支撑。

二　紧跟热点　挖掘创新

中国网“中国访谈”，以正在发生的社会热点与新闻焦点为主题，视野遍及整个社会发展的各领域，及时邀请有关学者、官员、外国友人对国际、国内热点事件进行深入浅出的解读和释义，并且配合其他大型媒体的宣传，及时发出自己的声音。“中国访谈”体现了政府新闻媒体所具有的权威性与严肃性，具有较厚重的文化底蕴、较强的舆论引导力及较高的品位。

从成功经验来看，是特色定位赋予了“中国访谈”鲜活的生命力，实事求是成就了“中国访谈”较高的公信力，但这其中最需要指出的成功经验莫过于热点分析，正是这种热点分析形成了“中国访谈”持久的吸引力。如在“两会”期间，其邀请代表、委员做客“中国访谈”，围绕“两会”热点话题进行多场访谈，并与网民互动。这些代表、委员中，既有政府官员，也有专家学者、商界名流，访谈的话题也涉及政治、经济、文化等各个领域，其中不乏关系国计民生的热点话题。

网站面临着众多的竞争对手，而此时，创新则是栏目发展的“助力器”。在这一点上，“中国访谈”栏目做得很好，其从三个方面进行创

① 龚邦国、裴强健：《频道定位与精品栏目》，《声屏世界》2001年第5期。

新，分别表现在“寻找新角度”“挖掘新材料”“探索新形式”。事物自身的多面性，决定了切入角度的多侧面、多形式，例如，在西藏问题展现在公众视野之初，各大媒体都在“藏独”问题上和公众一样的同仇敌忾，但“中国访谈”的子栏目“人物故事”却另辟蹊径，从三位与西藏有着不解之缘的记者入手，通过讲述其在西藏的亲身经历间接表达了汉族人民和藏族人民的深厚情谊。

三 有机互动 对话高端

“网友互动”作为网络交互特点的经典应用，反映了中国政府向“服务型政府”和“交流型政府”迈进的努力，也是中国政府利用互联网提高自身行政能力的一条途径。中国网“中国访谈”在每一期节目中都加设了“网友互动”的功能，让“中国访谈”真正实现了“大众舆论性和传播性”；利用多媒体形式解读有关政策，回答热点问题，回应网民呼声，吸纳网民意见。它凝聚着网民的呼声和智慧，在反复沟通、辩论中，使矛盾和问题得到化解，科学和民主精神得到张扬。

有机互动是“中国访谈”栏目取得成功的有效法宝，由此吸引了大量的网友参加，但纵深来看，“中国访谈”并没有将有机互动的功能发挥到最大化，尚有待提升。如在互动设置的过程中，找准目标受众群，给该话题准确定位；依据受众注意力的分配规律，挖掘受众的注意力资源，强化互动的视觉冲击力。

“中国访谈”将对话高端作为其栏目的定位，在实施过程中，“中国访谈”将栏目的高度定位于受访人的思想、心灵的高度，以此作为栏目可持续发展的关键所在。比如，江苏省扬州市市长王燕文在以人大代表身份接受“中国访谈”采访时认为，作为一个女性一定要大度、大气、大方，这样才能够和谐宽容地与任何人相处，才能从比较高的视点来看待工作和生活。托尔斯泰说过，信念、信仰是生命的力量。没有信仰，人便不能生活，信仰不是一种学问，而是一种行为，它只有在被实践的时候，才有意义。“中国访谈”只是一个平台，其所要做的是通过这个平台和广大受众一道，对受访人的思想高度做出不断的追寻。

四 结语

高端、前沿的访谈不仅巩固了中国网在业界的知名度，更成为中国网各文版、国内其他纸媒及网媒不可或缺的原创新闻源，提升了“中国访谈”的品牌影响力。目前实施的“出版者说”“走近新闻发言人”等访谈系列正如火如荼地进行着，并延伸为系列多语种产品，彰显了在境内外的持续影响力。而中国网“中国访谈”栏目则日益成为我国具有影响力的网上访谈品牌栏目之一。

（刘英翠）

成长中的“中国访谈”*

——访中国网副总编辑李雅芳

《网络传播》：“中国访谈”荣获“2007年度中国互联网站品牌栏目（频道）”，这是对你们过去辛勤工作的肯定，是值得祝贺也是很欣慰的一件事。请介绍一下该栏目的内容定位。

李雅芳：要说“中国访谈”的定位，可以用四个字来总结：高端、前沿，即高端人物，前沿信息。在策划时我们选择的基点是“热点新闻+受访嘉宾的背景故事”。在实际操作中我们紧紧把握中国网的对外宣传定位，以“解读热点时事、致力中外交流、讲述人物故事”为内容主线。在大的架构下设置了“官员访谈”“外国使节看中国”“专家学者”“商界精英”“人物故事”“名人名家”“访谈联播”“精彩专题”八大板块，同时又有“走近新闻发言人”“外交官看世界”“中国经济政策”等具有对外宣传角度的系列访谈贯穿其中。在每一期节目中还增加了“网友互动”功能，让“中国访谈”真正实现了“大众舆论性和传播性”，体现了互联网信息传播的深层作用。

《网络传播》：在与这些精英们的交流中一定有很多难以忘怀的故事，能否与读者分享一两个？

李雅芳：应该说吴建民和苏和的那场访谈给我留下的印象比较深刻。那是2007年初，中国网新演播室首次启用，我们请来了现任外交学院院长、前驻法大使吴建民和新到任的法国驻华大使苏和。因为2004年至2005年中法两国互办文化年，很多人可能还记得当时巴黎埃菲尔铁塔为中国换上了红装；而在北京故宫肃穆沧桑的高大红墙下，法国电子音乐大师让·雅尔的激光音乐会也不时回荡在人们的耳边。这本

* 原文载于《网络传播》2008年第4期。选入本书时编者对原文有改动。

来就是一个很鲜活的话题，再加上外交家吴建民儒雅、博学的人格魅力和苏和潇洒、幽默的谈吐，使整个访谈高潮迭起，精彩纷呈，这种开诚布公的交流对进一步增进两国文化交流和人民间的相互了解起到了积极的作用。

另外一个难忘的故事是2007年十七大的时候，我们策划了几组民营企业代表参加党代会的报道方案。民营企业家作为党代表正式走进人民大会堂参政议政，这不仅是党代会的亮点，也是对外宣传网站报道的新闻热点，尤其是江苏红豆集团总裁周海江更是众多媒体追逐的对象，因为有消息透露他是第十七届中央委员会候补委员人选，我们从一开始就锁定了他，无论他当选还是落选，都是大新闻，我们参会的工作人员紧盯着他不放，但他根本无暇顾及我们的请求，最后中央委员会的候补委员名单出来没有他，他落选了，我们的参会记者仍然苦苦地追着他不放，功夫不负有心人，我们工作人员的执著和真诚终于感动了他，周海江很爽快地跟着我们的记者走进了中国网的演播室，当时大家都很开心，黄友义副局长还兼任中国网的总编辑，他亲自来现场指导，让我们把访谈切入点就放在“落选”上，周海江非常坦然地回答我们的问题，结果访谈做得非常成功。周海江是一个新闻敏感度很强的人，当时他就表扬中国网很会抓取新闻点，还开玩笑说：“中国网这回赚了，我把最有价值的新闻在你们这儿首发了。”访谈结束，周海江还意犹未尽，依依不舍，最后他邀请大家与他共进晚餐，并由他请客。在饭桌上他没有一点老总的架子，和大家一起谈笑风生。

《网络传播》：一个品牌栏目的背后一定有一个优秀的团队，从策划、拟题、选人、公关一直到嘉宾出场，是一个系统工程。“中国访谈”的成功凝聚着整个团队的心血，请讲讲他们的故事。

李雅芳：“中国访谈”由中国网多媒体部负责运行，我们的主持人、编辑、摄影记者等加起来一共才二十几个人，工作量很大，经常会有无效劳动，做好了策划、拟好了提纲，也发了约请函，对方也不拒绝，但就是不给一个确定的时间，我们的编辑不时地去电话询问，而对方一拖再拖，不少最后就拖黄了。我有时也责怪自己的员工做事不得力，怎么采访提纲发出去就没有了下文？直到有一件事发生在我身上，才亲自体会到联系受访嘉宾的艰难。奥运会倒计时两周年，我们想约请北京奥组委新闻宣传部副部长王惠来中国网作访谈。我亲自打电话联系，对方回答，行，要求我们发函。我们把约请函和访谈提纲一并发过去了，接着再打电话，对方说，哦，我们收到了，新闻处管这事。我又接着打新闻处的电话，对方又说，嗯，过两天吧，到底什么时候可以，没有准信。后来电话都不知道打了多少遍，心里就想，肯定是没戏了，王惠这样一个热点人物又在这样一个热点时期，后面要采访的人肯定可以编成排了，她肯定会把有限的时间给了别人，比如央视、新华社等，也许中国网的影响力还不够大。就在最后时刻，接近于放弃的时候，我再次鼓起勇气，打最后一个电话，直接打给王惠，心想如果她亲口拒绝，就算了。

电话通了，传来王惠沙哑的声音，她当时感冒了，还在咳嗽，她工作日程每天都安排那么紧，那种疲惫也是可想而知的。我表达了对她的关切，又说明了电话的来由，她当时是那样地难为情。我又告诉她，中国网的奥运专题从 2005 年就开始做了，而且是多语种的，我们的网友特别希望能在网上见到王副部长。在我一再地请求下她终于答应了，在一个周六的下午她来到中国网作了这场访谈，而且效果非常好。这件事使我体会到，一场访谈我们的工作人员所费的心血和时间是不计其数的，从那以后，我不再埋怨我的员工了。因为我们这种高端访谈，约请的访谈对象不是社会名流，就是业界精英，时间不好抓。再就是他们的职位和社会地位都很高，而我们的员工又很年轻，因为不在一个层面上，人家不买账，所以联系与沟通起来会有很多困难。我们的员工为此而承受的压力有多大是难以想象的，他们太不容易了。

《网络传播》：有人说一个好的电视访谈节目主持人首先是一名出色的记者，那么你们对互联网访谈栏目主持人有什么样的要求？

李雅芳： 这是我正在思考的一个问题，我们现在有三个主持人，学科背景都不一样，原则上说要胜任这样的高端访谈主持人还有很大的提升空间，因为这些受访对象多数都是业内精英，一个人代表一个领域，三位主持人要面对无数个领域，他们要做的功课实在太多，又没有那么多时间，有时一个人一天要做几场访谈，所以偶尔会有一些不尽如人意的地方，但这三个主持人有一个共同的优点就是非常勤奋和敬业。网络不同于电视，电视大部分节目都是提前录好的，录制的过程中出了错还可以改正，网络访谈内容是同步播出的，不会有思考的时间，更没有修改的机会，所以网络访谈主持人要求的综合素质、应变能力以及知识结构的多元化都非常高。所幸的是我们一直在不断地总结，不断地修正，我相信“中国访谈”也将会不断地成长。我们的三个主持人各自的教育背景不一样，他们所彰显的特长也不同。我们尽量用他们的长处，但我们也希望他们在未来的工作当中不断地学习，不断地提升，争取做得更加完美。

《网络传播》：你对未来中国互联网站品牌栏目（频道）建设有什么建议？

李雅芳：我认为一个好的网站一定要有自己的个性，不要去追求大而全，如果大家都去追逐同样的东西，就会造成大量的雷同，形成千网一面的结果，这样会造成资源的严重浪费。要想树立品牌，就必须要保持个性化，中国人的从众心理很严重，一样东西看到别人做得好，就一窝蜂跟上，造成资源分散，结果谁也做不好。什么叫品牌？如果大家都一样，那就没有品牌，具有竞争力的、不可复制性的东西才能算是品牌，我觉得我们应该少一些浮躁，少一些形式主义，静下心来实实在在地做一些有实际效果的事情。

（《网络传播》记者　潘天翠）

第十五篇

新华网“焦点网谈”

简　　介：新华网“焦点网谈”是新华网重点打造的网络评论类栏目（频道），“焦点网谈”定位于社会各界的参政议政的新渠道，政府了解民意的新窗口。栏目针对一些社会热点、焦点话题，收集网友在论坛以及新闻跟帖中真实的原生态的声音。在中国共产党的十七大召开、新农村建设、“十一五”计划、和谐社会的报道中充分体现了新华社的优势，让国际友人及时正确地了解了今日真实的中国，影响颇佳。

“焦点网谈”设有全国 34 个省市自治区的地方频道，联合各地的

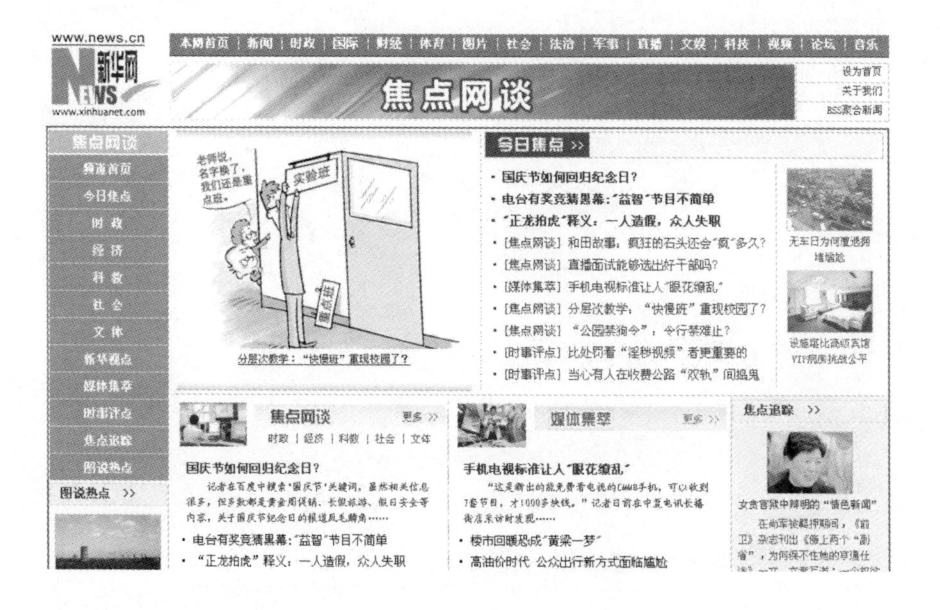

新闻部门，在第一时间里知晓最新的地方新闻，并及时发出自己的声音，让受众知道事件的来龙去脉，了解事件的真相，这与新华社的信息整合资源优势是密不可分的。

“焦点网谈”除中文简体和中文繁体外，依托新华网的网络优势，推出蒙文、藏文和英文、日文、俄文版，并将陆续开设其他少数民族语言和外文版本。

“焦点网谈”获得“2005年度中国互联网站品牌栏目（频道）”的称号。

栏目宗旨：传播中国　报道世界

主要栏目：“今日焦点”“焦点网谈分区（时政、经济、科教、社会、文体）”“媒体集萃”“新闻网评”“时事评点”“新华视点”“焦点追踪”“特别推荐”“往期查询”

特　　点：依托新华社，立足国内外，客观真实报道、评价新闻，并及时地回答网友提出的问题，深刻解读党和政府的政策，营造健康向上、丰富多彩、特色鲜明的网络文化品牌。

域　　名：www. xinhuanet. com/focus/

聚焦世间百态　网罗天下精彩

——对新华网“焦点网谈”的评析

新华网“焦点网谈”是新华通讯社主办的栏目。目前，新华社多媒体数据库拥有海量的信息储备，并与日俱增，成为中国媒体行业最大的多文种多媒体数据库，也是世界上先进的多媒体数据库。这就决定了“焦点网谈”栏目的资源优势是无与伦比的。

在此基础上，“焦点网谈”切实做好网友声音的“扬声器”，网友意见的“传声筒”，紧密联系时事热点，真诚依靠网友，围绕“传播中国，报道世界”的办网宗旨，站在时代的高度，大胆凸显重大问题、主要矛盾，积极反映社会普遍关注的民声民情。

新华网“焦点网谈”作为第一批（2005 年）中国互联网站品牌栏目（频道）的获得者，与自己的创办特点是密不可分的。如何推动网站建设体现时代精神、高雅品位，创办群众喜闻乐见的网络文化品牌，不断扩展网站的优质内容和优质服务，更有力地推动网络文化的建设与繁荣，为经济社会发展服务，为广大网民服务，是“焦点网谈”的重要课题，其蓬勃发展的朝气也正在于此。回想“焦点网谈”走过的历程，其具有以下三个特点。

一　运筹帷幄之中　决胜千里之外

与其他的网络品牌栏目相比，“焦点网谈”作为新华网这样一个综合新闻网站的栏目，充分发挥了新华网的信息资源整合优势，依托新华通讯社在国内外强大的影响力，主要立足于国内的社会现象及焦点问题，获得了丰富的第一手资料和新闻信息。“焦点网谈”定位于社会各界参政议政的新渠道，政府了解民意的新窗口。栏目针对一些社会热点、焦点话题，收集网友在论坛以及新闻跟帖中真实的原生态的声音。

值得一提的是，在新华网各个地方频道中，也分别设置了各地方的

“焦点网谈”，紧跟当地当时的新闻，受众在这里可以很轻松地知晓身边发生的重大事件和焦点问题，又可以了解国内其他地区乃至国际的重要新闻。如在新华网广西频道中，2008 年 4 月 7 日发表的网谈《自行车“实名制”遭遇落实难》，紧密结合当时南宁的部分自行车市场在应对国家推行的“自 2007 年 12 月 1 日起生产的自行车都要刻上全国统一的编码，销售者对购买者的个人信息及车辆编码等自行车相关信息予以登记”的规定之后的情况，及时揭露了问题，便于受众了解国家的政策，同时也便于政府及时地采取措施，促使事件朝着有利于国家民生的方向发展。

同时，“焦点网谈”与新华网的“新华时评”“新华视点”遥相呼应，变为网友及民众的“传声筒”。如 2008 年 2 月 28 日新华网甘肃频道发表《“艳照门”反思录：“虚拟世界”低俗了?》。而 2008 年 4 月 10 日新华网上海频道又发表《又见“艳照门”，互联网“边缘”尺度底线何在?》，这与“新华时评”2008 年 2 月 22 日《艳照门，谁是真正的受害者?》是相呼应的。

“焦点网谈”充分发挥网络平台的网聚观点的能力与讨论的开放性及海量信息的存储与呈现功能，又借助新华社强大的通讯功能，将浩如烟海的资料与讨论的精华部分呈现出来，同时再借助网络平台，引发更多的讨论，扩大影响力与覆盖面，而对于焦点的关注在讨论与呈现中越来越清晰，成为大众传媒、新闻传播的主战场，成为网上舆论引导的主渠道。

二　讨论热点问题、吸纳网民智慧

随着社会进步和民主政治建设的推进，网民更多地着眼于参与到事件当中，发表自己的意见。基于传统媒体的民意渠道不太畅通的情况，“焦点网谈”的网友充分借助新华网这一便捷、高效而又廉价的舆论平台，发表对于关乎党、关乎国计民生和社会热点问题的看法，交锋、论战呈现不同的声音，以多元的意见表达来寻求社会的认同和党、政府的重视，观点的是非在交锋、论战中越来越清晰。

“焦点网谈”定位于社会各界的参政议政的新渠道，政府了解民意的新窗口。栏目针对一些社会热点、焦点话题，收集网友在论坛以及新闻跟帖中真实的原生态的声音。这个栏目的社会影响力来源于对国家及民生问题的关注及其内容的深度与广度，“焦点网谈”的论题一方面来源于论坛与频道自发形成的焦点，如 2008 年 4 月 21 日，“焦点网谈”黑龙江频道《爱国，到底要不要“抵制家乐福”?》，是论坛自发组织网友和专家参与的话题，提出“面对全球华人高涨的爱国热情，人们在震撼和感动之余，也有人对此表示质疑，简单的‘抵制洋货’就能扬我国威？奥运火炬传递中的‘不愉快’真的能一‘抵’了之？对此，部分专家提醒广大网民，表达爱国热情需要理智”。在大家一片爱国热情高涨的情况下，冷静地对待这样的问题，是明智之举。

另一方面则是网友直接讨论产生的，内容涉及时政、经济、科教、社会、文体等方面，如 2008 年 4 月 22 日《“广场鸽”调查：“假照门”里的新闻摄影》，有网友分析照片，对有一些鸽子涉嫌合成，引起了讨论。在众多网友和摄影界同人对“广场鸽”穷追不舍中，“广场鸽”事件终于大白于天下。2008 年 4 月 3 日，“华赛”评委会主任、中国新闻摄影学会会长于宁向媒体宣布，经过首都新闻摄影界专家的长时间分析、比对和电脑专家的技术鉴定，认定该图片中一只鸽子系另一只鸽子复制生成。网友的积极参与，获得了良好的社会效果和传播效果。

无论是网站组织的热点，还是网友自发形成的焦点，每一个话题都是有深度、广度、力度的，切实彰显了新华网“传播中国，报道世界”的栏目宗旨，体现了作为国家媒体的影响力。“焦点网谈”栏目始终关注热点，吸引更多的网友参与。充分利用留言板、论坛、在线调查、博客、电子信箱、手机无线等网络互动方式，回答热点问题，回应网民呼声、吸纳网民意见。

（于晓霞）

开焚点网谈之先河
扬舆论监督之威力[*]

“力量”是一个多义词。自然科学中它代表能量，可以让人类改造一切；社会科学中它代表一种强大的作用，可以让社会改变面貌。还有一种力量，如一缕阳光，会让善良的人们感到洋洋暖意；会令彷徨中的旅者不惮于前驱。它可以让“假”无所遁形；可以为“恶”带去应有的惩罚；可以将“丑”的美丽外壳融化——这就是舆论的力量、媒体的力量。

继报纸、广播、电视台之后，当“网络媒体”不再是普通人心中的“阳春白雪”之时，社会向它提出了新的问题：网络媒体的“力量”在何处？如何将网络特色与媒体的舆论监督作用相融合？有疑问就有答案，当2002年刚刚开始的时候，“焦点网谈”这个新鲜的面孔悄然出现在新华网的网页上。最后，这个名字却以意想不到的速度为网民和诸多媒体所熟知。原因很简单，就是因为它的内容、它的形式和它的风格。

“焦点网谈”创建之初，就将社会上的一切热点、焦点、难点事件的深入报道、分析视为己任，勇于直面社会问题，敢于报道，用公正的目光去审视周围。可以说，“焦点网谈”的出现给网络媒体带来了一股清新的气息。“焦点网谈”的每期内容做到了真实可信，敢于批评，且所报道的事件涉及社会生活的方方面面，因此，它在吸引网民和媒体关注的同时，部分报道也受到了地方乃至中央有关领导的重视，使报道中所提及的难点得以顺利地解决。时至今日，“焦点网谈”经过内容、形式上的不断完善与补充，已形成一种被广为接受和认可的特有风格。

---

* 本文选自新华出版社2005年出版的《视点——新华网焦点网谈实录》的序，收入本书时编者做了改动。标题为编者所加。

网络之所以被称为“第四媒体”，是因为其特有的优势是其他传播途径所无法比拟的，故“焦点网谈”一开始就注重形式上的“新颖”，力求将网络的表现手法多样性、交互性和信息大量性的特点相结合。在突出文字报道的同时，配发大量的现场图片，真正做到“图文并茂”这一特色。同时根据报道内容，制作形式各异的网页，并在此基础上尽可能加入诸如音频、视频内容等网络特有的多媒体形式。在报道形式上不拘一格，采用将记叙、采访、评论三者相结合的方式，既让读者知悉所述事件的详细情况，又将记者采访到的第一手资料原原本本地进行呈现，配合现场照片，使读者产生身临其境的认同感。此外，文章中还会对事件进行深入的剖析，透过现象看本质。各类信息调阅方便，不受页面限制可以说又是网络的一大特色。因此，“焦点网谈”在每期内容中都做到脉络清楚，结构完整。

“焦点”，顾名思义，是社会的舆论热点。这也就决定了“焦点网谈”每期内容的时效性。“焦点网谈”虽不强调在第一时间发稿，但关注一切社会热点的职责却为“时效性”赋予了丰富的内涵。每逢突发事件发生，“焦点网谈”必以最快的速度策划报道，再根据具体情况邀请当事人组织访谈或奔赴实地采访，在最短的时间内将事实和各方观点呈现在读者的面前。

“焦点网谈”之所以能受到如此众多的网民和媒体的关注，原因就在于其报道的力度之强、剖析深度之大是其他网站所罕见的。在每期的“焦点网谈”中，“深度和力度”就成了衡量一篇稿件成功与否的一项重要指标。在社会生活中，很多所谓的“偶然”事件只是发生在个别人或个别环境下，然而往往这种“个别”的小事，其背后却隐藏着一种普遍的观念、一种社会的趋势。“焦点网谈”恰恰以此为切入点，以小见大，深挖背后的故事，在稿件中不仅描述事件的表面，更将其本质一并呈现，让网民得以从更高的位置去分析和感悟。

在推动社会主义文化大发展、大繁荣的格局中，在运用高新技术手段创新文化生产方式，培育新的文化业态，构建传输快捷、覆盖广泛的文化传播体系方面，互联网占有十分重要的地位。而网络品牌栏目对于鼓励网站建设健康向上、丰富多彩、特色鲜明的网络文化品牌，对于促进网上内容建设，引领网络风尚，倡导文明办网、文明上网，促进和谐网络文化，更好地服务公众方面，起到了积极的引导和推动作用。

要想真正成为在网民心目中的品牌栏目和品牌频道并非易事，因为要想成为网民心目中的名牌栏目、名牌频道，需要付出更大的努力。打造自己的品牌栏目和频道，是扩大自身影响力的必由之路，中国网络媒体打造出一批品牌栏目和频道，则会大大提升我们从事互联网传播的水平，可以大大扩展中国网络媒体在互联网传播中的整体影响力。

期待新华网“焦点网谈”能从网络文化建设的大格局出发，使以后的活动在报道范围、栏目设置、网友互动等方面不断创新，使之对业界产生更大的激励作用，不断推出更多、更好的优秀网络文化产品和服务，为我国网络文化建设做出积极贡献。

（新华网总裁兼总编辑　周锡生）

第十六篇

大河网“焦点网谈”

简　　介： 大河网是河南省唯一重点新闻网站，是经中共河南省委、省政府同意，由河南报业网、原大河网强强联合而成。网站由河南日报报业集团主办，是继《河南日报》、河南人民广播电台、河南电视台之后的第四家省属新闻媒体。

创办于2004年10月的“焦点网谈”作为大河网的金牌栏目，是河南日报报业集团在全国各大媒体中首开报网互动、手机短信互动先河的

新栏目。该栏目既在大河网开有专栏，又在《河南日报》周二、周四开有专版，形成了报纸、网络、手机短信三大媒体互联互通、互取所长的新型传播形式。这个栏目的社会影响力来源于对民生问题的关注，“焦点”的产生一方面来源于论坛和频道自发形成的热点，另一方面则通过责编的策划，设置话题供网友参与讨论，内容涉及河南省内的时政要闻、经济发展、文化建设等方方面面，这部分内容占到六成，其余四成是国内的热点问题。在《河南日报》的这一版面中，设有“短信民生”“网络民生”“本期焦点”“思想阵列”等主要板块；而围绕重点话题，责编们会从大河网的焦点网谈频道、大河论坛的焦点网谈栏目、百度贴吧以及新浪等门户网站转载后形成的讨论中汇总网友观点和相关链接；对于关系老百姓日常生活的话题，还会邀请有关政府官员到大河网直播中心与网友面对面互动交流，争取每一个话题都做得很精，做得有深度、有厚度、有分量。

“焦点网谈”2006 年获得“第十六届中国新闻奖新闻名专栏一等奖”，同时荣获“2006 年度中国互联网站品牌栏目（频道）”的称号。

理　　念：倾听百姓呼声

口　　号：弘扬正气，鞭挞丑恶，真实反映客观世界

定　　位：社会各界参政议政的新渠道，政府了解民情民意的新窗口，百姓寻求帮扶救助的新途径，媒体开展舆论监督的新阵地

栏　　目：“焦点话题”“焦点民声”“思想阵列”“往期焦点”“论坛集萃”“见报焦点”“嘉宾网谈”“焦点报道”“律师博客”“焦点外景地”等

域　　名：http://jdwt.dahe.cn/

媒介融合的典范　民意表达的平台

——对大河网“焦点网谈”的评析

“焦点网谈”是大河网的一个频道，是大河网论坛中的一个栏目，也是每周二、周四《河南日报》上会出现的一个版面。这一获得中国新闻奖新闻名专栏奖项的中国互联网站品牌栏目，发挥网络和报纸的不同优势进行深度互动，并且把焦点对准民生，为受众在信息的海洋里导航，不断扩大影响力和覆盖面，产生了良好的社会效果。清华大学新闻与传播学院熊澄宇教授对“焦点网谈”做出了这样的评价：作为新媒体的进行时态，“焦点网谈”在发展过程中迈过了三个台阶：将网络与报纸联姻，使网民与报民互动是第一个台阶；以网络的视点带动报纸焦点，进而形成舆论热点，是第二个台阶；在提供信息服务的同时，不忘媒体责任，从舆论热点报道到思想观点交锋，是第三个台阶。①

一　报网互动扩大影响力

隶属于河南日报报业集团的大河网，与集团的其他九报二刊有着密切的联系，即它负责报刊电子版的截版与上传，可以说在报网互动方面有着天然的优势，因此“焦点网谈”栏目也就应运而生。它充分发挥网络平台网聚观点与讨论的开放性及海量信息的存储与呈现功能，又借助纸质媒体，将浩如烟海的资料与讨论的精华部分呈现出来，吸引更多人的关注；同时，再次回到网络平台之上，引发更多的讨论。大河网这一栏目所进行的报网互动，吸引了更多的读者与网友的参与，扩大了影响力和覆盖面，更重要的是，关注的焦点在讨论与呈现中越来越明晰。

这一栏目的创新之处在于它互动的模式是“网—报—网”，即将网络上的热点话题进行延伸策划，将频道与论坛中的大量讨论进行整合，

---

① 转引自万大珂《“焦点网谈”：媒体融合的胜利》，《青年记者》2006 年第 20 期。

编辑排版后，在《河南日报》上定期刊发，而后再将刊发内容再次上网，引发进一步的讨论。这样就可以提供实时、立体、多方位的互动，更为重要的是网络更多地吸引了青年知识分子主动参与。新时期的报业改革必须要有创新，即在富有创造力的青年网友中增强影响力。年轻人的凝聚力和召唤力是巨大的，如果能不断吸引青年人浏览并参与网站评论，那必将会带动信息交流速度的加快，在一定程度上大大缩短了传统媒体“议程设置”的时间，更快捷方便地把具有普遍性、代表性和典型性的事件以“秒新闻”的速度和追踪报道的形式传到千家万户，又通过网络对新闻进行点评及开展网上调查和评议工作，增加了新闻的线索量，达到较好的传播效果，这更是新闻工作“三贴近”原则的生动体现。

二　关注民生，生成民主力

传统媒体的互动性差是最为明显的缺陷，大多数人无法及时、准确、有效地参与到传播行为过程便要接受传播结果——所谓的“公众舆论”，大众传播通过营造“意见气候”来影响和制约舆论。根据诺伊曼的观点，意见的表明和“沉默”的扩散是一个螺旋式的社会传播过程。也就是说，一方的“沉默”造成另一方意见的增势，使“优势”意见显得更加强大，这种强大反过来又迫使更多的持不同意见者转向“沉默”。如此循环，便形成了一个“一方越来越大声疾呼，而另一方越来越沉默下去的螺旋式过程”。因此，新媒体之前的舆论的生成便多多少少失去了民主的意味。

“焦点网谈”，网络交互开放、不分时间，地域辐射的传播特性使批评对象更感到舆论的压力，加上党报的权威性、报网互动的二次传播、党报的深度报道或连续报道形式，两大媒体合而为一，在某一条新闻成为网民关注和发表言论的焦点时，便能迅速增加舆论监督的力量，即时快捷地为群众广开言路提供了现实可能性与可操作性，因此可以促使相关部门联合，及时解决存在的问题。在这个关键性的意义上使公民的知情权和言论自由权得到最大程度的发挥，如此，民主的空气则会越来越浓厚。

三　开创先例，提升竞争力

在传统媒体与新媒体之间的竞争日益激烈的今日，只有创新才能与众不同，也才有生存立足之地。对于一个新闻专栏而言，最重要的就是创意。没有河南日报报业集团领导大胆的创意，就没有“焦点网谈”的诞生。正是集团领导的科学决策、新颖创意和正确指导，才有了“焦点网谈”最初的轮廓，有了“焦点网谈”此后的成长。大河网的“焦点网谈”自成立之初，就是独特的存在，它首开报网互动、手机短信互动先河，第一步便领先于全国各大同类媒体。因为网络传播是一种全新的形态，它利用 Flash 技术制作精美的画面，及时更新新闻内容，为它的发展带来了契机和活力。

创新要有持续的动力，在 2007 年党的十七大报道中，大河网副主任、河南网络界首位采访全国党代会的记者万大珂运用四种媒体有效、准确、及时地交叉传播。比如说河南手机报，对于十七大一些会议的进程、亮点的报道，包括十七届一中全会重要领导人名单都做到了第一时间的传播；户外视频除了准确完整地转播中央电视台重要新闻以外，还在郑州街头随机采访群众，“焦点网谈”在十七大期间，还推出两期专题报道，都收到了良好的效果。

介入和拓展新媒体，是党报价值的延伸。“焦点网谈”从某个意义层面上说从属于《河南日报》，因此永葆创造力，敢于善于开创先例，并根据受众的接受度和接近度创新话语体系，会使传播效果更好。

大河网的 90 多位职工，在大河网办公室墙上刻出的一些文字，分别是“享受生活，享受工作”，“争创全球 500 强网站”，“把信最快地送给加西亚”等等，很有意义。在成立之初，网站就考虑了如何来形成自己的独特的企业文化，也想用这些文字来帮助达到这样的目标，提高企业职工的凝聚力。建设独特的企业文化，提高企业的核心凝聚力和竞争力，这是目前中国许多企业正在致力于这样做的，大河网目前也正在尝试创立自己的文化，形成部门的总体创新力。相信通过集体协作和努力，“焦点网谈”栏目会越办越火，大河网的竞争力也会越来越强！

（刘海娜）

“焦点网谈”：媒介融合的胜利 *

回想“焦点网谈”走过的历程，用两个字可以概括其精神——创新，其成功的基础在于创造了一个制度化、长期化且操作性强的媒体融合形式。该栏目既“分身有二”，又“合二为一”，即网络版和报纸版：河南报业网开设固定的“焦点网谈”频道及论坛板块，《河南日报》每周以两个整版的篇幅予以刊登发表，形成网站、报纸、手机三大媒体互联互通、互取所长的新型传播形式，被专家称之为代表了中国新闻网站和网站新闻的发展方向，代表了社会民主政治的前进方向。

一 “新”在创意：报网互动 首开先河

近年来，网络的迅猛发展让传统媒体感到极大的压力。如何实现党报对网上舆论的正确引导，如何利用网络的传播力发出党报的声音，如何实现报纸读者和网民的交互？在经过深思熟虑之后，2004 年 10 月，《河南日报》编委会决定，在全国率先推出大型报网联动栏目“焦点网谈”，除网站开设固定栏目外，《河南日报》每周二、周四整版见报。集团总编辑朱夏炎评价说，一年 100 个整版，折算成广告就是 1000 万元，表明了集团顺应媒体发展潮流、探索新型传播方式的信心和决心，“焦点网谈”代表着不同形态的媒体间相互借鉴、相互融合的发展方向。

“焦点网谈”定位于“社会各界参政议政的新渠道，政府了解民情民意的新窗口”。栏目针对一些社会热点、焦点话题，收集网友在论坛及新闻跟帖中真实的、原生态的声音，经过精心整理，在网站和党报上公开发表。在实践中，“焦点网谈”总结出了“点击事实、网聚观点、

* 原文载于《青年记者》2006 年第 20 期。收入本书时编者有改动。

制造思想”的模式，相继开设了“网聚观点”“新闻跟帖”“外地网友看河南”“思想阵列”“嘉宾网谈”“数字观点”“短信民声”等子栏目。

一方面，“焦点网谈”把报纸上的热点、焦点问题放到论坛上讨论；另一方面，“焦点网谈”根据网络上的热点话题，整理出网友观点，发表在《河南日报》和河南报业网“焦点网谈”专题上，充分实现了“焦点网谈”从网络中来到网络中去的设想，既在报纸上展现网友的声音，又在网络上体现党报的导向。

二 “新”在内容：社会热点 网络焦点

网上的各种言论纷繁复杂，各种论坛、博客、留言板都充斥了大量的网友言论。如何从中选取适合“焦点网谈”刊发，同时体现网上热点的内容？“焦点网谈”进行了富有成效的探索。从《河南，有理大声说》到《谁为判决书买单》，从《网上的“馒头”是个什么味?》到《河南引领“大国民风范”》，都是在浏览大量网上言论，找出网上舆论热点，根据党报特点、网站定位，再结合当前宣传形势，经过反复讨论和思考决定的。其创新之处在于，“焦点网谈”选择的都既是社会热点，又是网络焦点的话题，与传统媒体和网络媒体的关注点拉开了距离。

第一，关注河南，为河南的改革发展“鼓”与“呼”。“焦点网谈”是河南报业网和《河南日报》联姻的产物，关注河南的发展是它与生俱来的责任。从诞生到现在，在网络和报纸相结合的这一块宣传阵地上，“焦点网谈”一直在不遗余力地为宣传河南、发展河南贡献着力量。比如，《河南，有理大声说》《谁绊了中原城市群的脚》等，都是“焦点网谈”关注河南发展的见证，也是全省网友关注河南建设的见证。河南涌现出来的英雄人物也一直为“焦点网谈”所关注，如李学生、魏青刚、竹卫东等，都曾被大篇幅地报道过。近期，河南电视台都市频道女记者曹爱文不采访先救人的事迹在各大网站广为流传，“焦点网谈”浓墨重彩地推出了《网友“评”出中国最美女记者》，报道全国网友对曹爱文事迹的评论。

第二，关注网上热点，反映网上舆情。网络作为发展迅猛的第四媒体，很多现象是先从网上开始出现，并被网友热炒的，比如芙蓉姐姐。

在一段时间内，对她的讨论各大网站连篇累牍，数不胜数。对芙蓉姐姐现象究竟该如何评价？“焦点网谈”整理了新华网、新浪网、搜狐网、河南报业网等各大网站有代表性的网友观点，于2005年7月7日推出报道《网上“红人”芙蓉姐姐引发网友激烈评论　网友呼吁：用先进文化占领网络阵地》，对于引导网上舆论，正确评价芙蓉姐姐现象，起到了良好的作用。“焦点网谈”立志要做网上舆论的风向标，就是基于对网上舆情的正确把握和对网上舆论的正确引导。

第三，注重原创，关注民生。作为媒体，关注民生疾苦，体现“三贴近”原则。“焦点网谈”依托河南报业网大河论坛，网友的疾苦、网友的不平事，也是“焦点网谈”关注的焦点。在“焦点网谈”的帮助下，不少网友反映的问题得以解决。2006年6月底，有网友在大河论坛发帖，提议为经典豫剧《朝阳沟》配新唱词，因为原有的很多唱词已经不符合如今农村的实际了。“焦点网谈”敏感地意识到这是一个很好的思路，就一方面在论坛里引导网友为《朝阳沟》配新唱词，另一方面派出记者到朝阳沟村实地采访。7月初，“焦点网谈”推出大型报道《五十年沧海桑田，新农村今昔巨变，网友为〈朝阳沟〉配新唱词》，由于其角度新颖、内容出彩，得到了各方称赞。

三　“新”在形式：媒体交互　沟通无限

一些重大的话题，只搜集网友的言论是远远不够的，而且不够权威和全面。因此，“焦点网谈”还摸索出了邀请嘉宾在线聊天，和其他网站互动合作等新形式，推出了“嘉宾网谈”（报道嘉宾在线聊天情况）、“权威声音”（反映权威部门、权威人士观点）、“各地声音”（反映其他网站网民言论）等子栏目。

第一，邀请嘉宾，高端互动。针对某一话题，邀请有关政府官员、专家学者，到网上与网民对话，答疑解惑。

第二，网网互动，沟通无限。互联网无地域、无空间限制，“焦点网谈”充分发挥这一优势，和其他网站进行有效互动，资源共享。“焦点网谈”一方面大量刊发人民网、新华网、中国网、河南报业网等各大网站网友在论坛和新闻跟帖中的评论，而且还积极联合新浪、搜狐、网易、腾讯等网站，就一些共同关心的热点问题，引导网友讨论。

第三，短信互动，反映民生。“短信民声”是“焦点网谈”的一个子栏目，栏目不大，威力不小。河南报业网依靠自身技术力量，设立了一个短信平台，接受读者反映的问题，并安排专人整理。“短信民声”栏目刚一问世，就得到了读者的欢迎和青睐，每天的短信数量很快稳定在100条左右，河南报业网短信平台成了收集民情民声的绿色通道。

四 创新创造价值

“焦点网谈”的探索得到了社会各界的认可和肯定。一年多来，受到中宣部、国务院新闻办公室、中共河南省委书记等的十余次表扬、批示。中宣部新闻局2005年第22期《内部通信》认为“短信民声”栏目成为“各地政府了解民情民声，知晓百姓疾苦，为群众办实事，解决实际问题的新途径”。2005年8月，中宣部主要领导对《网上“红人”芙蓉姐姐引发网友激烈评论 网友呼吁：用先进文化占领网络阵地》报道给予高度评价，认为其在舆论导向上，观点最为鲜明，引导最为有力。“焦点网谈”的探索为业界所瞩目。有专家指出：网络传播正日益成为中国公众表达民意、参与经济社会及政治生活的平台，而“焦点网谈”无疑做出了积极的尝试。

（大河网副主任 万大珂）

第十七篇

胶东在线“网上民声”

简　　介：胶东在线网站开通于2002年4月28日，是经国务院新闻办公室批准，由烟台市委宣传部主管，烟台市广播电视局主办的综合性重点新闻门户网站，是以新闻宣传为龙头，集信息服务和技术应用于一体的区域性强势媒体，是烟台市对内宣传和对外宣传的重要窗口。现已成为继泉州网、温州网之后，全国第三家、北方首家地市级重点新闻网站，也是全国广电系统地市级唯一的一家。

2003年5月，即网站开通的第二年，在烟台市直属机关建设办公室的支持下，胶东在线网站开通了“网上民声”栏目。它的开通，为政府和群众搭建了良好的沟通平台。在这一平台上，群众可以咨询政策、反映问题、提出建议，政府部门定期解答、限时回答、限期解决，

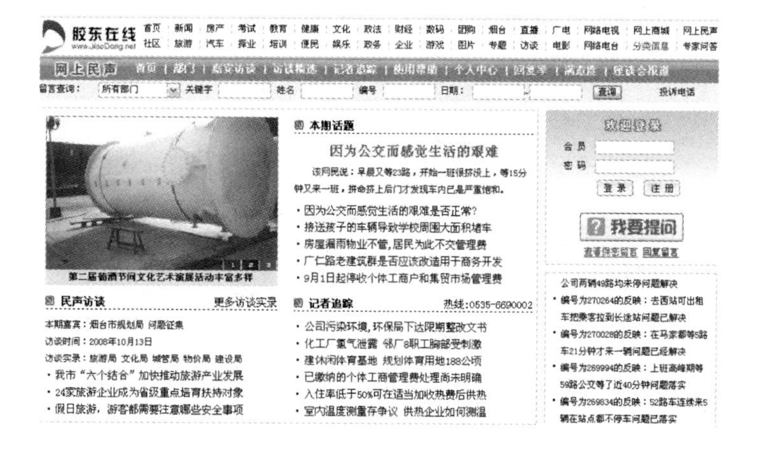

这对化解社会矛盾、推进阳光政务、密切党群关系、构建和谐社会具有重大意义。“网上民声”栏目有效地利用了网络媒体快捷、开放、互动，信息量大、传播面广的优势，并整合传统媒体，拓宽了群众诉讼渠道，让群众不出门、不进机关就能办成事，受到群众的广泛好评和充分信任。

“网上民声”荣获“2007年度中国互联网站品牌栏目（频道）”称号，是自2005年中国互联网站品牌栏目评选连续三年来唯一获此殊荣的地市级网站。

理　　念：畅通民意，服务民生

特　　点：密切党群关系，搭建沟通平台。政府与群众的“连心桥”，社情民意的“快车道”

板　　块：“部门”“留言精选”“嘉宾访谈”“记者追踪”“座谈会报道”“回复率”“满意度”“投诉电话”“使用帮助”“个人中心”等10个二级子栏目

经典板块：“热点关注”“问题聚焦”“信息咨询”“建言献策”“听取意见部门”“嘉宾访谈”“记者追踪”“座谈报道”

域　　名：http：//www.jiaodong.net/minsheng/

畅通渠道　彰显民声

——对胶东在线“网上民声”的评析

2003年5月，胶东在线与市直机关工委联合推出的“网上民声”栏目开通了，它作为政府部门与市民交流的一条重要渠道，首开中国网络媒体利用网络为百姓和政府之间搭交流平台之先河，受到政府部门和网民的好评，在社会各界引起强烈反响。互联网专家、北京网络媒体协会会长闵大洪指出，胶东在线“网上民声”的上榜，表明地级市网站也可在全国性网站的评优活动中占有一席之地。

目前，烟台全市已有94个政府部门和热点窗口单位参与，市民的很多问题通过该平台得到了及时、妥善的解决，对密切党群关系、构建和谐社会和加强党的执政能力建设具有深刻的意义。它促进了政府部门更加迅捷高效地为人民服务，构建起了群众和政府的“连心桥”。

一　拓宽沟通渠道

在网络媒体兴起之前，党和群众的沟通渠道是十分有限的，仅仅依靠一些传统的媒体或者视察等方式来建立联系，这给党和政府开展工作带来了很大的不便。一方面政府不能充分了解广大人民群众的呼声和意愿，另一方面人民群众也不能有效及时地将问题反映给政府。“网上民声”的开通，为政府和群众之间搭建了一个方便、快捷、平等的交流平台，它的创建也有其深刻的时代背景。

2002年5月到10月，烟台市直属机关工委每半个月组织一次“面对面话环境、心连心促发展”对话会，有热点部门领导带队对市民代表提出的问题进行解答。这一形式很好地加强了政府部门和市民的关系，为市民解决了许多实际的问题。但是它的局限性也很快地显露出来，由于时间的有限（一般只有两三个小时），代表们的人数不多，所反映的问题不够全面，在解答的过程中也不能面面俱到。于是在这一情况下，胶东在线率先在2003年5月开通了“网上民声”栏目，使市民不受时间、地域、性别、年龄、人数的限制，与政府展开互动，咨询政策，反映问题，提出建议，政府部门也定时、定向、限期解答，成为“永不闭幕”的平台。

“网上民声”栏目自开办以来，参与网上互动交流的部门，从首批28个增加到现在的94个，几乎涵盖了全市所有政府部门及中央、省属驻烟台的热点“窗口”单位，并且延伸到县市区政府部门窗口单位。听取意见部门按照拼音的首字母分类管理，使网民更加方便地找到相关职能部门。栏目将各政府部门的职责、政策、办事程序、办公信息等向市民公开，受理市民投诉，接受市民监督。市民可以把标题、内容、问题类型、是否公开等个人信息一一填写之后，以提交留言的方式把问题反映给相对应的政府部门，投诉、咨询、建议、反馈就会直接发送给具体部门。可以看到，小到停水停电，大到房价、社会保障，可以说社会生活中方方面面的民生问题都有所涉及。

截至目前，栏目共收到群众反映的问题18万余条，其中报送政府部门舆情内参25000多条，回复率始终保持在96%以上。“网上民声”的开通，拓展了社情民意的反映渠道，增强了党和政府工作的针对性，化解了大量的社会矛盾，促进了社会和谐稳定。体现了强烈的喉舌意识、民生意识和创新意识，把政府关注的和百姓需要的有机结合在一起，中共烟台市委、市政府已将“网上民声”栏目作为职能部门与群众联系沟通的一条重要舆论收集渠道和工作渠道。

二　促进政府转变作风

栏目中的“回复率”“满意度”及“投诉电话”等二级子栏目对政府部门的工作起到了一定的监督促进作用。尤其是各部门的满意度统计，更是由系统自动生成，这为限时、及时、高质量回复提供了保障，使群众反映的问题“件件有着落，事事有回音”。有的政府部门还专门设立专人回复“网上民声”所提问题。根据规定，对群众所提的建议和意见都要在3天之内予以答复，这对政府部门无疑是一个不小的压力。

对于网民普遍关心的热点问题，网站信息员会及时提报给市政府及所属单位，处理结果由各部门负责人签批后上网回复，并切实解决，形成良好的互动循环。如“火车过渡站交通拥堵问题”就引起市领导高度重视，并由政府办公室组织市区两级五部门联手整治，迅速缓解了交通拥堵现状。市广电局纪委书记马荆海表示，电台、电视台等广电媒体还配合胶东在线联动采访，针对“网上民声”栏目中的热点问题，加大舆论宣传与监督力度，促使百姓关注的问题及早解决。[①]

药监局的徐远志说，从2003年开始他作为参与部门的负责人，每天早上一到办公室第一件事就是打开胶东在线的“网上民声”，查询有没有他们局的问题。即使有时候出差在外，也会想办法回复，解决不了的问题就及时向领导汇报。五年来，他已回复网民问题3000多条，网站每月统计回复率始终保持在100%。该栏目已成为打击假冒伪劣药品、向公众宣传合理用药的重要平台。[②]

可以说，“网上民声”已经成为政府部门执政的一面镜子，它促使党和政府更加关注民生，促使政府机关作风转变，树立起“服务型”政府的良好形象。

三　彰显网民心声

主道路车流量趋饱和，交警加大管控力度；网民举报重大安全隐患，安监局现场核实；金沙滩排雨管被误认排污管，环保局澄清……这一件件关乎群众利益的事情都得到了及时的关注，网民所反映的热点问题也得到了妥善的解决，这些变化都与“网上民声”有着密切的关系。

通过“网上民声”，市民的心声得到了政府的倾听，市民的监督权及知情权也得到了实实在在的体现，党和政府能够及时、直接地听到群众的真实声音，减少了沟通障碍，让群众不出门、不进机关就能解决问题。比如，有网民举报有书店在卖盗版图书，有关部门在接到举报后就立即安排执法人员对该场所进行了检查，现场查缴各类非法出版物150余册，并将非法出版物全部收缴，对业户进行了行政处罚和批评教育。

“网上民声”的开通，减轻了群众信访、上访造成的经济负担，也减轻了党政机关的信访压力，把矛盾化解在萌芽状态，把问题解决在初始阶段。由于传统的反映问题的渠道受到时间、空间等方面的限制，一

---

① 杨胜武：《新华社记者采访胶东在线“网上民声”经验》，http：//www.jiaodong.net/minsheng/system/2008/04/09/010219850.shtml。

② 徐远志：《让网民满意是“网上民声”的心愿》，http：//www.jiaodong.net/minsheng/system/2008/03/03/010191414.shtml。

些敏感的问题得不到迅速解决，容易激化矛盾，增加社会的不稳定因素，而网络的便捷性为矛盾的化解提供了条件。近年来，烟台市信访总量持续下降。

四　强化服务功能

“网上民声”栏目不断地大胆创新，改善服务功能，经过三次改版，使栏目更好地为网民所用。在先期只有对话部门、对话台的基础上，逐渐增加了问题查询、对话台反馈报道、问题回复率统计、满意度统计、咨询投诉电话等内容，丰富了服务内容，使服务的功能更加强大，范围更加广泛。

在丰富服务内容的前提下，栏目还细化了服务环节，增强便利程度。给每一个部门单独设立网页，并分出不同类型的问题，如咨询类、建议类、问题类，使政府部门和公众更方便地浏览到相关信息。同时，栏目还实现了文字、图片、音频、视频等形式的多媒体报道。

为了使服务更加规范、合理，“网上民声”设立了一套严格的审核程序。为引导群众理性反映问题，网站严格实施问题逐条审核制度，对宜于公开的问题直接发到网上；对敏感问题则转发到相关部门内部信箱，待问题核实解决后再予以公开，从而避免出现恶意攻击等言论，使“网上民生”可防可控。

“网上民声”的留言由专人审核，正常工作日内提交的留言将在1小时内被审核，如果提交的内容不符合审核原则，将会被删除。审核标准中对于留言的规范性做出了规定，包括标题、正文、类型、保密、部门等方面。有不文明用语及恐吓、诽谤、表达不清等情况的予以删除。在转交给相关部门时，为保护当事人或部门的合法权益，一律以保密形式转交。

五　结语

胶东在线“网上民声”，凝聚着网民的呼声和智慧，在反复沟通、交流中，使矛盾、问题得到化解，科学和民主精神得到张扬，受到群众的广泛好评和充分信任。“网上民声”已经成为烟台市民和政府不可或缺的沟通渠道，也成为烟台市建设和谐社会的现实需求和强力保障。

（梁　蕊）

“网上民声”畅通社情民意[*]

胶东在线创办的“网上民声”栏目吸引和汇集社情民意，及时反映群众的意见和要求，卓有成效地促进民生问题的有效解决，对推动阳光务实政务、密切党群关系、促进社会和谐发挥了积极作用，受到当地党委政府的充分肯定和广大人民群众的普遍好评。胶东在线充分发挥了网络媒体优势，拓宽了社情民意反映渠道，促进了政府部门更加迅捷高效地为民服务，从而在政府与群众之间架起了一座“网上连心桥”。这一经验得到中宣部的充分肯定。

一　开辟舆情汇集分析新渠道

作为网络新闻媒体、党和人民的喉舌，如何更好地围绕党和政府的中心工作做好服务，更好地反映广大人民群众的呼声和意愿，更有效地为群众解决实际问题，成为胶东在线网站领导一班人思考的重要课题。胶东在线决定把为党和政府分忧、为广大群众排忧解难作为工作的出发点和落脚点，充分发挥和利用网络媒体快捷、开放、广泛、互动的独特优势，在群众与政府部门之间构筑一个简便快捷、平等沟通的交流新平台。

2003 年 5 月，在烟台市市直机关建设办公室的支持和指导下，胶东在线网站创办了“网上民声”栏目。群众在这个平台上，可以咨询政策、反映问题、提出意见建议、表达愿望，对网民所提问题则由相关政府职能部门定向解答，限时回复，对一些具体问题限期解决。栏目创办以来，得到了社会各界的普遍欢迎，参与网上互动交流的部门从首批的 28 个增加到 94 个，几乎涵盖了全市所有政府部门及中央、省属驻烟

---

* 作者：邓兆安、孙伶姿，原载于《网络传播》2008 年第 1 期。

的热点“窗口”单位，并且延伸到县市区政府部门和窗口单位。中共烟台市委、市政府已将“网上民声”栏目作为职能部门与群众联系沟通的一条重要舆情收集分析渠道和工作渠道。

二 强化服务功能

为切实发挥“网上民声”栏目的桥梁纽带作用，栏目潜心设计，大胆创新，先后进行三次全新改版，完善功能，强化特色。丰富服务内容，强化承载功能。在先期只有对话部门、对话台的基础上，逐步增加了对话台反馈报道、问题查询、问题回复率统计、满意度统计、咨询投诉电话、办事指南、法律法规、便民服务等内容，栏目总数达到18个，承载的内容更加丰富，范围更加广泛。特别是借助网络技术优势推出的“满意度”调查，使每个参与“网上民声”的市民都可以根据政府部门对自己问题的回复和解决情况做出“满意”或“不满意”的评价，并由程序自动生成各部门“满意度排行”，市民对各个部门的满意程度一目了然并形成对比，使参与部门更加注重对网民问题的实际解决，细化服务环节，增强便利程度。

“网上对话”除列出参与对话部门的名单外，还列出各部门的职能和相关问题的整改措施，方便公众对政府部门工作的了解；反馈报道按照问题的性质不同，分成问题类、咨询类、建议类和网民之声几个板块，及时反馈有关部门回复和解决实际问题情况，使政府部门和公众浏览查询更加便利。

活化服务形式，完善服务平台。目前，“网上民声”实现了文字、图片、音频、视频、互动5种形式的多媒体报道，服务质量和水平不断提高，群众参与人数不断攀升。嘉宾对群众提出的问题能当场答复的立即予以回复，需要调查解决的立即确定解决时限。这一交流方式提高了部门和群众交流的互动性和即时性，拉近了部门和群众的距离。“面对面”的压力又使得各部门对“嘉宾访谈”高度重视，促进了热点问题的解决。

深化服务手段，强化监督落实。为使“网上民声”问题得到及时、有效的解决，在开通“记者热线”的基础上，2006年11月，胶东在线又专门成立了“网上民声”小组，记者根据群众提供的线索进行现场采访，充分听取群众和有关部门的意见，对问题进行客观公正的报道，针对群众关心的房产、道路建设、夜间施工等问题，记者亲临现场调查采访，以图文并茂的形式刊发新闻报道80多篇，使群众反映的问题有始有终，妥善解决。

重视舆情反馈，服务领导决策。为客观、准确、真实地反映社情民意，为领导决策提供第一手资料，2007年2月与市政府信息办公室联合主办了“网上热点”领导参阅信息，每周一、周三、周五从“网上民声”栏目中精选出一些带有普遍性、群众反映强烈的问题和建议通过内参提供给市委、市政府领导同志，领导对其中关于“火车过渡站交通拥堵”“中萃玻璃厂污染”“夜市，最大的马路市场”“第一海水浴场环境污染”等问题做出了重要批示，相关部门也迅速采取措施加以解决，有效扩大了“网上民声”的影响力。

深化平台建设，服务部门工作。由于许多群众对有些部门职能不够了解，比如，把应给建设局的问题发到城管局的现象时有发生，无意中增加了部门的工作量，延迟了问题的解决。为此，胶东在线给每个对话部门单独制作了一个网页，内容包括部门职能、政策法规、投诉电话、热点新闻、通知公告、图片报道、好人好事、地图、视频等十几个栏目以及从对话台里精选出的有关本部门咨询类、问题类、建议类百姓普遍关心的热点问题。完善的对话平台方便了群众更有针对性地提出问题和建议，大大降低了工作人员的工作量，提高了工作效率。

三　建立健全工作运行机制

为使网上对话活动具有持久的生命力，胶东在线从抓机制入手，建立了一整套系统完善的留言审核、定时值班答复、考核、投诉等制度，实现了整个对话流程科学运作、规范管理，保证了其健康有序发展。

一是严格执行问题审核制度。为引导群众积极、理性地反映问题，防止一些不负责任、恶意攻击性言论出现在网上，为公众和部门营造一个良好的交流环境，他们在工作中着力抓好审核发布这一关键环节，每天都由值班主编对反映到网上的问题逐条审核，严格把关，对宜于公开的问题就直接发到网上，对其中反映个人问题或情况比较复杂的问题则转发到相关部门的内参信箱，待问题落实解决后再予以公开。这样既有利于解决市民的实际问题，又维护了政府部门的形象，保证了上网问题不出纰漏，增强了“网上民声”栏目的严肃性。

二是实施定时值班制度。给每个参与网上交流的部门都设立了单独的账号和密码，各部门结合实际都制定了专门的答复程序和时限要求，分管领导亲自抓网上对话工作，并固定专人在每天上午10时、下午4时两个时间段利用本部门的用户名和密码登录，定时下载网上问题，分发给各科室和所属单位进行处理，处理结果由分管领导签批后上网回复，形成了“接收—转达—批复—落实—回复”一整套运行体系。各部门每月将答复的问题进行分类归档和内部通报，使回复群众反映的问题成为政府部门的一项日常性工作。

三是建立健全了督促考核制度。网站每周将各部门“网上民声”问题回复率、满意度等情况汇总并上报市机关建设办公室，市机关建设办公室每两周进行一次调度，每月进行一次小结，每季度进行一次通报，重点对回复问题不及时和群众满意度低的部门进行督促，并将各部门解答群众疑问、解决群众问题的情况以文件的形式上报市委、市政府主要领导，同时下发到各“网上民声”交流部门。在每年年终举行的“万人评机关”“万人评窗口”活动中，积极吸收群众参加评选，并将日常网上问题回复和解决情况作为评选的重要依据。

四是建立了群众投诉制度。市机关建设办公室在胶东在线网站设置了电子邮箱，开通了投诉咨询电话，群众可将对相关部门的意见直接向机关建设办公室反映，机关建设办公室及时将意见反馈给相关部门，督导问题的答复和解决。

胶东在线网站“网上民声”栏目开创以来，得到社会各界的高度评价和普遍欢迎，被誉为党和政府密切联系群众的“桥梁”、反映社情民意的“窗口”、接受群众监督的“渠道”。化解了大量社会矛盾，促进了社会和谐稳定，促进了机关作风转变，树立了“服务型”政府的良好形象。解决了大量实际问题，进一步密切了党群干群关系。

（胶东在线总编辑　邓兆安、胶东在线新闻部主任　孙伶姿）

第十八篇

四川新闻网“麻辣社区”

简　　介：四川新闻网由中共四川省委宣传部主管、主办，是国务院新闻办公室确定的全国六大地方重点新闻网站之一，是四川省委确定的与《四川日报》、四川人民广播电台、四川电视台并列的省级四家主要媒体之一。四川新闻网以“更多、更快、更四川”的新闻和资讯内容为基础，充分发挥全国重点新闻网站在网络文化建设中的重要作用，利用网络传播先进文化，提高公共文化服务水平，已成为四川省委、省政府传递政策和信息、掌握舆论主动权和实施舆论监督的重要平台，成

为展示四川省地方和部门形象的重要窗口。

“麻辣社区”是四川新闻网主办的，以新闻话题讨论为核心，集时评、资讯、游戏于一体的综合性、特色化互动论坛。现有注册用户近36万人，拥有博客、聊天室、相册等20多种娱乐功能模块及235个子论坛。“麻辣社区”架起了百姓和政府沟通的网络桥梁，成为目前四川省内所有网站中参与人数最多、人气最旺的综合性论坛。“麻辣社区”从创立之初就致力于关注群众呼声，聚焦社会热点，受到四川省各级政府和媒体的高度关注，深受全国各地网民的喜爱。2006年、2007年连续两年被评为“中国互联网站品牌栏目（频道）”。

栏目理念：凝聚网民呼声，引导网上舆论，公开网上政务，提供议政平台，打造全新四川

栏目口号：群众呼声，共同关注；麻辣论坛，你说我说；灌水奇思，在线共享

主要栏目：“麻辣社区”包括“时政讨论区”“视觉感受区”“学习交流区”“实用信息区”“媒体合作区”“大话四川”“网上虚拟区”“社区事务区”八个社区，其中包括“群众呼声”“麻辣杂谈”“警民交流”“记者江湖”“西部生态”“指上谈兵”“历史沙龙”“阳光政务”“麻辣摄影”“文学沙龙”“情感空间”“川剧外语”“两会日记”“麻辣博客”等235个子论坛

经典栏目：“群众呼声”“麻辣杂谈”“警民交流”“大话四川”

域　　名：http：//www. mala. cn/

更多，更快，更四川

——对四川新闻网“麻辣社区”的评析

网络媒体大众化传播，小众化交流的特色，使网络媒体逐渐成为一个可以监视社会环境，更加重视解决具体问题的媒介。而借助网络传播技术诞生的“网上对话”这一新的交流方式和平台，集中体现了网络媒体所独有的传播优势。①正是在这样的环境下，四川新闻网“麻辣社区”应运而生。一时间，它成为成都地区最热门的关键词，“麻辣社区”已经融入成都人的生活。新华网发表的评论员文章称：2007 年入选中国互联网站品牌栏目（频道）的四川新闻网“麻辣社区”，凝聚着网民的呼声和智慧，在反复沟通、辩论中，使矛盾问题得到化解，科学和民主精神得到张扬。②

一　特别“麻辣”，众口调一

（一）整合特色资源，凸显辐射效力

资源具有稀缺性，如果不好好加以整合，就无法充分利用优势资源。尤其是在新闻领域，新闻资源不仅是人类历史文化的积淀，更是实现竞争的需要，也是凸显特色、做深做透的客观要求。③四川新闻网“麻辣社区”依托四川省新闻中心作为整合新闻资源的运作核心，具有无可比拟的公信力和背景资源，同时又致力于强化公共服务能力，创新公共服务模式。再者，四川新闻网“麻辣社区”拥有中国首创、西部最强大的网络记者队伍，十分注重原创新闻采访，精心策划选题，弘扬

① 邓兆安、孙伶姿、张涛：《“网上对话”公众与政府的交流更畅通》，《网络传播》2006 年第 1 期。

② 刘君：《25 个“中国互联网站品牌栏目”说明了什么?》，http：//news. xinhuanet. com/newmedia/2008 - 01/30/content_ 7496487. htm。

③ 黄仁雁：《提升网站品牌的三步台阶》，《网络传播》2006 年第 2 期。

主旋律，以重大事件、突发事件和重要活动为新闻宣传报道重点，融合多种网络传播方式，推出组合式互动报道模式。其独家网络新闻每天均被全国各大网站和报纸转载。在板块设置上，“麻辣社区”开设了四川省21个市、州地方频道，不仅全面整合了全省新闻信息资源，使新闻信息的传播价值最大化，同时，助推了全省各市、州及县、区又好又快地发展。强强联合，建立紧密的合作机制。四川新闻网积极拓展传统媒体与新媒体融合发展之路，网上延伸四川省传统主流媒体品牌，充分整合传统纸媒新闻信息资源，承担了全省21个市、州地方主流媒体电子版新闻网页集中上网工作。每日第一时间向全球发布四川新闻超过4000条，而且创建了校网战略合作伙伴关系模式。本着“资源共享，互利共赢，共同发展”的原则，推动网络媒体与四川师范大学、成都信息工程学院、四川理工学院等高等院校之间的全面合作。拥有广泛丰富的来自中共四川省委宣传部、省委组织部、省精神文明办公室等省级机构和部门以及新闻媒体的信息源优势。该优势构筑了四川新闻宣传有效、顺畅、权威、快捷的渠道，为树立四川良好的对外宣传形象和创造较佳的招商引资环境发挥了重要作用。同时还与中共四川省纪委、省委组织部、省国土资源厅、省环保局和省旅游局等部门合作，为其提供行业性舆情专报。

（二）化解内部矛盾，打造互动平台

“麻辣社区”的论坛创办于2004年11月，本着解决问题，化解矛盾，平息事端，维护党和政府形象的原则，认真对待网民反映的问题，过去几年中为四川的老百姓解决了大量的实际问题。2006年，“麻辣社区”的群众呼声被省委宣传部、省纪委定为网上“阳光政务”的互动交流平台。2007年共调查网友反映的问题656件，得到相关部门配合，具体解决了587件，很多政府部门直接上网回复网民反映的问题。在化解矛盾，维护社会稳定、促进地方建设、保护生态等方面“麻辣社区”起到了积极的作用，受到各级领导的重视。如，“麻辣社区”网友举报排污案，乐山市委八天高效整治；彭州联邦制药厂药渣喂猪事件、成都染坊街拆迁事件、安岳朝阳水库严重污染事件、保护柏条河事件、新都区政府非法卖地赚黑钱等事件都引起了省委领导重视；“麻辣社区”网友提出的“十大惠民行动贵在务实勿成一阵风”获省长批示。“麻辣社区”为社会各界参政议政提供了新的平台。2007年四川“两会”期间，

“麻辣社区”邀请20位代表、委员建立博客，同时在论坛中设置“两会”专区上传议案、提案供网民讨论。“麻辣社区”成了民意的集散地，“麻辣社区”有一批由政协委员、人大代表组成的核心网友群体。他们通过网络收集民意，听取呼声，以代表、委员的身份提出议案提案，影响了政府决策。四川省人大代表康永恒在他提出的“关于组织《中华人民共和国教师法》及《四川省〈教师法〉实施办法》执法检查的议案”中就直接点名，指出其议案来源为“麻辣社区”。

（三）引导社会舆论，贯彻“以民为本”

“以民为本”“三贴近”是新一届中央领导集体对新闻媒体的要求，四川新闻网“麻辣社区”在策划定位中，强调社会责任感，强化网站服务功能，始终把为广大用户服务放在最重要的位置。一方面为四川经济文化服务，策划开办特色栏目，如“群众呼声”“警民交流”“麻辣杂谈”等，“麻辣社区”还利用自己的技术优势，开辟博客，聊天室等相关服务。另一方面还为市民生活消费服务，策划开展群众乐于参加的活动。群众利益无小事，“麻辣社区”自成立以来就热心社会公益事业，每年都要组织大量的献爱心活动，希望通过网友的爱心，唤起广大群众、政府部门对弱势群体的关注。据了解，“麻辣社区”已有两个由网民发起成立的爱心组织——“网络玫瑰”和“蒲公英爱心公社”。中央电视台《新闻联播》曾对“网络玫瑰”组织的爱心活动进行了报道。有网友认为，正因为有了这些活动，才让他们觉得“麻辣社区”是一个最温暖的地方。

而且“麻辣社区”充分利用互联网的优势，加强与传统媒体的合作，通过网上网下的活动，迅速成为中国西部最有影响力的论坛。三河场收费站的回撤、南水北调西线工程的重新论证、成都大年票的取消、车辆限污的推迟等重大事件，“麻辣社区”在其中都曾起到关键作用。

二　“麻辣”上火，迫切解决

（一）内容模式问题

通过对“麻辣社区”各个板块的分析，可以看出它在内容模式上的问题。四川新闻网“麻辣社区”承担着新闻宣传与正确引导舆论的职责，但基本上内容却是以四川本地信息为主，在打造2008奥运年的工作中，其对外交流存在着一定的不便。事实上，网络媒体属于高投入、高产出的领域，国内乃至国际基本表现为一种核心竞争力模式，首先都是通过极大极广的内容流量，凝聚巨大人气，催生深入交流，扩大自己品牌的影响力。或许因为地域文化的限制，四川新闻网“麻辣社区”在内容扩大化方面做得还不够。可能是因为强调地方特色，无法顾及对外宣传方面。不过，四川新闻网“麻辣社区”在本土化的道路上，做了不少努力和尝试，并且取得了一定的成功。

（二）管理体制缺失

对于网络媒体而言，最重要的是通过资源整合与产业融合，打造并延伸网络品牌。相比之下，地方网络媒体如“麻辣社区”在资源开发中，一定程度上有了内容、受众、产业营销方面的成功尝试，但也表现出产业体系创新乏力等方面的不足，既有内容资源的区域性局限，也有目标受众的市场细分不够精准的欠缺，同时还面临制度滞后的困扰，尤其是体制和机制滞后于事业和产业的发展。比如，四川新闻网起初大多是以行政命令方式由各方筹资成立，中共四川省委宣传部主管，省级新闻办公室或互联网新闻中心主办，因此，在网站的管理体制方面存在多重管理的障碍。运行体制基本沿用了传统媒体“事业单位、企业化管理”的方式，运用管理传统媒体的思维和手段管理新生的新闻网站，当面对国内互联网高速发展的大环境和商业网站灵活多变的经营方式时，体制的弊端开始束缚网站的发展，既不能敏锐把握市场的脉搏，适应市场的变化，又不能抢占网络新闻的制高点，与商业网站相抗衡。“麻辣社区”要走的路还很长，最重要的是做活营销，建立相关的产业链，实现网络品牌的延伸和放大。

（王旭逊）

第四单元

体育娱乐类

第十九篇

中国广播网“银河台”

简　　介： 中国广播网“银河台”，依托中央人民广播电台的资源优势，实行了固定网、移动网、广播网络的三网合一，目前拥有5套自制音频节目，24小时直播，同时在线听众超过5000人，电台15档节目板块覆盖娱乐、音乐、教育、情感、文学等各个方面。

2005年7月28日银河网络电台开播以来，已完成国家网络电台平台搭建，节目整体立足于前卫和时尚，包含娱乐、资讯、知识、情感、教育等多种形式，内容更加丰富，风格更加新颖，以网民边听边聊边参

与节目的新型网络广播节目形式在网络电台中独树一帜。成功开办综艺频道、校园之声频道、中国民乐频道、相声小品频道、古典音乐频道、长篇评书频道，实现24小时网上播出，网民可通过因特网和手机两种方式收听、点播、参与制作“银河台”的新节目，深受广大网民欢迎。全部频道实现了全天24小时直播，并保证网民随时在线交流。银河网络电台在中央媒体网站首家开通Web2.0播客平台，建立全国高校广播节目联盟，做到无线广播、在线广播、网络广播和手机广播的融合，拥有“播客”固定会员29578人，原创播客作品76756余部，音视频数据总量超过300G。正是因为如此，中国广播网的“银河台”荣获了“2006年度中国互联网站品牌栏目（频道）”的美誉。

栏目定位：网民边听边聊边参与节目的新型网络广播节目形式

栏目理念：在飞扬个性的年代，创建另类、创意、闪烁、无限、梦想无尽的一代；以海纳百川的心境，打造开放、海量、包容的播客自助平台

栏目特点：时尚个性，另类清新；可看的广播，可听的网络

经典栏目：“播客”“魅力NJ”“节目单”“精品推荐”“访谈”“节目点播”“流行音乐”“高校联盟书院”“中国民乐”“相声小品”“古典音乐”“长篇评书”“电子杂志”“聊天室”“银河盟友”“BBS”等16个子栏目

域　　名：http：//www. radio. cnr. cn/

电台骨骼，网络血肉，创新精神

——对中国广播网“银河台”的评析

网络电台诞生之前，广播被认为是弱势媒体。但随着宽带互联网技术的发展，以及网络上人们对信息的渴望，经过网络资源和电台模式相结合，“网络电台”形成了具有电台骨骼、网络血肉和创新精神的一种新兴的媒体形式，它以独具个性的魅力带给人们一种全新的感受。在众多的网络电台当中，独树一帜的当属中国广播网的“银河台”。“银河台”以推广网络电台和无线电台节目为主，区别于传统广播的理念，以时尚、个性、多样的内容，以及灵活、互动、新颖的形式，成为广大网民交流的平台。

一　依托传统资源，打造网络特性

中国广播网“银河台”是中央批准建立的国家网络电台，拥有较高的权威性、可信度。“银河台”秉承“取之于网、用之于网”的精神，利用网络与网民建立最直接的沟通联系，努力把互动沟通和娱乐作为内容服务的主体。

首先，它依托中央人民广播电台传统媒体的资源优势，立足网络特点，实现了固定网、移动网、广播网络的三网合一。再者，在节目形式、内容、风格上也更加适应了网络的特殊要求，进一步突破了传统电台的思维模式，创新了节目运作的方式，促使网络电台由专业化向精细化的发展，以适应传统电台改革和网络特性的统一，在当今网络信息化的氛围当中，因时制宜，因地制宜，把网络和传统媒体“银河”般的资源吸收到自己的发展当中来。

而迥异的节目形态和风格也是基于网络传播需要的一种特性，其个性的形态和风格主要来源于网络节目主持人的个性。“银河台”对网络节目的选择，没有采用传统电台的标准，而是依据网络的特点，从其互动能力、创造能力、个性方面进行筛选。“银河台”现有网络电台节目主持人15名，年龄最小的17岁，年龄最大的也不过23岁。这样的年龄层次分布，使它更能了解和适应青少年网民的需求。在对节目主持人队伍的管理上，“银河台”也突破了传统电台的模式，充分给予网络电台主持人创作空间，尽可能使其获得最大的自主权。对主持人的重要考核标准是收听率，另外，灵活的聘用制度也保证了网络电台节目主持人的优胜劣汰。①

二　破除单向流动，实现多元互动

网络电台最突出的特点就是互动。而这种互动不仅渗透到网络节目主持人和网民的交流，也渗透到节目本身。“银河台”开通后就开设了QQ群、MSN和社区等多种互动平台，网友们也踊跃参与。这种互动方式在内容上，不仅可供用户收听、观看，也可以检索、阅读、存储、评论、下载、剪辑和转发。多样化的互动大大缩短了媒体和视听主体之间的距离，从根本上改变了传统广播单向流动的特征，给予受众前所未有的传播主体性和双向互动性，扩大了传播的效果。

对于创作型的用户，“银河台”通过互动把他们吸引到网络创作队伍中来。对于欣赏型用户，“银河台”进行娱乐客户端互动平台的开发，客户端软件利用内容列表把节目更加紧凑地传达到用户的桌面，同时用户也可以在用户端软件上方便快捷地使用直播、点播等功能，有兴趣的用户还可以在客户端软件上方便地进行内容节目的制作、管理等工作。

“银河台”形成了由一个主频道——综艺频道，四个数字频道——中国民乐频道、相声小品频道、古典音乐频道、长篇评书频道和一个联盟——全国高校广播节目联盟组成的“1+4+1”的立体发展模式。

首先，作为主频道的综艺频道，最大特点是“直播+在线交流”。“银河台”负责人王非介绍说，以前是通过建设QQ群来完成互动，但QQ群越建越多，总是无法满足需求。目前节目聊天室已经开始试运行，比如每天的“银河‘代’你听”栏目，就是网络、电台、互动三大元素的最佳结合，网友通过留言板与主持人进行实时交流，主持人同时用

---

① “银河台”主页，http://www.radio.cnr.cn/。

口播和网络聊天的方式回复网民，并播放网民点播的歌曲，同时，将祝福送到网民耳边。同时，古典音乐、民乐、相声小品和评书4个网络音频频道，以无广告、纯伴听的风格紧紧抓住关注这类特定节目的网民，目前同时在线人数保持在千人以上。①

三　创新技术文化，逐渐走向市场

“银河台”注重技术创新，在平台搭建过程中尤其注重现状和发展条件，与中央级网络电台做强做大的初衷相吻合。“银河台”与广电媒体、地方电台、重点新闻网站、商业网站以及音像出版社、播音主持指导委员会等直属或合作的业务实体已形成完善的媒体联盟，利用媒体联盟的优势为“银河台”的发展打下了坚实基础。

据王非介绍，目前的“银河台”还属于纯娱乐和以音乐为主的网站栏目，但由于网络频道资源的无限性，所以发展潜力非常大，“银河台”准备增加网上新闻频道，努力做好品牌节目，推出品牌主持人，把“银河台”做成中国的网上CNN，让品牌栏目在网络媒体中发挥领头羊的作用。

广播网络的三网合一，目前受众可以通过Internet和手机两种方式收听“银河台”节目。截至2006年3月，“银河台”网站日均浏览量达到93万人次；注册会员达到11万人；网民上传作品34万件同时在线。IP达到14280个；常规互动人群达到了500人；据中国社会科学院网络研究所调查报告显示，“银河台”在全球华语17岁到35岁的网民中已经具有比较广泛的号召力和影响力。在互联网激烈的竞争中，一方面，“银河台”扮演了主流新型媒体的角色，依据互联网的特点，以年轻人喜闻乐见的内容和形式，占领青少年文化宣传的制高点；另一方面，走进网络传播市场，探索自强和发展的道路，与资金实力雄厚的商业网络电台展开“厮杀”。

（王旭逊）

---

① 李雪昆：《银河台：打造最杰出的华语网络电台》，http：//news3. xinhuanet. com/zgjx/2007 -05/11/content_ 6083807. htm。

网络视听拓展新空间 广电传媒转型加速度 *

最近一项调查显示，23.1%的人认为如果没有电视，自己的生活会受到很大影响，而认为没有网络自己生活会受很大影响的达到了84.1%。这两个数字差距还是很大的。作为网络从业者，我很庆幸是其中一员，但同时也深感责任重大。

互联网媒体、手机媒体、IP电视等发展迅猛，广播电视的传统用户正在流失，广播电视面临着前所未有的竞争生存压力。

广电部门应加速传统广播电视向网络新媒体融合转型的开发力度，在国家宽带通信网、数字电视网和下一代互联网等信息基础设施建设进程中，推进“三网融合”，使电视成为可以上网、通信的家庭多媒体信息终端。

一　网络视听成为广电传媒业的新平台、新空间

中国广播网作为中央人民广播电台的互联网站，从2000年成立至今，应该说经历了传统媒体发展和新媒体发展的双重历练。

广播电视是母体，网络是崭新的平台。依托母体，延伸母体，广电系统的网站在建立之初大致都走了一条相同的路，那就是原有母体的网络版，这对于母体来说是迈出了艰难的一步，然而对于互联网行业来说还仅仅是一小步而已。

自1920年10月世界上第一座广播电台诞生以来，随着经济和社会

---

* 此文为中国广播网副总裁甘露在“中国互联网视听文化产业论坛”上的讲话，标题为原文所有，入选本书时编者对原文做了改动。文章来源于今视网，http：//www.jxgdw.com/jxgd/xwzxztmb/zghlwstlt/ztyj/userobject1ai753855.html。

的发展，广播得以迅速普及。从诞生之初，广播媒体的优势就是平面媒体所无法相比的，它的可听性、伴随性、时效性、低成本、高普及率等特性，使受众可以不受地域、文化的限制，因而成为最受欢迎的传播媒体之一。由于广播稍纵即逝、只可听不可看等劣势，在电视诞生之后，特别是在电视蓬勃发展、新媒体不断涌现的今天，广播一直在激烈竞争中寻找新的突破。

现在，广播以其独特的“伴随性”和内容上的“窄播化”的改进，目标受众从大众化向小众化转型，成功地度过了电视出现后带来的危机，并使广播的发展进入了一个新阶段。可以这样说，国内外广播的发展都是伴随着技术和观念上深刻的改革。

伴随着网络时代的到来，人们对网络服务系统的依赖越来越大，面对挑战，各种传统媒体纷纷掀起与网络捆绑的大潮，以期在与网络的结合中获得一种整合传播效应。广播也没有置身“网”外。中央人民广播电台、中国国际广播电台等是国内最早推出网上广播的媒体。从最初传统媒体的辅助工具，到成为电台广播的左膀右臂，新平台的优势和潜力一再得到验证，网络为广播的发展开创了前所未有的新局面，因而广播电台上网成为大势所趋。

中国广播网依托中央人民广播电台，充分整合现有的9套广播节目资源，相继推出“音乐之声”“华夏之声”“经济之声”“都市之声”“中国之声”等频率宣传主页，搭建广播网络互动技术平台。

目前，已有数十家海外华语电台要求通过中国广播网转播中央人民广播电台的节目。“2004’（中国）广播发展论坛暨全球华语广播协作会议”发表的《全球华语广播协作协议》正式开辟了全球华语广播节目、技术、人才的交流渠道。由中国广播网于2004年底筹划建立的“全球华语广播协作网”，为世界华语广播的交流、合作提供了跨越国界和时空障碍的网络平台。

在这个全球华语广播节目的网络互动平台上，中央人民广播电台和成员台前后策划了中秋、春节等传统节日和活动的广播节目联动，为海内外华语广播界朋友架起一座友谊的桥梁，相互倾听，共同思考，也进一步扩大了华语广播在全球范围内的影响。特别是在2005年12月30日0时至2006年1月2日0时世界各地新年钟声相继敲响之际，20多家成员台联手推出72小时大型直播节目《天涯共此时——2006新年全球华语广播72小时大联播》，成为全球华语广播有史以来最大规模的联合行动，同时也是全球华语广播在传播形态上的一次全新探索。

二 日新月异的技术创新，促使广电网络媒体在新空间创造新产品

当Web2.0、播客、网络宽频、P2P流媒体技术成为业界关注的关键词汇，也成为风险投资界追逐的对象时，新技术、新终端的出现改变了施众和受众的关系，每个人都互联在媒介社会中，在全球同步的每一刻，每个人都是自媒体，与别人互为主编和受众。

将传统媒体内容产品放在网络平台上播出，这是一个众所周知的工作，但这是网络媒体特别是依托传统媒体诞生的网络媒体发展中迈出的一小步。今天，实践证明，网络媒体能肩负的，应该肩负的现代传媒使命还远远不止于此，给受众提供的服务还可以更多更全。

所以，2005年7月28日，我们在人民大会堂隆重地举行了银河网络电台的开播仪式。就在那一年，国际在线、央视国际也都推出了网络电台和网络电视台。为了给目标——青少年、大学生更好的服务，我们又在团中央、教育部、全国青联、广电总局等领导的指导下于2006年成立了全国高校广播节目联盟。现在的“银河台”在大学校园有了广大的受众群体。

音频是中央台得天独厚的优势资源，经过整合、包装和再制作也可以成为中国广播网的“拳头产品”。既然广播的易逝性将这些宝贵的资源束之“藏经阁”，那么网络媒体利用整合优势可将其充分展现出来。中国广播网银河台在现有的框架基础上，整合包容了经典的中国传统的民间节目，对传统文化的传播渠道进行创新和拓展。增设中国民乐、相声小品、评书连播、古典音乐四个数字广播，这4个专业化的广播传播形式简单，内容却很考究、精致。4套节目均已实现全天24小时不间断播出，网民根据自己的喜好，可以登录www.radio.cnr.cn首页，也可以在其他栏目随意收听中国民乐、相声小品、评书连播以及古典音乐。这种崭露个性与包容传统的网络电台内容发展模式是银河台提升实力，扩大受众面的一次有益尝试。

2006年被视为中国互联网Web2.0的真正爆发期，各种各样的Web2.0新应用模式正慢慢改变着中国网民的生活，另外，Web2.0催生的网络杂志改变了读者传统的阅读习惯，它以Flash技术为基础，集合

了视频、音频、文字、图片、动画等多媒体表现形式。在视觉上，互动式电子杂志效仿了传统图片杂志给人以震撼冲击的排版技巧，但动画、视频和音乐的加入，则令互动式电子杂志同时也给人以听觉的冲击。

中国广播网“银河台”官方数码杂志《NJ 新贵》于 2006 年 3 月 27 日正式上架，它是业内第一本以时尚概念“NJ”命名，并且以其为核心内容的杂志，受到听众和网友群体的广泛欢迎。2008 年我们又新推出了电子杂志《行色》，倡导一种小众部落推崇的旅游生活，自 9 月上架到 11 月中旬，下载阅读已达 132 万册。

广电系统的网站具有先天的流媒体优势，因此，在组织新闻内播客节目等方面较之个人播客更为方便；广电网站拥有自己的新闻团队。这些团队中很可能出现利用现有的平台和资源条件成为传统媒体和播客“两栖”的精英。同时还拥有大量的音视频资源，这些都是播客节目的良好素材，有些甚至可以直接转化为播客节目；新闻门户网站拥有大量的传统网络受众，因此，更加易于对自身播客节目的推广。如果能有效地接纳和吸收播客的传播方式，新闻网站会拓展新闻的传播平台，扩大受众范围，并且通过强化新闻和受众的互动，实现网站本身个性的突破。

CNNIC 的报告指出，截至 2007 年 6 月 30 日，我国网民已达 1.62 亿人，仅次于美国的 2.11 亿人，居世界第二位。13% 的中国家庭接入了互联网，网民在家上网的比例达到 73%。中国居民每周上网时间较长，为 18.6 小时，并且还在不断增加。

更值得关注的是，调查显示晚上 8 时是中国网民上网最高峰，这恰好也是电视的黄金时段。这个数据间接地说明，在互联网和电视的角逐中，互联网已经成功地把年轻人从客厅引进了书房。

调查还表明，“网上可看东西多、信息量大”，认为上网“想看啥自己掌握”，这些都是受众追捧网络的重要原因。也就是说，形式新颖、海量信息、自主掌控是重要原因。

（中国广播网副总裁　甘露）

第二十篇

新浪网“体育”频道

简　　介：“新浪体育”频道于2005年荣获“中国互联网站品牌栏目（频道）”。

“新浪体育”频道诞生于1997年11月，是中国最早的体育类网络栏目，其前身是“体育沙龙”。

“新浪体育”频道目前是国内访问量最大的专业体育频道之一，内容充实，覆盖面广。以新闻的及时、深度、广度取胜。

栏目设置：“中国足球”“国际足球”“中国排球”“中国网球”

“篮球”“NBA”“综合体育”“彩票”“新闻排行”“新闻专题”“新闻图片”“新闻视频”“博客”“论坛”“知识库”“电子杂志”“F1”“棋牌”

除此之外，“新浪体育”频道还联手赞助商 NIKE 公司共同组建网络社区，充分地与受众进行互动。并且根据用户兴趣的需要，承办了重要比赛、重要体育组织和重要体育俱乐部的中文官方网站

域　　名：http：//sports. sina. com. cn/

网络新闻的探路者

——对新浪网“体育”频道的评析

新浪网在中国网络新闻10余年的发展历程中，有着重要地位。而新浪网是在“新浪体育”闯出一片天地后才组建的。可以说，“新浪体育”是中国网络新闻最早的探路者，它的出现是具有里程碑意义的标志事件。“新浪体育”频道在同类网站的体育频道中，一直处于领跑者的地位，为中国门户网站的“体育”栏目奠定了基调。这不仅仅体现在“新浪体育”频道强大的内容优势上，而且也体现在其充分利用网络特点进行体育营销的战略上。

一　中国网络新闻由“新浪体育”诞生

提到“新浪体育”频道，就不得不说说它“显赫”的历史。这段历史也体现了中国门户网站发展初期的一个特点，即从一个有影响的栏目发展成为一个体系完善的网站，而不是先建立了一个构架完整的网站，再逐步发展旗下的各个栏目。而当今中国最著名的门户网站新浪网，正是在“新浪体育”创造出不菲业绩的基础上建立的。可以说，“新浪体育”的成功开拓为新浪网今天的成功奠定了坚实的基础。

“新浪体育”的前身是“体育沙龙”。“体育沙龙”是从当时四通利方网站（新浪网的前身）的“谈天说地”论坛中派生出来的，最初只是一些球迷在一起交流的一个平台。现任新浪网全球副总裁陈彤的加盟，使“体育沙龙”的命运出现了转机。时任“体育沙龙”版主的陈彤，通过各种渠道发布最新体育信息，并尽量回答网友的各种提问。经过不断的努力，“体育沙龙”的知名度和访问量都得到了提高。而此时一件事情的出现，对“体育沙龙”的发展产生了历史性的影响。1997年世界杯预选赛，中国足球队在被普遍看好的情况下，10月31日兵败大连金州，过早失去了进军世界杯的资格。第二天凌晨，一个署名为“老榕”的网友在“体育沙龙”发了一个名为《大连金州不相信眼泪》的帖子，其充满悲情的叙述引起了极大的轰动和共鸣。陈彤向其他版主建议，将该帖放到各自论坛。很多与体育无关的论坛也纷纷转帖，“体育沙龙”在短短24小时内点击量超过了一万人次，这在当时是一个非常惊人的数字。而影响力很大的传统媒体《南方周末》全文刊登该帖，则轰动了传媒界，陈彤也看到了网络的巨大力量，意识到仅有论坛是不够的，必须提升自己的平台。他建议尽快建立体育新闻频道，四通利方也加大了投入。1997年11月，中国互联网史上的第一个体育频道诞生了。

而1998年的法国世界杯，在“新浪体育”频道乃至新浪网的发展历史上，可以说是天赐良机。在陈彤的努力下，“新浪体育”频道获得了新华社北京分社的供稿，后来成为新浪CEO的汪延则在法国比赛现场传回来大量的一手采访信息，而著名体育评论员黄健翔也利用中场休息的机会，打电话给后方进行即兴评述。受到一个足球网站www. dailysoccer. com即时更新模式的影响，“新浪体育”采取了全新的工作流程——24小时滚动更新，遥遥领先于其他网站和传统媒体，在1/4决赛时，日访问量达到了300万人次。陈彤说，1998年世界杯的成功报道对新浪品牌的意义是里程碑式的，为新浪以后和体育官方的一系列重大合作赢得了砝码。①世界杯期间，四通利方的广告收入达到了18万元人民币，这在当时已经很了不起了。世界杯后，四通利方也看到了互联网发展的巨大前景，开始融资。1998年12月1日新浪网宣告成立。中国的网络新闻发展迈上了一个新的台阶。

二　“新浪体育”频道的制胜之道：内容为王

从“新浪体育”频道走向成熟的历史可以看出，“新浪体育”的核心竞争力在于内容的独创、精致与权威。而将新闻内容作为其制胜之道，也一直贯穿于“新浪体育”频道发展的每一个阶段。在其他门户网站纷纷崛起、体育专业网站纷纷成立的大背景下，“新浪体育”频道首先立足于新闻内容的建设，向外寻求合作，向内提高自身实力，这也是它在激烈的竞争中始终处于领先位置的重要原因。

---

① 李波、陈彤：《中国第四媒体打造者》，《三月风》2004年第8期。

（一）建立媒体联盟，扩大合作伙伴

“新浪体育”为了保证信息的多元化，与全国多家知名的体育媒体建立了合作伙伴关系，如官方体育媒体的代表《中国体育报》，历史悠久、拥有众多受众的《足球劲体育》，拥有众多国际媒体资源、在全国影响力最大的《体坛周报》，篮球领域在青年人中影响力最大的《篮球先锋报》以及在上海很有市场的《东方体育日报》，等等。“新浪体育”频道与这些专业传统媒体的合作，一方面扩大了自己的信息来源，增加了自己报道的权威性；另一方面也吸引了更多的受众关注“新浪体育”，因为在这里能看到各种专业媒体的最新消息。

另外值得注意的是，“新浪体育”还与国际著名的足球俱乐部建立了合作关系，与他们联合推出俱乐部的中文官方网站，如意大利国际米兰俱乐部和英格兰切尔西俱乐部。这两个俱乐部在中国的球迷众多（其中国际米兰的球迷在中国球迷中所占人数排在第一），将中文版的官方网站吸收进“新浪体育”频道，就吸引了更多的球迷的目光，扩大了体育频道的核心受众群。

（二）加强自身独创内容的制作，增加信息的深度

“新浪体育”频道在充分利用合作媒体的新闻资源的同时，也加强了自身独创内容的建设。突出的表现就是能够追随热点新闻，及时邀请嘉宾做客新浪聊天。这本来就是新浪网的一大特点。“新浪体育”和新浪聊天的结合不仅能产生内容、吸引眼球，而且能提高品牌的影响力和认知度。一个成功的嘉宾访谈包括策划和嘉宾确定、提问设置、网上聊天、聊天实录整理等几个关键环节，整个过程可以在单位时间内赢得最大的点击量。[①]例如，2004 年 5 月，“篮球飞人”乔丹访华，5 月 20 日做客新浪聊天，引起极大轰动，同时在线人数高达 120 万，创造了当时互联网在线节目最高的在线人数纪录。[②]

针对当前热点体育问题，在网民中间进行调查，也是“新浪体育”频道内容建设的重要一项。网上新闻调查不仅能反映网民的意见，也是利用受众生成原创内容的重要形式，是网络媒体互动性特征的最好体现之一。“新浪体育”的网上调查已经成为报纸、杂志和电视节目进行评

---

① 任春艳、郭晓瑜：《从新浪搜狐看网络门户竞争》，《东南传播》2007 年第 4 期 。

② 新浪：《NIKE 与新浪的体育营销之道》（I），《广告大观》（综合版）2007 年第 9 期。

论的重要的参考数据，这反过来又给“新浪体育”带来了更大的品牌效应和利益。

“新浪体育”增加信息深度的一个重要表现就是重视评论。“新浪体育”的评论主要由三部分组成：一是各传统媒体上的评论；二是博客；三是球迷论坛。“新浪体育”频道在建立媒体合作联盟时，不仅与专业媒体合作，而且也和很多综合媒体、都市媒体合作，如新华网、《新民晚报》《文汇报》《南方都市报》等。在“评论”板块大量刊登这些媒体“体育”板块的评论，虽然专业性或许不如体育专业媒体的评论强，但是这些评论短小精悍、妙趣横生，能够吸引更多的受众关注，提高“体育”频道的品牌知名度。“新浪体育”的博客评论可以分为两部分，最核心的部分是频道邀请的著名体育记者、评论员、专家开设的博客，这些评论既有专业性，而且也有一些在传统媒体上看不到的个人观点和名人利用自己的独特资源获得的内部消息，具有很强的吸引力。这些名人构成的资源具有不可复制性，可以构成频道的核心竞争力。另外一部分则是球迷自己开设的体育博客，这部分博客具有很强的“草根”色彩，“新浪体育”也充分利用其“草根”性开展活动，如成立体育博客写手俱乐部。球迷论坛的历史则可以追溯到“体育沙龙”的年代，上面的内容多为一些个人观点的及时宣泄，为球迷的交流搭建了一个平台，但同时，这里也是最容易出现过激言论和“暴力言论”的地方，需要及时地加以疏导和控制。

增加信息深度的另一个重要表现就是根据当前的体育热点事件和现象，制作特刊对其进行深入的报道。“新浪体育”频道中的“NBA”专栏，从2007~2008年赛季开始，推出了一档深度报道栏目——《深锐观察》。该特刊主要针对NBA中的焦点事件——如球队换帅、重大交易等——进行剖析，从多角度全方位地聚焦该事件。并且该栏目制作精美，视觉效果很好，达到了预期目的。另外，一些针对热点事件的独家解读也体现了“新浪体育”频道信息的深刻性。例如，在2008年3月女足兵败阿尔加夫后，“新浪体育”推出题为《失真化女足，最后的肖像将随伊张倒塌》的独家解读，[①]文章深入分析了女足主教练和领队的矛盾，引出管理层的问题，指明了女足失利的原因。

---

① 新浪体育：《失真化女足，最后的肖像将随伊张倒塌》，http：//sports. sina. com. cn/c/2008-03-13/16233529950. shtml。

三 利用品牌优势和网络特点进行营销

新浪体育频道在以内容为核心竞争力的理念下，已经创造了良好的知名度和美誉度。“新浪体育”频道利用这些无形的资源，拓宽营销渠道，结合网络自身的特点，使用了多种营销方式，将无形的资源转化成了有形的资本，获得了很好的经济效益；并且通过这些方式扩大了网站的影响力，达到了双赢的目的。

（一）以人为本的营销理念

网络经济时代的核心是体验经济。“新浪体育”认为，企业应该以人为本，关注受众需求，注重受众体验。[①]企业不应只将目光放在自身的品牌体现上，而应该围绕受众的真正需要制定营销战略。企业应该以受众朋友的身份与其展开对话，创造良好的网络环境，使其成为受众生活的地带，而不仅仅是一个媒体中介，要充分体现出平民化和亲和力。不要将营销仅仅押宝在名人身上，要突出体育精神和奥运精神，在情感营销与人文关怀上找到关联，从而使品牌层次实现质的飞跃。

（二）通过多种方式进行营销活动

“新浪体育”频道认为，平民的参与是事件最大化的有效方式。[②]推出社区化的平民赛事营销是其营销方式的一大特色。“新浪体育”频道在制定营销策略时，始终以“人”作为传播核心，将普通的受众塑造成与社区高度融合的“新用户”，通过举行各种平民参与的体育活动，让受众与体育活动发生关联，并通过分享视频、博客、发表言论等手段，让受众真正感受到“大家庭”的气氛。在实际操作过程中，“新浪体育”频道联合国际著名体育运动品牌 NIKE 举办了一系列活动，如 CHBL（中国高中男子篮球联赛）、北京网友马拉松、“铁笼 1 对 1”足球赛等一系列体育活动。通过这些“草根”活动的举行，更多的受众真切体会到了“新浪体育”的社区活动，从而将无形的概念转化成了具体的行动，提高了“新浪体育”频道和赞助商在受众心中的知名度和美誉度，网站的影响力也得到了提升。

在加大与平民社区联系的同时，“新浪体育”频道也增强了与大型

---

① 新浪：《以人为本的奥运网络营销》，《中国广告》2007 年第 9 期。

② 新浪：《NIKE 与新浪的体育营销之道》（I），《广告大观》（综合版）2007 年第 9 期。

体育赛事的契合程度。作为体坛盛宴的大型体育赛事，对体育营销来说是千载难逢的机会。“新浪体育”频道积累了丰富的成熟的经验和营销策划能力，聚拢了很多忠实的客户。2004 年 3 月 4 日，“新浪体育”全面推出“F1”频道，正式踏入了被誉为世界体育商业营销的最高殿堂之一的 F1 国际赛事的快车道，成为中国互联网行业借力体育营销推动品牌再造的领跑者。①2004 年 8 月雅典奥运会，在刘翔夺得 110 米栏冠军、改写亚洲田径历史的 1 秒钟之后，“新浪体育”迅速将这一消息传播出去，并且立即配合 NIKE 投放了配套广告。“新浪体育”为奥运会专门开设的奥运频道，从 8 月 28 日凌晨 2 时至中午 12 时，短短 10 个小时，网友留言一路上升，达到了 32000 条，创下全球互联网网民留言的最高纪录。②而 2006 年世界杯期间，赞助商通过“新浪体育”进行了图片赞助、循环图赞助、社区栏目赞助、球队赞助等一系列体育赞助方式，在全方位的策略包装、营销推广下，取得了很好的营销效果。

随着 WAP 无线技术的不断升级，营销方式更加丰富。在线上线下互动活动的组织和推广中，WAP 无线工具的应用成为有力的补充。新浪在无线技术和观众忠诚度方面的优势，使得无线营销在体育营销体系中锦上添花。例如，在 2007 年上海足球激情月的招募中，NIKE 社区的“同城约战”板块，利用了 WAP 报名参加的方式，体育爱好者可以通过手机与线上同步进行报名，方便了更多的用户。

“新浪体育”在营销过程中，不断地采用新的营销工具和营销服务，拓展营销手段。在与 NIKE 的合作中，网络视频互动、游戏植入的 In-Game 广告、新浪魔方等一系列营销工具的开拓；网友涂鸦、博客大赛等为客户量身定制的营销服务，充分展现了营销创新的成果。

四 结语：存在的问题及发展

“新浪体育”频道作为中国网络新闻的开拓者，其榜样意义不言而喻。网络体育新闻的后来者无不将其作为参考、模仿和比肩的对象。但这并不是说“新浪体育”频道已经做得尽善尽美。

---

① 丽禾、北方：《借力体育营销门户网站推动品牌再造运动》，《大市场·广告导报》2004 年第 9 期。

② 新浪：《NIKE 与新浪的体育营销之道》（Ⅱ），《广告大观》（综合版）2007 年第 10 期。

陈彤认为，在很多情况下，新闻都是第一要快，第二才是好。[①]在这种新闻理念的指导下，网络新闻以其及时性在新闻媒体中享有盛誉。但是过分地追求速度，就会出现一些不经核实或提前预测结果的假新闻，从而影响网络新闻的公信度。一个最著名的例子发生在2004年雅典奥运会期间。当时的女排决赛，中国队在大比分0:2落后的情况下，连扳三局，实现大逆转，夺得奥运金牌，全国上下为之振奋。但就在女排队员完成奇迹之前，一篇名为《女排姑娘奋战不敌俄罗斯，20年奥运冠军梦惜未能圆》的文章出现在"新浪体育"上。[②]这篇提前预测比赛失误的报道在全国引起了极大的反响，对"新浪体育"频道的信誉造成了很难挽回的损失。

鉴于网络传播的性质，网络新闻有时带有创作者明显的主观感情色彩，对体育事件的报道容易走极端。这最明显地表现在与中国相关的体育赛事上，尤其是足球和篮球等影响力较大的体育比赛。如果比赛中，中国的一方取得了很好的成绩，网络上的赞美声一片，却几乎完全忽略了警惕的声音；当中国的一方失利时，网络上哀鸿一片，仿佛跌进了地狱，看不到一丝的光明和希望。例如，在2008年3月的女足危机中，"新浪体育"的主要矛头全都指向了外籍主教练，几乎看不到为主教练说话的声音，整个对女足的报道成了对个人的声讨，很难体现新闻的客观性。

在以后的发展中，"新浪体育"频道应正如陈彤所说，在快速的基础上，做到准确、全面和客观。[③]在内容上，继续加强新闻的快捷性和全面性，评论的专业性、深刻性和可读性。同时还将以用户的需求为立足点，继续创新，实现"一切由你开始"，并充分发挥网络的优势，提高用户之间的互动交流，将用户更好地组织在一起，提高对品牌的向心力，扩大核心受众；在技术上，要将高端技术和新闻更加紧密地结合起来，以增加"新浪体育"频道的个性化和快捷传播，方便用户对新闻信息的定向高效的获取。

（张　放）

---

① 陈金国：《"苛刻"陈彤》，《互联网周刊》2004年第1期。

② 关妮、张炜：《网络媒体大型体育赛事的报道探析》，《声屏世界》2007年第6期。

③ 胡晓萍、吴晓晶：《一切从脚下开始——访新浪网总编辑陈彤》，《新闻三味》2005年第9期。

第二十一篇

新浪网“娱乐”频道

简　　介：“新浪娱乐”频道作为全球最大最具影响力的中文娱乐媒体，第一时间报道娱乐圈的重大新闻事件以及国内外明星动态，其众多的独家合作资源显示出其在业界的权威和在娱乐网站中的绝对优势。“新浪娱乐”下设“明星”“电影”“电视”“音乐”“视频”等栏目，一直以文字、图片、音频、视频等多种形式，详尽报道娱乐界。

曾在2007年荣获“中国互联网站品牌栏目（频道）”。

栏目设置：“明星”“电影”“电视”“音乐”“戏剧”“韩娱”“评论”“产业”“视频”“嘉聊”“博客”“娱乐”“论坛”“图库”“其他”

域　　名：http：//ent. sina. com. cn/

“硝烟战火”里五彩缤纷的娱乐王国

——对新浪网“娱乐”频道的评析

“新浪娱乐”频道的前身是“影音娱乐”，乃新浪网原“生活空间”旗下的三个频道之一。2004年4月12日，“生活空间”改版为“影音娱乐”“生活情感”和“文化教育”三个频道。细分之后的“影音娱乐”频道更加专注于“娱乐”的理念，主要设置了“星闻快报”“海外星光”“国内影视”“环球银幕”“POP劲爆”“古典情怀”“新片介绍”“海报精粹”“评论专区”“星星物语”等栏目。在后来的发展过程中，“影音娱乐”根据时下娱乐产业发展趋势顺势而变，不断地改版和扩充，对栏目进行了资源整合和更加科学的设置，更加全面地对当今社会娱乐人士、娱乐圈、娱乐产业、娱乐事件给予全面介绍和及时报道，给人们提供了尽情地享受娱乐资讯的平台。

一 五彩缤纷的娱乐王国

现在的“新浪娱乐”分为“明星”“电影”“电视”“音乐”“评论”“产业”等15个栏目，网罗娱乐圈所有当红明星、涉及娱乐业的各个方面，结合文字、图片、音频、视频，打造了一个五彩缤纷的娱乐王国。

所有娱乐频道立足的基本点，也是最能吸引人的就是“星闻星事”，即娱乐新闻报道。在播报这些“星闻星事”时，充分注意其时效性和对网民吸引程度。与其他的新闻类网站不同，娱乐新闻的采集并非完全从媒体搬运而来，由于娱乐业的特殊性质，明星与记者面对面交流的机会非常之多，各种各样的发布会、签售会、歌友会、见面会不胜枚举，为媒介发布具有原创性的新闻消息提供了绝佳的机会，所以为了保持娱乐新闻的新鲜及时，各个娱乐网站或娱乐频道都派出自己的新闻队伍对娱乐事件进行报道，并注重发表一些原创性的娱乐新闻。新浪网在这个方面就做得比较好。在“新浪娱乐”频道的最明显位置，摆放的“娱乐要闻”很多就是对重大娱乐事件的独家报道，一般都能拥有自己的观点和看法。

另一个吸引眼球的是对明星的独家专访。由于娱乐新闻有自己的两个特点：1. 类似于一般新闻的娱乐新闻。即具有时效性，比如某个颁奖典礼的现场报道。2. 通过挖掘发现的娱乐新闻，比如明星本身就是娱乐新闻，他们所到之处的一举一动都能够成为第二天的头版头条。所以这要求在做娱乐网站的时候也要注重与明星的单独接触，争取从明星身上获得第一手的资料。这样一来，明星独访板块对娱乐频道的重要性也可见一斑。新浪娱乐的“嘉宾聊天室”就属于这样的明星独访类栏目，它以文字、视频并重，全方位地将明星展现给广大“粉丝”。

“新浪娱乐”还注重对娱乐圈关注的问题进行策划，做出专门的栏目，如2007年的《明星圣诞节都玩什么“花样”》，以及在每年年末都会推出的《年度娱乐大盘点》，不仅增加了网站娱乐性，也能从一定高度进行回顾总结，把握娱乐圈的发展方向。

除此之外，“新浪娱乐”还在音乐、电影、戏剧等娱乐产业方面组织、设置了多种栏目，以满足广大网民的娱乐需要。

但值得注意的是，随着互联网的不断完善和发展，越来越多的娱乐网站也渐渐发展壮大起来，它们以具有影响力的娱乐网站为效仿对象，做出的节目虽然雷同但在一定程度上瓜分了市场份额。现在的主要娱乐网站或频道，如腾讯娱乐、TOM娱乐、网易娱乐、搜狐娱乐，在栏目的设置方面与“新浪娱乐”一样大而全。报道内容的相似，使网民并没有特别忠实于哪个网站的娱乐新闻报道。有些娱乐网站更是后来居上，在一些节目的制作方面有赶超的趋势。比如，搜狐娱乐频道，它在原创方面做得更加突出，在其主页上显示的重要娱乐新闻，基本上已经做到了全部出于自己之手，并且质量也属上乘。搜狐娱乐在“新闻”和“独家”两个方面，并不输于新浪，甚至还略胜一筹。

二　“新浪娱乐”的成功之道

2002年底，中国娱乐网与新浪网成功签署了战略结盟协议，通过整合双方的资源优势，联合推出原创概念“互动影视”合作平台。前身是一家有着丰富操作经验和骄人业绩的传统影音娱乐实体的中国娱乐网，首创的“互动”概念开创了网络时代影视创作及制作方式的全新篇章。新浪网当时也在积极寻找时机涉足此领域，并通过努力，以其手中庞大的网民群体为王牌，赢得了与中国娱乐网强强联手的机会，“互动影视”合作平台的构想也由此诞生。“互动影视”平台上的每个栏目都对应了一档同名的线下影视节目，这些节目包括游戏类、剧集类、综合类的电视栏目和电视电影，节目从创作、制作到播出都将在平台上完全开放，网民可以随时参与节目的各个环节，来自网民的多数意见将同时在线上和线下得到实现。“互动影视”平台充分强调了网民的主导地位，真正实现线上线下的实时互动，从而为网民提供更多新鲜感、参与性、个性化的影视娱乐产品。①

2002 年底，新浪网联手 Channel［V］、中央电视台和上海文广新闻传媒集团，推出了最具权威性的华语音乐评选颁奖盛典——第九届全球华语音乐榜中榜。在这次评选中，歌迷可通过 SMS 手机短信或登录新浪网第九届全球华语音乐榜中榜投票网站投票，最终选出各个奖项。新浪网为评选提供了强大的技术支持和网上投票、手机投票平台，这也是新浪网与最具影响力、最时尚的华语音乐电视台 Channel［V］的首次合作。这可以说是新浪网与娱乐圈的一次极具影响力的合作，首次采用短信评选和网络投票相结合的方式，不仅坚持了“榜中榜”一贯“公平公正”的评选标准，更是扩大了新浪网在娱乐界的影响力、提高了其在广大歌迷心目中的地位。在“榜中榜”这个金字招牌的光环下，“新浪娱乐”可谓是做足了宣传，赚够了眼球。

新浪早期在拓展娱乐业务方面积极寻求具有影响力的合作伙伴，不断壮大自身力量、完善自己的发展，以上两个案例也仅仅只是“新浪娱乐”发展过程中迈出的两步坚实步伐。2005 年 12 月 22 日揭晓的 2005～2006 年度中国互联网产业调查品牌 50 强中，“新浪娱乐”在中国互联网产业娱乐排名中排在了第一名的位置。此项调查由中国互联网协会主办，赛迪顾问、IDC 中国、艾瑞咨询、易观国际四家协办，通过网上、邮件及电话的调查方式，由包括 150 位专家的顾问小组论证产生，评选结果极有说服力和权威性。“新浪娱乐”之所以能在 2005～2006 年度成

---

① 新浪娱乐：《中国娱乐网、新浪网战略结盟进军互动影视》，http：//ent. sina. com. cn/i/73. shtml。

为中国互联网娱乐产业的排头兵，与其大胆的创新和尝试是分不开的。

2005年风靡一时的“超级女声”给主办单位湖南电视台带来了巨大的经济利益，作为2005年“超级女声”的独家网络合作伙伴，“新浪娱乐”在这次选秀节目中也出尽风头，不仅在“新浪娱乐”频道专门开设了“超级女声”的专栏，还将有关超女的新闻、活动、视频、博客等一并囊括，获得了巨大的点击率和流量。

即使到了娱乐产业疯狂发展、娱乐频道四处泛滥、娱乐产业成果与问题并存的2006~2007年，“新浪娱乐”在渐渐失去市场份额的时候，仍不忘记勇于创新和善于借力发力。

2007年3月15日，新浪正式与环球、SONYBMG、华纳、百代以及滚石等五大唱片巨头进行战略合作，通过无线音乐和在线音乐业务的全面整合，重磅推出了全新的音乐平台——“新浪乐库”。通过“新浪乐库”，网友不仅可以第一时间免费享受数十万首正版歌曲和新歌的在线视听、歌曲搜索及音乐互动社区等在线音乐服务，还可以便捷地使用手机铃声、彩铃、IVR等无线音乐服务。今后，网友还将通过这个平台进行歌曲下载，真正享受完整的数字音乐“一站式”服务。新浪和五大唱片公司将共同分享网络广告和无线增值业务所带来的利润，同时展开在付费下载等方面的尝试。“新浪乐库”的推出，以海量的正版音乐为基础，在为网民提供高质量的在线及无线音乐服务的同时，也将改变传统SP企业押宝少数流行歌曲，依靠高投入的广告推广来获得收益的模式，开创新型的“互联+移动”的音乐合作模式。①作为全球第一中文门户，新浪强大的平台优势和品牌优势获得了五大唱片巨头的一致信任，而占据全球唱片市场绝对优势份额的五大唱片商则为此次合作提供了充分的内容保障。新浪CEO兼总裁曹国伟表示，新浪作为国内最具影响力的互联网公司及领先的SP，希望通过与五大唱片商共同打造的这个国内最大的数字音乐平台，为1亿多的互联网用户和4亿多的手机用户提供最便捷、最经济的正版音乐服务，实现版权人、用户、正版音乐运营商的多赢局面，在音乐歌曲的版权保护上贡献自己的力量，引领

---

① 新浪音乐：《新浪牵手五大唱片巨头　强势打造数字音乐新平台》，http://ent.sina.com.cn/y/2007-03-15/15541480209.html。

国内数字音乐产业形成真正健康、和谐的生态产业链。[①]

三　硝烟四起的“战乱年代”

“新浪娱乐”依靠新浪网这个最大的中文门户网站，利用自身巨大的资源优势，一度成为娱乐网站的佼佼者。但是到了群雄并起的2006～2007年，新浪娱乐频道面临着巨大的挑战。

这些挑战表现为整个娱乐网站领域由于不成熟所带来的一系列问题。

第一，拥有雄厚资金背景的网站在烧钱，争取挤垮对手，但是这种损人不利己的恶意竞争模式对整个娱乐网站的发展非常不利。第二，由于娱乐网站准入门槛比较低，所以目前娱乐网站的发展良莠不齐、赚一把钱就走的心态在站长中很普遍。第三，许多娱乐网站利用大量的广告进行作弊，或者恶意骗取广告联盟，再或者采取病毒木马的赢利链……这些做法都不利于娱乐网站健康良性发展。[②]

根据艾瑞网在2007年5月中旬开始的调查数据显示，“新浪娱乐”的访问量指数在6月中旬之后呈逐月下降趋势。

比较同时期的中国娱乐网、搜狐娱乐、TOM娱乐和QQ娱乐，可以明显看出，“新浪娱乐”的市场份额也并不占优势。

“新浪娱乐”面临的严峻挑战还不仅仅止于此。在2005年大型选秀活动“超级女声”中，“新浪娱乐”成为其独家网络合作伙伴，大显风头。随之其他各大娱乐网站也对这份美羹垂涎三尺，到了2006年的“超级女声”时期，“新浪娱乐”与网易娱乐、搜狐娱乐、QQ娱乐一起，被规定为此次活动的“网络支持”；到了2007年的“快乐男声”，全程合作伙伴仍是这几家大型娱乐网站，但是为了挽回颓势，“新浪娱乐”争取到了2007年“快乐男声”的专题网。

由此可见，“新浪娱乐”在娱乐产业蓬勃发展、娱乐网站群雄并起的时代，已经不能独占鳌头。要想在激烈的竞争中站稳脚跟，必定要立足根本，整合资源，发挥优势。从“新浪娱乐”的历史发展过程来看，

---

① 新浪音乐：《新浪牵手五大唱片巨头　强势打造数字音乐新平台》，http：//ent. sina. com. cn/y/2007－03－15/15541480209. html。

② 毕冰冰：《娱乐网站的发展尚待成熟》，http：//tech. sina. com. cn/i/2007－12－28/14041943480. shtml。

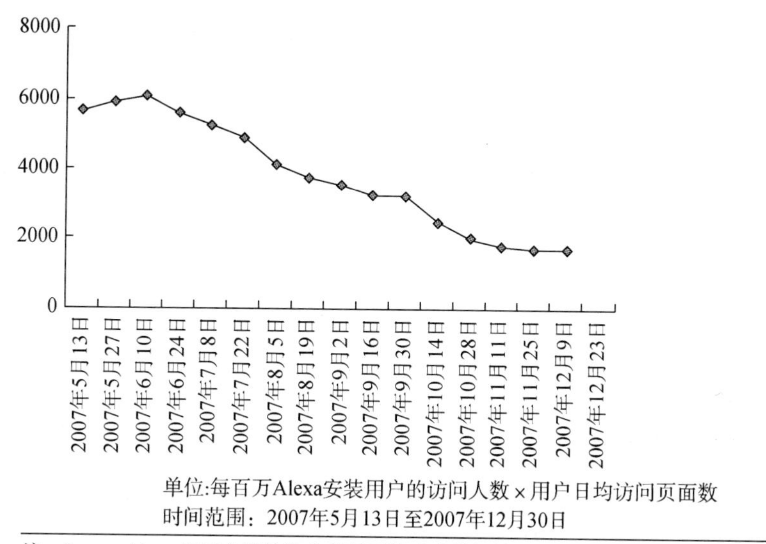

注：Source Alexa 因用户媒体取向差异可能造成数据偏差，仅供参考。

图 21－1　“新浪娱乐”访问量指数趋势

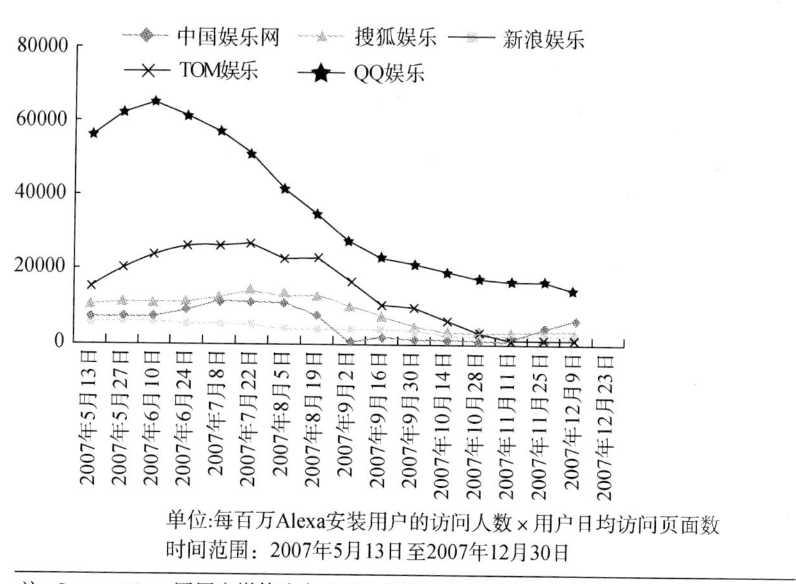

注：Source Alexa 因用户媒体取向差异可能造成数据偏差，仅供参考。

图 21－2　娱乐类访问量指数趋势

每次和具有影响力的媒体或娱乐公司合作，都能够促进自身的发展。在娱乐产业和互联网行业中，只有第一，没有第二，“新浪娱乐”应该审时度势，看准机会，先于业界同行做出行动。另外，“新浪娱乐”应该考虑更为广泛的宣传模式，可以使更多的受众所知。比如 QQ 娱乐的迅速强大，很大程度上归功于附带在 QQ 聊天工具上的新闻弹出窗口，这给用户提供了被动地接受信息的方式，虽然并不受用户推崇，但也没有遭到恶评，在这种状况下，QQ 娱乐的点击率自然高出一截。在娱乐业中，谁能勇于创新，谁就能一直保持巨大的生命力和领先的地位。

四　结语

2008 年初，中国互联网络信息中心（CNNIC）在北京发布了《第 21 次中国互联网络发展状况统计报告》，报告显示，截至 2007 年 12 月 31 日，我国网民总人数达到 2.1 亿人，居世界第二。调查还显示，娱乐成为目前我国互联网行业中最重要的应用：排名前七位的网络应用使用率分别是：网络音乐 86.6%、即时通信 81.4%、网络影视 76.9%、网络新闻 73.6%、搜索引擎 72.4%、网络游戏 59.3% 和电子邮件 56.5%，其中体现互联网娱乐作用的网络音乐、网络影视等排名明显靠前，而网络新闻、电子邮件等互联网基础应用则相对落后，互联网娱乐功能成为网民快速增长的主要拉动因素。①

社会大背景给了“新浪娱乐”频道这种娱乐网站以发展机会，但是与机会并存的是激烈的竞争。“新浪娱乐”频道曾经发展为业界的佼佼者，虽然现在仍处于业内的前列，但是显然“新浪娱乐”有更为广阔的发展空间没有拓展。互联网娱乐功能作为个人娱乐方式的一种有效补充和扩展，必然会贯穿于互联网发展过程的始终，如何把握机遇，迎接挑战，是“新浪娱乐”，也是其他娱乐网站需要思考的问题。

（王建东）

---

① 复兴科技：《娱乐化是互联网发展的必经之路》，http://home.donews.com/donews/article/1/122350.html。

第二十二篇

TOM“体育”频道

简　　介：TOM体育频道可谓是众多体育专业频道中的另类，与其他体育频道着重拼体育新闻和资讯的深刻、全面不同，TOM虽然也在做体育新闻和资讯，但无论从信息量还是从深度上来看，和其他著名体育频道相比，都有一定的差距。它却极力突出娱乐性，从而使其与其他体育频道/网站相比，有了较为明显的区分。TOM体育频道曾获得“2006年度中国互联网站品牌栏目（频道）”的称号。

主要栏目：“滚动新闻”“体育图片”“英超”“意甲”“中超”“足球库”“篮球库”“NBA”“围棋”“测试”“论坛”“型秀台”“策划”“博客”“多看点”“八卦党”“异言堂”“最爱看”

域　　名：http：//sports. tom. com/

将娱乐精神进行到底?

——对 TOM“体育”频道的评析

面对来自新浪和搜狐等传统门户网站的体育频道的竞争压力，TOM 体育频道没有选择正面交锋，即在内容和传统的营销方式上进行硬碰硬的较量。TOM 体育频道结合自身特点和频道风格定位，采取了迂回战术，另辟蹊径，在内容上坚持娱乐化的主张，针对年轻时尚的青少年，走平民化互动路线；在营销方式上，利用 TOM 集团的优势所在，发展无线业务，填补了国内门户网站体育营销方式的空白。根据 2007 年第三方调查机构艾瑞咨询数据显示，截至 2007 年 7 月底，TOM 体育频道已经连续半年以上排名门户体育频道第二位。①

一　“用娱乐精神武装体育界”，将娱乐路线进行到底

从 TOM 在线的首页就可以清晰地感受到，新闻并不是作为门户网站的 TOM 在线的主打。与国内其他各大门户网站纷纷以新闻作为主打牌明显不同的是，TOM 在线首页突出的栏目是“娱乐资讯”和“体育资讯”。这种栏目设置很明显就是告诉广大互联网用户，TOM 在线不走寻常路，要通过有个性的内容来武装自己，走“差异化”发展的道路，而这种“差异化”发展的思路，在体育频道中体现得也很明显。与这种发展思路相对应的是，2007 年末，TOM 在线宣布，不再做“以内容为王”的新闻门户，并开始裁撤采编人员。据 TOM 在线的一位人士称，公司采编部门总共约有 600 名员工，当时大约裁撤了 100 名，其中新闻、科技、游戏等频道被取消，而娱乐、体育和汽车频道获得保留。②尽管从

---

① 周婷:《TOM 在线扩大“奥运报道联盟”》,《中国证券报》2007 年 8 月 8 日，第 B04 版。

② 何华锋:《TOM 放弃新闻门户，开始裁撤采编人员》,《中国网友报》2007 年第 44 期。

此后来看，TOM 在线的新闻、游戏等频道得到了保留，但是“差异化”的发展思路必将突出娱乐和体育的资讯内容，而将两者结合，将体育信息娱乐化，也是 TOM 在线的主要尝试。

TOM 体育频道很好地秉承了 TOM 在线的“差异化”发展思路，积极贯彻体育信息娱乐化的发展方针，用 TOM 体育频道自己的语言来形容就是“用娱乐精神武装体育界”。进入 TOM 体育频道的首页，就会感觉到与其他门户网站体育频道的不同。在其他门户网站的体育频道中，一般由新闻和滚动图片构成，当日最重要的体育新闻放在顶端，其他的新闻按照不同类别划分到不同的板块中，依次向下排开。而滚动图片也多是与当日或前日重要的体育资讯相关。在 TOM 的体育频道首页，新闻和滚动图片也组成了重要的部分，但滚动图片的内容并不像其他体育频道那样全与近期体坛重要资讯相关。以 2008 年 3 月 19 日为例，新浪和搜狐的体育频道的滚动图片主要和中国足球、NBA 篮球、双人滑最高得分纪录有关，而 TOM 体育的滚动图片不仅涉及上述内容，而且还加了一张图片，题目为“全球最美艳的世界冠军”。从题目就可以看出，这是一则新闻性很弱、娱乐型很强的信息，实际上它是 TOM 体育频道一档娱乐化节目“花样体坛”所作的策划，通过一系列性感的组图，列举了活跃在当今体育界的美女们，并进行了总结。从这一个细小的差别上，就可以大致感受到 TOM 体育频道追求的风格。与之相比更加重要的是，TOM 体育首页的顶端，不仅有重要新闻和滚动图片，它还比其他的体育频道多了一个栏目——“互动中心”。在页面设置上，这个“互动中心”和体育频道的“新闻中心”相并列，置于首页的顶端右侧，非常引人注目。实际上，这个所谓的“互动中心”就是一个小型的论坛，上面的内容充满了娱乐色彩，如“‘杀人案’震惊韩国体育界”“最受球星宠爱的十大美女”“健身美女展示野外性感瑜伽”，等等。这些内容和传统意义上的娱乐资讯没有任何区别，只是将资讯中的主人公换成了体育圈中的人，将体育信息娱乐化。将如此娱乐化的内容放在体育频道首页的顶端，也看出了 TOM 打造体育娱乐资讯的决心。

在 TOM 体育频道一档叫做“深度体坛”的栏目中，这种娱乐化的发展理念也得到了充分的彰显。这档“深度体坛”栏目，号称是 TOM 体育的独家奉献，打着“深度策划，剖析体坛”的标语。而栏目中的内容远没有和其他网站体育频道中的深度解析体坛事件发生同质化现象。TOM体育的这档栏目，很多信息都是以娱乐化的视角解读体坛事件的，和其他体育频道深入解读体坛事件走的完全是两条道路。像“英超十大‘后宫佳丽’”“全球十大美女城市足球之都上榜”“足坛十大好色之徒”“英超球星女友私密照曝光”这样的“深度解析”随处可见，这些消息将体育和性感、情色结合在一起，甚至利用体育打擦边球来实践自己“体育信息娱乐化”的构想。在“深度体坛”栏目中，有一个叫作“花样体坛策划”的板块，这个板块更是将与体育界有一些联系的美女（哪怕只有一丝不明显的联系）设计成资讯的主角，大张旗鼓地走“性感与情色”路线，像“谢林汉姆女友涉嫌性交易拍裸照遭起诉”“清凉比基尼大赛中国美女获亚军”“性感之极的台球女教练(图)”，等等。这些信息很多都是借助“体育”的幌子的纯粹娱乐化消息，甚至是比较低俗的娱乐化消息，这和TOM娱乐频道的风格也是一致的。从这个栏目、这个板块能够很清楚地看出，TOM体育在实现“娱乐化的体育新闻”时，想将体育娱乐和纯粹娱乐（甚至是低俗娱乐）合而为一的意图和内在逻辑。

而黄健翔官网的入驻（http：//sports. tom. com/huangjianxiang/），更是一种体育娱乐化理念的宣扬。黄健翔自从离开中央电视台之后，他的身份就发生了变化。在央视时，黄健翔尽管很有名气，但他的官方身份只是一名普通的体育解说员，和央视众多的解说员并没有本质的区别，在离开以后，黄健翔成功涉足娱乐界，成为一个出身体育圈的娱乐圈人士。这种身份的转变使黄健翔成为“体育娱乐化”最好的代表，他的官网入驻TOM体育，再次表明了TOM走“差异化”发展道路的决心。在官网中，我们会发现黄健翔主持的节目的记录、参加各种娱乐活动和体育活动的报道和图片，与体育赛事相关的个性评论和“粉丝”论坛。这些运作方式都体现了将体育和娱乐相结合的倾向。

将这种“娱乐化精神”推向高潮的是TOM体育频道推出的“体育金像奖”网络·娱乐英雄会。在这样一个网络颁奖盛典上，娱乐成为主旋律，该节目明确提出了“娱乐精神武装体育界”的响亮口号，大有“用娱乐包装体育”之势。2007年的评选（http：//sports. tom. com/2007jinxiangjiang/index. html），“鲜花奖”由体育界和娱乐界的专家共同提名，“板砖奖”则有资深专家提名，结果由网友投票选举产生。从奖项名称上，我们就可以追寻到“娱乐化”的痕迹，而入选的事件和人物本身都有噱头，有很强的炒作性和娱乐感，加上投票选举的草根化，使整个“网络·娱乐英雄会”充满了娱乐和恶搞的意味。

二 栏目设计、内容风格迎合年轻人的口味

在走体育资讯娱乐化路线的同时，TOM 体育频道也将目标受众对准了青少年，制作了不少适合年轻人口味的内容。在上文提到的“深度体坛”栏目中，除了娱乐化痕迹明显的内容外，还有一类特点鲜明的资讯，这类信息非常好地契合了青少年的阅读心理。TOM 体育将很多体育事件和人物进行总结排名，设计出了很多“TOP 10”之类的内容。像“足坛十大马拉多纳传人”“中国十大乌龙球”“中国十大中锋”“TOM 版中锋排名”“50 大冬季转会巨星”，等等，这类新闻有共同的特点，缺少对事件全方位的深度解析，但是将熟悉的人和事件按照不同的线索进行排名，分出高低，带有一定的竞争意味，加上一些简短的、有娱乐化意味的点评，能够很成功地吸引青少年用户。这类体育新闻注重的是普及性和趣味性，很能抓住刚刚接触体育不久、年纪尚轻的受众的眼球。TOM 体育频道新闻的另外一个特点也契合了青少年受众的阅读习惯和偏好，这就是 TOM 新闻的长度都偏短，长篇的新闻不多，即使有，也是分页叙述的；并且在每篇新闻前都列出了该条新闻的关键字，便于读者把握核心，每条新闻下，都有和本条新闻关键字相同的新闻链接，便于读者全面阅读与该事件或人物相关的其他新闻。

为了进一步满足青少年的阅读习惯，TOM 体育频道推出了一个名叫“测试”的栏目。该栏目将娱乐性和互动性相结合，推出了一系列对青少年很有吸引力的测试。这些测试中，有针对自身进行的测试，如“测试你的赛场疯狂指数”“哪个球星进球后的庆祝动作同样适合你”“女球迷们，NBA 的哪位球星比较适合做你的恋人”，等等，这类测试将体育和用户自身相结合，很多只是具有娱乐和放松的色彩，没有任何实质意义。但这些测试充分利用了年轻受众的好奇心，受到了很多人的关注。还有一些是有关体育知识的测试，如“NBA 常规赛个人三分球纪录你知道多少?”“世界杯最佳射手你了解多少?”“看看你有多了解 NBA 的球员号码?”，等等，有些测试还有奖品。这类测试充分挖掘了青少年勇于挑战、相互之间喜欢攀比、竞争的心理，更是深受年轻人的青睐。通过这样的测试栏目，TOM 体育频道巩固了一批年轻的核心受

众。在此基础上，TOM 体育为进一步加强和受众的互动，推出了“体育调查”栏目，点击进入该栏目，里面是针对当前体育热点所设计的各种问卷调查，但与著名的新浪体育调查不同的是，该调查只是一个纯粹的调查，并没有将结果转化成新闻产品，加上调查内容设计过于简单，更适合年轻人自娱自乐，而且调查的问题更新较慢，跟不上瞬息万变的体坛赛事。

三　TOM 体育博客圈，网络报道的新尝试

TOM 体育频道在 2007 年开始组建自己的体育博客圈。2007 年上半年已经完成了首批重量级博主的入驻，包括中国发行量和影响力最大的平面体育媒体《体坛周报》的一线记者和主要编辑、知名运动员和草根体育迷。据 TOM 在线网站部总经理曾伏虎介绍，TOM 体育博客圈首批网罗了近 100 名资深体育记者，200 多名草根网友，每日更新博客文章数百篇之多，全面覆盖足球、篮球、围棋、奥运等各项体育赛事。[①] TOM 体育频道打造的博客报道团队，分为不同的身份和层次，从不同的视角来报道体育赛事，增加了报道的信息源，丰富了报道的内容。例如，在 2007 年 3 月 3 日，新赛季中超联赛正式开幕的第一天，因时值周六，国际赛事众多，许多网站都没有对中超给予充分的关注。TOM 体育博客圈作者“足球学者”边看现场直播边用博客记录下自己的感受，比赛上半场结束时，他的快评就出现在 TOM 体育博客圈的首页。[②] 通过建立体育博客圈这样一种方式，TOM 体育频道增加了互动性，也增加了草根报道体育赛事的机会，也就能够吸引更多的平民化用户入驻 TOM 博客，增加 TOM 体育频道的影响力。

TOM 体育频道不仅通过设立体育博客圈增加与平民、草根的接触，而且通过一系列的活动来体现和平民的联系。TOM 体育在 2007 年先后启动了“2008 奥运网络主播全国竞选”“‘足球小子’选拔赛”等活动，[③]充分调动了网络用户的积极性，收到了不错的效果。

---

① 武晓黎：《TOM 体育博客圈创造网络报道新模式》，《中国消费者报》2007 年 4 月 11 日，第 B04 版。

② 陈军梅：《TOM 开创网络报道新模式》，《中国质量报》2007 年 4 月 5 日，第 012 版。

③ 周婷：《腾讯、TOM：差异化应对奥运网络大战》，《中国证券报》2007 年 7 月 6 日，第 B03 版。

四　TOM 体育营销：独特与普遍相结合

TOM 体育在营销过程中，充分利用了母公司 TOM 集团的优势——无线业务服务，并且在运用领先的营销手段时，也结合了传统的、其他体育频道常用的营销手段。众所周知，TOM 集团的无线业务服务在业界处于领先地位，在 TOM 在线的赢利方式中，处于主流地位。2005 年，无线业务占总收益的 93.6%。2006 年第一季度，无线业务给公司带来 36% 的增长，达到 4549 万美元，季度增幅为 2.0%。[①]TOM 体育利用其自身优势，在 2006 年世界杯期间获得了营销的胜利。在世界杯期间，TOM 在线不仅利用自己的网络平台打造新媒体优势，而且与平面媒体合作者《体坛周报》、电视媒体合作者 CCTV 体育频道一起，形成了独特而专业、权威的跨媒体运作。截至世界杯结束，TOM 在线的所有收入达到了总投入的 4 倍以上，遥遥领先于其他门户；而在收入模式上，来自短信、彩信、彩铃、铃音等无线增值以及视频等业务的收入比例，比以往任何体育赛事都有超纪录的增长。[②]

在传统体育营销方式上，TOM 体育频道也有作为。与新浪体育频道和 NIKE 公司合作、搜狐体育频道与 Adidas 公司合作类似，TOM 体育频道也选择了全球知名时尚运动品牌匡威进行合作，冠名 TOM 体育频道为“匡威 · 鲨威体坛”。匡威品牌本身就定位于年轻时尚的人群，在广大年轻人中又有着很高的知名度和美誉度，两者的合作也在此体现出了 TOM 体育频道的受众定位。借助 2008 年匡威品牌诞生 100 周年之际，TOM 体育频道在首页顶端开设了“匡威百年店”的栏目，系统介绍匡威品牌的各种产品，提供产品咨询服务，并可以通过网络进行购买。另外，TOM 体育还和国内知名时尚鞋类杂志《尺码》进行合作，推出该杂志的网络版，直接对准年轻、时尚、有一定消费能力的网络用户。

五　结语：娱乐化道路真能一走到底?

时任 TOM 集团首席执行官兼执行董事的王兟曾经表示，要将发展

---

① 陆琼琼：《新浪 TOM 无线业务冰火两重天》，《上海证券报》2006 年 5 月 11 日，第 B04 版。

② 李小兵：《TOM 在线狂赚“世界杯”》，《上海证券报》2006 年 7 月 7 日，第 B05 版。

娱乐媒体作为公司的主要方面去完成。[①]但是，体育娱乐化道路能够一走到底吗？作为一个以体育为主打的栏目频道，娱乐化路线只能是竞争过程中用来争夺市场的一件秘密武器，它可能会起到出其不意的奇兵效果，但它不能够作为制胜的常规武器。如果将体育新闻完全的、或者说主体上给娱乐化了，就有舍本逐末之嫌。我们不能否认的是，TOM 体育频道在体育娱乐化的实践中做了很多有益的尝试，但是我们也必须看到，这些尝试有些是不合时宜的。比如，过分的娱乐化倾向会使部分内容变质，单纯、片面地追求娱乐化效果也会对内容造成伤害。TOM 体育频道上大量与情色有关、性暗示的内容与这种娱乐化思想的强调是密不可分的。这些内容放在一个以青年受众为依托的网站上是非常不负责任的，尽管可以利用年轻人的猎奇心理获得大量的点击率，但不利于青少年的健康成长。作为国内知名门户网站的 TOM 在线，起码的社会责任感应该具备，绝不能仅为了自己的一点私利而置社会公利于不顾。另外，客观地说，TOM 体育频道和新浪、搜狐等知名门户网站的体育频道相比，在内容资源上还有很大的欠缺，在技术手段上也有不足，例如，在同步直播中，TOM 体育的更新速度相对较慢；不少栏目的更新也跟不上事件的发展。尽管 TOM 体育频道要走差异化发展路线，但是作为一个新闻集散地，连基本的要求都无法令人满意，从长期来看，必然会给自身的发展造成极大的麻烦。也许走体育娱乐化道路并没有错，至于怎么走，还需要认真地反思。

（张　放）

---

① 虞宝竹：《向世界新闻传媒集团挺进——访 TOM 集团首席执行官兼执行董事王兟》，《中华新闻报》2006 年 1 月 15 日，第 A01 版。

第二十三篇

搜狐“体育”频道

简　　介：搜狐体育频道于2006年、2007年两度获“中国互联网站品牌栏目（频道）”荣誉。

1999年3月，在分类搜索的基础上，搜狐发展成为综合性网络门户，推出丰富的特色频道，提供多种网络服务。搜狐体育频道正是借此契机应运而生。

搜狐体育频道的独家官网成为他们的特色品牌栏目。

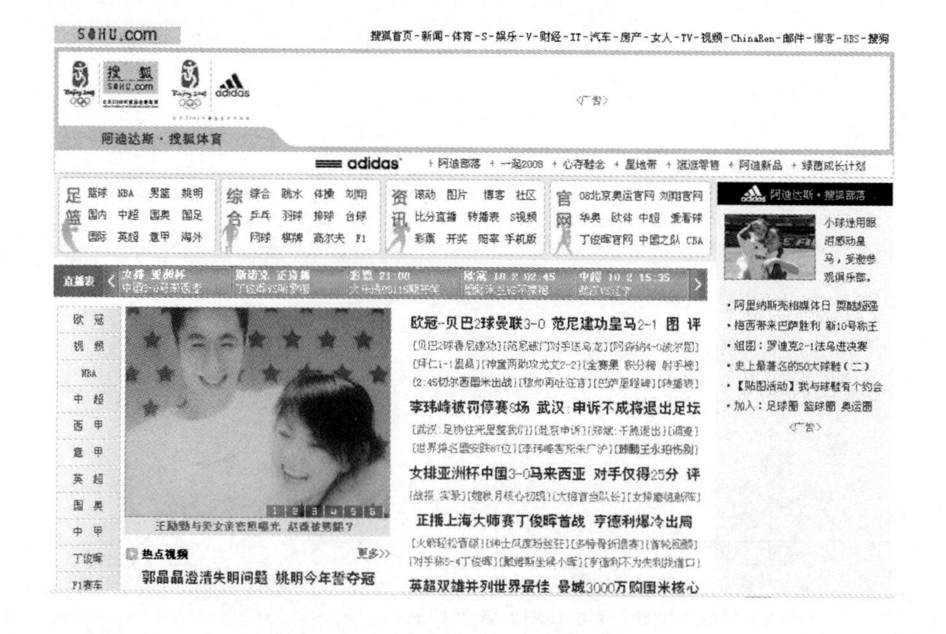

搜狐体育频道与知名体育运动品牌阿迪达斯（Adidas）联合筹建运动部落，与用户形成了良好的互动。

主要栏目：搜狐体育频道的栏目内容齐全，分类清晰明了，包括以下几个大类：

足球篮球类：NBA 中文网、中国男篮、中超联赛、中国国奥、中国国足、国际足球、英超、意甲、海外球员

综 合 类：奥运、体操、排球、F1、跳水、乒乓球、羽毛球、台球、网球、高尔夫、棋牌

资 讯 类：滚动新闻、图片新闻、博客、社区、比分直播、转播表、彩票

官 网 类：姚明官网、刘翔官网、北京奥运会官网、CBA 官网、华奥星空、中国之队

域　　名：http：//sports. sohu. com/

年轻、时尚、勇于挑战

——对搜狐“体育”频道的评析

搜狐体育频道将自己定位于年轻、时尚和敢于接受挑战，在广大的青年受众中赢得市场。搜狐体育频道的这种定位和搜狐网的自身定位是一脉相承的。搜狐网在很大程度上被打上了其总裁兼 CEO 张朝阳的烙印。张朝阳 MIT 的学习背景，尼葛洛庞帝的学生身份，在美国广阔的人际关系都为搜狐最初的成形奠定了基础。他创业的传奇背景和身上散发出来的青春、时尚和勇于挑战的气质，更是在青年人当中产生了很大的影响。他当年为了推广搜狐，在天安门前滑滑板，攀登青海玉女峰，都透露出了浓厚的运动气息和激情。搜狐网的特点定位与此也是息息相关。而搜狐体育频道作为一档主要面向年轻人的栏目，更将这种特点彰显得淋漓尽致。首页由蓝变白的底色设计、简洁大气的页面安排都洋溢着一股清爽的气息。而搜狐体育频道也秉承着这种充满活力、勇于挑战的态度，面对着来自互联网同类体育栏目的挑战。

一 搜狐联姻北京奥运会，充满诱惑的机遇

2005 年，搜狐公司正式成为 2008 年北京奥运会的互联网内容服务赞助商。作为百年奥林匹克历史上第一个互联网内容赞助商，搜狐独家拥有互联网行业奥运营销权，并以合作的形式获得了中国奥委会、中国全国体育总会的系列独家资源和权益，不仅独家承建第 29 届奥运会官方网站、第 13 届残疾人奥运会官方网站，北京奥运会火炬传递官方网站、好运北京体育系列赛（奥运测试赛）官方网站，还独家承建中国奥委会官方网站、中国体育代表团官方网站，以及所有奥运会和非奥项目中国单项运动协会官方网站，所有奥运项目中国国家队官方网站，全面覆盖奥运赛事、运动队、运动员全部网络资源。搜狐享有使用北京奥运会相关徽记和称谓进行广告和市场营销活动的权利，同时享有奥运会

的接待权益。

搜狐公司与奥运联姻，再次向世人证明了搜狐勇于挑战的特质。本次成功的合作，在很大程度上提高了搜狐在业界的竞争力，扩大了搜狐在网络受众中的影响，用张朝阳的话说就是“搜狐将通过北京奥运会确立中国互联网第一门户的地位”。不管这个目标能否顺利实现，搜狐的这种开拓确实给自己带来了丰富的独家资源，这种资源将成为奥运报道时搜狐的核心竞争力。而作为奥运赛事报道的主力之一的体育频道，也必将从此次联姻中获利。

二 搜狐体育融入奥运报道矩阵，建立广泛的合作联盟

获得北京奥运会赞助商资格后，搜狐一直致力于打造互联网体育报道的第一平台。在经过2006年冬季奥运会、2006年多哈奥运会和一系列奥运测试赛的演练之后，搜狐围绕体育核心资源，在体育报道的网络平台建设上已经粗具规模，形成了包括搜狐体育频道、奥运会官方网站、搜狐奥运频道、体育播报、华奥星空网站在内的“五星”矩阵。张朝阳对“五星”矩阵给予了如下期待：通过搜狐矩阵，运用最顶尖的互联网技术、最广泛的网民互动参与形式以及成熟的网络应用，让网民们充分体验网络奥运的精彩。①

搜狐体育频道融入奥运报道的“五星”矩阵，对于自身的发展具有重要的意义。通过搜狐体育频道的首页，互联网用户可以轻松地在这个矩阵中随意切换，获取矩阵中任何一个频道的资讯。而由于搜狐公司是北京奥运会的赞助商，矩阵中的资源是其他体育网站不可能提供的，这就为搜狐体育频道充分扩大信息容量、提高点击率，从而赢得更广泛的认知度和更高的美誉度提供了绝佳的机会。

搜狐也利用这个机会构建自己的体育平台。在对明星资源的开发上，搜狐着力打造明星博客阵地，体坛享有盛誉的体育精英越来越多地汇集到搜狐矩阵中来。自搜狐与华奥星空于2006年10月19日建立战略合作关系之后，双方共同承建、运营和维护多个体育网站，携手共建了会聚刘翔、郎平、张国正、石智勇等众多一流体育明星个人官方网站的“冠军俱乐部”，构筑由明星网站、宽频娱乐、社区活动、网友互

① 《对话张朝阳》，《新闻人物》2007年第8期。

动、博客组成的中国最大最有影响力的体育明星网络平台，这不仅成为搜狐体育信息发布重镇之一，也成为互联网用户交流互动的重要平台。

在对重要赛事资源的开发上，搜狐体育也做了很好的部署。在综合体育方面，搜狐体育与多个项目的中国国家队合作，组建“中国之队”网站，全力报道与奥运相关的项目的国家队训练和比赛情况，以及与该项目有关的国际资讯，为体育迷了解国家队的备战和国际动态提供了很好的参考。在中国最受欢迎的篮球比赛方面，搜狐先后与备受球迷关注的 NBA、CBA 的官方美国篮球联盟和中国篮球管理中心合作，组建 NBA 中文官方网站和 CBA 官方网站，发布来自这两个联盟最权威的信息。另外，搜狐还和国际篮球巨星、中国体育的骄傲姚明合作，组建了姚明的官方中文网站，为众多姚明的球迷提供了了解姚明的最便捷的渠道。在足球比赛方面，搜狐与相关的赛事机构合作，成立了中国足球超级联赛官方网站、英格兰足球超级联赛官方网站、欧洲冠军杯网站等，为不同兴趣的球迷提供了多样化的选择。

搜狐体育也加强了与相关媒体的合作，并以此来丰富自己的报道，扩大信息渠道。例如在奥运报道方面，搜狐体育与新华社签署了独家的体育专线合作，独享新华社全部奥运报道和众多国内和国际体育专稿。同时，搜狐与中央电视台、北京电视台以及全国 12 家卫星电视台，与全国 35 家重点平面媒体、近 80 家华语电台构建了全国阵容最强大的奥运媒体联盟，并与世界各国和地区奥委会及《体育新报》《体育画报》、欧洲体育等权威媒体紧密合作，聚合了最权威、最全面的奥运内容。①

搜狐体育频道通过上述一系列的合作和联盟，大大增加了体育信息报道的深度和广度，扩大了体育频道的容量，丰富了体育信息的来源，加上各内容板块间快捷的切换方式，为广大受众提供了更加多样化和方便的选择。

三 以技术为依托，搜狐体育寻求更大的发展空间

搜狐以年轻、时尚、勇于挑战为卖点，技术当然是必不可少的环节。而搜狐也一直强调技术的重要性，突出技术的重要地位。搜狐的网络技术在同类网站中，处于领先地位，搜狐博客、搜狗输入法、P2P 视

---

① 搜狐：《第一网络奥运营销平台搜狐造》，《广告大观》（综合版）2007 年第 10 期。

频技术、校友录等已经成为中文网民的首选网络服务。而搜狐体育与其先进的网络技术相结合，打造带有自身特色的核心竞争力，必将为其自身的发展提供更大的空间，例如在奥运会期间，网民可以通过搜狐3.0、博客、小纸条等先进的互联网技术和产品尽享奥运矩阵全部资源和服务。搜狐体育通过技术将版权、政府、公益和用户四大资源整合，在奥运报道的竞争中占据先机。

如果希望通过给用户良好的体验吸引持续关注的话，在内容服务上就要有足够长的产品线。在搜狐众多领先的技术中，对体育频道来说，视频播放的功能应该是最重要和最能吸引受众的。精彩紧张的体育赛事能够通过网络系统流畅地播放出来，能够现场直播体育赛事，能够同时观看多场比赛，这样的诱惑对于不能总处于电视机前的上班族网友来说无疑是巨大的。契合当前网络视频消费的潮流，搜狐体育在线视频体育资源的开发和推广取得了收获。一方面搜狐体育是国内门户网站第一个全站使用XML的频道，另一方面凭借自主研发的视频P2P技术，将视频观赏限度扩大。[①]视频直播/转播体育比赛是搜狐体育频道的一大特色，已经进行了很多尝试，取得了不错的效果。搜狐体育在2006年世界杯期间为网民提供了通过宽频收看世界杯精彩集锦服务，赢得了广泛的赞誉，并以此强化了“宽频体育”在搜狐体育内容上的特色地位。借此东风，搜狐公司组成的研发团队经过长时间的开发完善，带有明显搜狐气质的体育视频频道——体育播报已经正式运营并吸引了大量的网络用户。而作为NBA官方网站的中文合作伙伴，搜狐体育开始了通过视频直播NBA比赛的尝试。在2007年10月，两支NBA球队魔术队和骑士队来华访问，搜狐体育拥有独家采访权和独家视频转播权，丰富了球迷获得体育资讯的方式。在2008年北京奥运会期间，每一位获得金牌的运动员在夺冠后都将第一时间做客搜狐华奥直播室，进行独家深度的视频访谈，讲述夺冠过程，通过视频播报，与广大网民分享成功的喜悦。

搜狐体育的技术优势还体现在先进的赛事播报上。搜狐体育在互联网媒体中独家接入了奥运会官方信息系统（INFO2008）以及奥运会官方新闻服务（ONS）系统，保证能直接在第一时间获得赛时成绩、赛前

---

① 许静涛：《品牌联合释放体育的能量》，《广告大观》（综合版）2007年第10期。

预测、赛后总结、记者招待会摘要、运动员及教练引语等重要信息。[①]有关中国队的奥运比赛牵动着国人的心，比赛情况越早越准确地发布对在奥运报道的竞争中胜出是至关重要的。并且通过这种方式，搜狐体育可以在用户心中树立长期的品牌美誉度，对搜狐网与其他门户网站的竞争也有着积极的意义。

四　强强联合，全力打造体育营销

搜狐公司作为北京奥运会的赞助商，独特的资源优势为搜狐体育的营销创造了优势。2006 年 8 月 1 日，全球知名运动品牌阿迪达斯公司和搜狐公司宣布合作，携手共赴奥运。阿迪达斯作为奥运会的老牌赞助商，此次和搜狐公司的合作，能够将搜狐的体育营销推上一个新的台阶。阿迪达斯的口号“没有不可能”（Impossible is Nothing）本身就带着一种年轻人叛逆、勇敢面对挑战和热情四射的特质，这一特质很好地和搜狐所走的路线相吻合。阿迪达斯荣誉赞助并冠名全新改版的搜狐体育频道，意图将奥运精神和年轻的特质深入阿迪达斯的品牌和营销之中，在中国甚至是世界范围内进一步提升自己的品牌形象，拓展业务发展领域，增进与消费者特别是年轻消费者之间的互动。而搜狐也借助阿迪达斯的国际影响力，在体育频道的内容方面不断加强，并借机全新改版。除频道冠名外，搜狐体育还特别建立了一个球迷社区——阿迪达斯搜狐体育部落，下设篮球、足球、奥运、网球、健身等五个子部落，其后，搜狐体育还陆续推出了“有球必应”“心存鞋念”“WOMEN 的社区”“阿迪达斯新品”等栏目[②]。

在与全球知名企业合作的同时，搜狐体育通过一系列的措施在基层用户中间扩大知名度，吸引更多的用户选择搜狐体育。2007 年 3 月 24 日，搜狐组织中国之队 200 名网友，奔赴广州，亲临中国男足国家队迎战澳大利亚国家队的比赛现场，为国家队呐喊助威。中国男足国家队队长郑智、孙继海等国脚，出任中国之队啦啦队荣誉队长，与球迷一起为奥运助阵，为中国足球加油。搜狐向 10 名奥运啦啦队队员赠送了首批

---

① 汪时锋：《搜狐和他们：奥运“隐性营销”之争》，《第一财经日报》2007 年 9 月 21 日，第 A09 版。

② 许静涛：《品牌联合释放体育的能量》，《广告大观》（综合版）2007 年第 10 期。

北京奥运会门票，这是搜狐作为 2008 年北京奥运会互联网内容服务赞助商赠送出的第一轮北京奥运会门票，此后搜狐还向全球网民陆续赠送了更多的北京奥运会门票。

从 2007 年 3 月启动奥运官网携手搜狐向全球征募奥运官网 2008 位“荣誉网友”活动以来，宣布了首批 500 名荣誉网友诞生，包括北京奥组委执行副主席刘敬民、中国前著名女子排球运动员郎平、著名主持人申奥大使杨澜、国足名将董方卓、邵佳一等在内的北京奥组委官员、体育明星、文艺明星、志愿者代表、残疾人士等社会各界人士，掀起了新的热潮。[①]通过这一系列活动，搜狐体育对广大网友和用户产生了更大的吸引力，为其进一步的体育营销战略打下了坚实的基础。

五　结语：如何实现跨越？

搜狐网从建立之初，就伴随着各种争议。最为人诟病的就是，虽然搜狐网包装华丽，又有很浓郁的海外背景，但总是缺少自己的亮点，缺少一门能够在门户网站林立的竞争环境下拿得出手的看家本领。相对于新浪的新闻内容、网易的网络游戏、TOM 的在线服务，搜狐总是给人一种跟在别人屁股后面的感觉。有学者在研究网站的赢利模式时，就曾指出，决定企业是否能够从一项新技术上获利的因素有两个，一是该项技术的“可模仿性”，二是企业拥有的辅助资产，包括品牌、营销能力、生产能力、销售渠道、服务、信誉、客户关系等。网络技术的可模仿性较高，因此，企业拥有的辅助资产便成为决定因素。[②]

2008 年北京奥运会为搜狐完成蜕变提供了最好的机会。搜狐体育频道在这一过程中也扮演着非常重要的角色。将独家的、丰富的奥运信息资源和搜狐体育频道、奥运报道矩阵更好地融合，创造出不同于其他同类网站的体育频道，打造核心卖点，是搜狐体育频道和搜狐网提升品牌实力、赢得奥运营销，在竞争日益激烈的互联网市场中取胜的重要手段。

（张　放）

① 搜狐：《搜狐备战奥运巅峰时刻》，《广告大观》（综合版）2007 年第 5 期。

② 袁舟：《新闻网站商业模式再探讨》，《新闻界》2004 年第 5 期。

第二十四篇

千龙网“奥运”频道

简　　介： 千龙网奥运频道是千龙网推出的一档以报道北京奥运会为核心内容的品牌栏目。该频道于2005年、2006年、2007年三次入选“中国互联网站品牌栏目（频道）”。

主要栏目设置： “图片”“视频”“评论”“赛程”“奖牌榜”“中国英雄”“赛场内外”“火炬传递”“奥运百年”“奥运资讯”“奥运社区”

域　　名： http：//2008. qianlong. com/

差异化发展的奥运频道

——对千龙网“奥运”频道的评析

北京奥运会代表着中华民族百年奥运梦的实现，从申办成功之日起，就成了各大网站吸引受众眼球的重要卖点。新浪、搜狐、网易、腾讯等知名网站结合自身资源，纷纷推出奥运频道，想在竞争激烈的奥运市场上多分一杯羹。面对激烈的竞争，千龙网制定了一条和其他奥运频道风格不相同的发展路线，在激烈的市场竞争中，凭借其差异化优势，也赢得了一定的市场空间。

一　栏目设计简单整洁，受众不会在信息流中迷失，迎合核心受众

千龙网是经国务院新闻办公室和中共北京市委宣传部批准，由《北京日报》、《北京晚报》、北京人民广播电台、北京电视台等主流媒体共同发起和创办的全国性的第一家综合性的以新闻传播为主的网络集团。2000 年 5 月 8 日正式开通，成为全国 9 家国家级重点网站之一。作为这样一家有官方性质的大型综合网站，其受众多为受过高等教育、年龄相对偏大、在各自的工作中较有成就的主流人群。这个人群的主要特点就是本职工作繁忙，空余时间较少，又由于年龄和身体状况的限制对体育的兴趣相对较小。

和其他同类奥运频道相比，千龙网的奥运频道最大的一个特点就是栏目设计简单，页面安排合理简洁，反反复复的超级链接比较少。

其他同类奥运频道首页动辄就几十个相关栏目，分类也相对不是很清晰，受众很难迅速找到自己想要的信息。当打开一个栏目时，就会发现该栏目的页面上会出现更多的次级栏目的选项。时间不多或者对体育不是很在行的受众很快就会产生受挫感，就会选择离开该网页，选择更为简单的网页进行浏览。信息量大，内容齐全，种类繁多并不注定成为一个栏目或频道的竞争优势，千龙网就深深地认识到了这一点，充分抓住了核心受众的心理特点，走上了一条与众不同的发展道路。

这条发展道路简单地概括就是：栏目少而精，页面设计方便读者阅读。

进入千龙网的首页，我们会发现，Banner栏下面的主要栏目分类仅仅一行，共有13个选项。主要栏目有："图片""视频""评论""赛程""奖牌榜""中国英雄""赛场内外""火炬传递""奥运百年""奥运资讯""奥运社区"。通过这个简单的分类，我们发现这是一个排他性很高的分法，即每一个栏目中的内容都是相对独立的，不会出现同类的内容分在几个栏目下的情况。如此简洁和排他性的分类方法，非常适合时间少和对体育并不在行的观众进行浏览。

千龙网奥运频道的新闻内容和其他奥运频道的新闻内容相比，也有自己独到的地方。其他网站将主要的竞争力都放在了年轻人群上，这些人精力旺盛、活力十足，无时无刻不在关注体育世界的动态。所以这些奥运频道的新闻内容就相对体现出更多的专业化色彩，可能会出现很多专业术语和资深球迷才能够看得明白的典故和评论。这些文章不少都很长，需要翻转几页才能够看完，文章涉及的问题可能很深，但是宽度却不够。而且新闻中经常出现一些超级链接，在一定程度上干扰了阅读。这些网站的特点和千龙网核心受众的阅读特点是不相同的，所以千龙网在新闻内容上也发生了许多变化。首先，千龙网并不刻意追求体育新闻的深度和专业化。新闻内容包括很多方面，写作时也力求通俗易懂。而且文章的篇幅比较小，方便读者在短时间内了解到所需要的信息。另外在文章中，很少出现多余的图片和超级链接，更加方便读者的阅读。千龙网奥运频道的另一个特点就是新闻的娱乐色彩相对于其他奥运频道来说，明显减弱。这一方面是由于核心受众的阅读习惯和特点，另一方面则是千龙网具有一定的官方性质。这也给体育新闻娱乐化泛滥的网络空间带来了一丝新鲜空气。

这种迎合核心受众的做法也体现在千龙网奥运频道的页面设计上。其他网站奥运频道页面安排得都非常紧凑，字号很小，增加了阅读难度，尤其是年龄偏大的人群。而千龙网奥运频道在排版上做出了调整。页面选择了大号字体，增加了行间距，背景底色和字体颜色的对比度也相对比较和谐，方便了受众的阅读。

在和其他媒体合作的选择上，千龙网强调的是"精"，而不是"多"。比起其他网站的奥运频道动辄就和几十家媒体合作来说，千龙奥运的动作就要小得多。它的主要合作伙伴只有两家，一家是中国最有影响力的权威大报《人民日报》，另一家是体育传媒领域的绝对领军报纸《体坛周报》。这两家报纸内容的特点符合千龙奥运的受众定位。

二　在和其他同类频道的对比中看得失

千龙网奥运频道选择了一条和其他同类奥运频道不同的发展道路，因为它们预设的核心受众特点有很大的区别。和同类奥运频道相比，千龙奥运的影响力却小了很多，这不仅仅是发展定位的问题，还有许多别的问题，需要和同类频道的对比才能够发现。

首先，在宣传推广上，千龙奥运和其他商业网站下的奥运频道相比，就差很多。作为一个竞争的单位，必须积极地把自己推到顾客的面前，让顾客熟知。传播营销的最核心观念应该是稳固忠实的核心受众，积极争取边缘受众。这一观念的实现靠的是主动出击而不是守株待兔。

其次，在新闻的时效性上，千龙奥运和其他奥运频道相比，就差了很多。在网络新闻24小时随时更新的信息爆炸时代，缓慢地更新就意味着坐以待毙。作为一个提供新闻资讯的专题频道，纵使新闻报道的内容具有差异性，纵使页面的设计方便了读者，但是读者无法从中读到最新的信息，读者还会再次光顾千龙奥运吗？

最后，千龙奥运的页面设置很有特点，方便了读者的阅读，照顾了年龄偏大的受众。但是千龙奥运的页面和其他奥运频道的页面相比，也有致命的弱点。千龙奥运页面上空白的地方很多，这就会给人一种强烈的印象：该频道的内容过于单薄，没有充足的资讯。一个精美适当的页面设计加上明了的内容，才能够真正做到“简约而不简单”。

三　结语：增加市场观念和竞争意识

千龙奥运借助千龙网的影响发展壮大自己，已经有了一个很好的平台。千龙奥运始终没有走到竞争者最前列的一个重要原因就是市场观念不够强。它的官方背景让它自己失去了竞争的意识，许多做法和理念都已经落后于其他同类网站。千龙网的体育部分想要走到竞争的最前沿，必须将自己投入市场，积极学习竞争者的优势和经验，结合自身的核心受众定位和栏目特点，走一条更有竞争力的差异化道路。

（张　放）

第二十五篇

腾讯网“中国音乐联播榜”

简　　介：“中国音乐联播榜”是由腾讯网娱乐频道主办，并联合各地广播电台共同制作、联合各大报刊、网站共同发布、共同评定的大型音乐联播节目。2005 年 8 月 17 日，“中国音乐联播榜”开播第一期节目，其发展势头十分迅猛，在不到一年半的时间里，即 2007 年 2 月 5 日，成员台突破 100 家。2007 年 10 月 17 日，与湖北卫视结为战略合作伙伴，共同打造蒙牛酸酸乳中国音乐联播榜电视版节目——《TV 中联榜》。2008 年 1 月 1 日，“中国音乐联播榜”与蒙牛集团结为战略合作

伙伴，正式更名为“蒙牛酸酸乳中国音乐联播榜”。

“中国音乐联播榜”以受众投票为主，并参考音乐编辑、音乐 DJ 意见、唱片销售等方式综合而评定，最终排出“内地音乐总榜”和“港台音乐总榜”总排行。每周二揭榜，周四发行品牌节目，以名次主打为中心，集音乐资讯和评论于一体的综合音乐联播排行榜节目。栏目由节目联播、明星歌友会、专业颁奖礼以及“24 小时榜”“周榜”“月榜”“季榜”等组成。“24 小时榜”是时时榜单，一旦有媒体投票即时刷新结果并可点击“得分”查询投票明细；“周榜”是由当周 7 个“24 小时榜”累加产生；“月榜”是由当月 4 个“周榜”累加产生；“季榜”是由当季 3 个“月榜”累加产生。

和蒙牛酸酸乳合作之后，“中国音乐联播榜”又有很多新的特性，比如新增了媒体投票明细查询，新增了推荐榜、地区榜、上传歌曲日志，优化了申请打榜表单，优化了媒体后台及唱片公司后台的查询和修改功能，优化了歌曲审核功能和文件及节目素材库。在强大的音乐榜单的基础上，“中国音乐联播榜”制作每期 50 分钟的品牌节目发行至全国百余家电台播出。在网络节目专题中，“中国音乐联播榜”每周邀请上榜艺人做客，通过访谈实录、视频回放、现场照片等实施反复性、即时性的网络音乐传播。同时，“中国音乐联播榜”积极展开“中国音乐联播榜线下歌会”。

“中国音乐联播榜”荣获“2007 年度中国互联网站品牌栏目（频道）”称号。

理　　念：以满足用户需求为目标的“在线生活战略”

特　　点：全面反映流行乐坛现状，公开、公正、权威的巨型音乐排行榜联播节目

宗　　旨：给用户最美妙的音乐

栏　　目：“新歌视听”“全国分榜”“广播节目”“明星访谈”“申请打榜”“电台登录”“歌迷交流”“电台加盟”等

经典栏目：“中联内地总榜（24 小时榜、周榜、月榜、季榜）”“中联港台总榜（24 小时榜、周榜、月榜、季榜）”“中联推荐单曲”“歌友会”“冠军 PK 台”“新歌试听”“广播节目”“最新上传单曲”“最新上传视频”等

域　　名：http：//123. qq. com

多媒体联合　打造立体音乐品牌

——对腾讯网“中国音乐联播榜”的评析

2008年1月17日，中国互联网络信息中心（CNNIC）在京发布了《第21次中国互联网络发展状况统计报告》。统计报告显示，中国网民首选的互联网应用中，娱乐已经成为我国互联网最重要的网络应用，其中，网络音乐（86.6%），即时通信（81.4%），网络影视（76.9%）。网络音乐收听率居中国各项网络应用之首，网络已经成为音乐重要的传播渠道。[①]“中国音乐联播榜”在网络娱乐中有着举足轻重的地位。“中国音乐联播榜”依托强大的门户网站和百余家专业广播电台，通过歌迷共同评榜、揭榜、在线网络直播等，从而形成丰满立体的音乐品牌节目。它不仅具有丰富的媒体资源，而且其受众资源也极其丰富，网络的开放性和互动性使受众的娱乐需求得到最大的满足。

一　强大的媒体协作

随着新兴媒体不断涌现，各媒体间合作也更加频繁。媒体协作主要把不同形态的媒介资源有效整合起来，然后通过不同的平台传播给受众。因此，不同形态的媒体利用对方的优势弥补自身的不足，为联手打造媒体的共同品牌提供可能。“中国音乐联播榜”就是媒体协作的案例之一。

从2005年8月创办至今，“中国音乐联播榜”利用各地广播电台节目联播、在线网络直播、传统媒体宣传等手段迅速发展成为一个集多种形式于一身的多媒体旗舰。据了解，截至2008年，“中国音乐联播榜”加盟成员台已经达到200多家。对成员台的加盟条件，腾讯也做了严格

① 中国互联网信息中心：《第21次中国互联网络发展状况调查统计报告》，http://www.cnnic.net.cn/hlwfzyj/hlwxzbg/index_2.htm。

的规定，如加盟电台必须是地市级或地市级以上的广播电台，其主持人必须有半年以上音乐排行榜操作经验，加盟栏目必须是流行音乐类栏目，且拥有打榜环节等。这为高质量的节目制作提供了强有力的保障。同时，成员台的收益也是可观的，它们不仅能免费获取一档（50分钟）成品的“蒙牛酸酸乳中国音乐联播榜”广播音乐节目；更能拓展获取音乐资源、艺人资源的路径，减少电台主持人工作量和降低节目的制作成本，提高电台节目的收听率；还能建立自己的独立榜单，增加权威的发布途径，确立电台、主持人和当地排行榜的知名度。可以说，资源共享、强强联合的模式让多方各取所需，在流行乐坛上拥有更强大的能量。

另外，“中国音乐联播榜”充分利用传统媒体的宣传手段，为新节目的有效播出营造良好氛围。同时，在线网络直播提供给用户更直接、更便利的收看方式，为节目的大范围收视起到了举足轻重的作用。

总之，不同形式的媒体之间的联合，整合了各自的优势，为共同制作的音乐节目打开了巨大的市场，获得了更多的观众和更大的收益。

二　庞大、权威的音乐榜单

腾讯网总编辑陈菊红说：“榜单是什么？对网民而言，榜单其实就是一种生活。人们从开始试听、投票到欣赏“中国音乐联播榜”品牌节目，一种开放性的、交互性的娱乐需求满足在这里得到实现。”[①]也许对于网民来说，榜单的作用只是提供一种获得满足的方式。但是，对于“中国音乐联播榜”而言，榜单是权威的表现，是其他媒体不可超越的根本所在。它的权威体现在“中国音乐联播榜”是由3亿用户和知名电台专业人士评出，榜内的歌曲经过了严格的初审、复审，最后才进入歌曲打榜。

对于中国的音乐榜来说，做得最大、最出色的就属腾讯的“中国音乐联播榜”了，它的“中联内地榜”“中联港台榜”“24小时榜”“周榜”“月榜”“季榜”无不体现着榜单的强大。而榜单上歌曲的排名也是由全国3亿用户加上音乐编辑、音乐DJ意见、唱片销售等综合内容评定出来的，程序的严谨和专业性与关注度，是对“中国音乐联播榜”

① 腾讯网：《苏有朋携“女友”亮相　与中联榜共同庆生》，http：//ent. qq. com/a/20070903/000260. htm。

权威性最好的诠释。

另外，榜内的歌曲是从流行乐坛最新、最全的歌曲中挑选出来，经过严格的审查，最后才进入歌曲打榜。这些歌曲先是由唱片公司填写申请单，经过管理员的审核后，符合条件的方可开通唱片公司后台权限，唱片公司登录后提交打榜歌曲，然后再一次地经过管理员的审核，符合规则的才列为当期候选曲目，之后由唱片公司派寄打榜碟和材料给成员电台。这些程序都为上榜歌曲的良好质量提供了保障。因此，层层筛选和把关最终造就出权威、公正的音乐榜单。

三　独具特色和个性的音乐栏目

“中国音乐联播榜”下有很多颇具特色的栏目，如：每周一期由著名电台主持人主持的 DJ 揭榜节目，有广大用户参与的歌友会，有专业人士发表的榜单评论，还有定期的明星访谈节目。它所呈现给用户的是一个独具特色和个性的音乐栏目。

“中国音乐联播榜”栏目由广播节目、明星歌友会以及“24 小时榜”“周榜”“月榜”“季榜”等组成。广播节目不仅包括广播节目、DJ 评论冠军，还包括总榜榜评。明星歌友会为歌迷们提供最新的歌友会信息，并进行全程关注。在明星访谈中，也可以看到其强大的明星阵容，热门嘉宾、往期嘉宾、高端访谈等一览无余。

“中国音乐联播榜”的丰富内容还体现在对专题节目的大手笔策划。2006 年 8 月 17 日，“中国音乐联播榜”第一个专题和 1 周年特别节目发布；2006 年 11 月 8 日，“中国音乐联播榜”第一场歌友会成功举办；2007 年 9 月 3 日，“中国音乐联播榜”两周岁庆生会在北京星光现场隆重举行；2007 年 9 月 4 日，“中国音乐联播榜”第一届电台行业研讨会启动；在 2008 年新年伊始，“中国音乐联播榜”就将网络榜单搬上荧屏，让花儿乐队陪歌迷“穷开心”一回。

“中国音乐联播榜”总是以新的面貌和姿态给受众别出心裁的感动，个性化使它在人们心目中留有更深刻的印象和更富于青春的活力。

四　更大的开放性和互动性

“中国音乐联播榜”以受众投票为主，并参考音乐编辑、音乐 DJ 意见、唱片销售等方式综合而评定，最终评出“内地音乐总榜”和

“港台音乐总榜”总排行。其中，受众投票在排行榜中占主导作用。它所呈现的不仅是一个能听的音乐榜，也是一个由广大用户听、评、投相结合的榜单。这可以让用户完全地参与到节目中来，在满足听歌的基本要求后，同样满足用户的参与感和与偶像近距离接触的自豪感。

网友投票和歌迷交流最大限度地体现了网络的开放性和互动性。开放和互动的目的在于实现一种信息的交流，促进彼此的了解，在瞬间把不同人之间的距离拉得更近，使受众在参与的过程中获得一种归属感和幸福感。在歌迷交流中，一方面，“中国音乐联播榜”可以在其中发表信息，另一方面，歌迷可以根据自己的爱好发表见解，不受限制，这就给兴趣相投的歌迷们提供了一个良好的交流平台。

腾讯曾在2005年提出了以满足用户需求为目标的“在线生活战略”。所谓在线生活，是指提供一种可信任的和时时连通的网络环境，通过网络开放性和交互性的特点，让用户在任何时间、任何地点，在任何终端和使用任何接入方式，都能满足他们日常生活中的信息传递与知识获取的需求、群体交流和资源共享的需求、个性展示和娱乐的需要、商务和交易的需求等。“中国音乐联播榜”正是沿着这一战略进行规划的。它试图通过对用户提供开放与互动，达到满足用户娱乐的最大需求。

五　不可比拟的品牌优势

“中国音乐联播榜”是由中国内地制作的最全面反映流行乐坛现状的联播音乐节目，它有着不可比拟的品牌优势，将成为真正意义上的公开、公正和最具权威性的巨型音乐排行榜联播节目。

“中国音乐联播榜”是腾讯公司和蒙牛集团联合推出的音乐节目，因此，它集中了两者各自的品牌优势，是一种有效的品牌联合。一方面，腾讯网本身所具有的强大的品牌号召力，在2007年的“中国生活方式最佳品牌”年度大奖的评选中，腾讯公司是唯一荣获“中国生活方式最佳品牌”称号的互联网企业，腾讯网荣膺“中国最具广告价值互联网媒体”称号。另一方面，蒙牛的善于造势和高超的策划水平，也使其成为众多品牌中的闪耀明星。当这两个强大的品牌结成战略同盟，我们可以想象到它所具有的品牌感染力。

（梁　蕊）

第二十六篇

网易“互动娱乐”频道

简　　介：网易互动娱乐（Netease Interactive Entertainment）隶属于门户网站——网易。网易旗下的网易互动娱乐有限公司秉承网易公司在国内技术方面的领先优势，通过高素质的精英团队及先进的网络技术，专业经营网络娱乐及相关产业。

网易互动娱乐有限公司是少数拥有自主开发能力的公司，公司以此为突破口，贴近国内网络游戏玩家的需求、口味及文化背景，有针对性地开发最合适的游戏产品。网易游戏始终秉承体贴玩家的理念，致力于提供高质量的游戏和服务，为游戏玩家创造公平、安全的游戏环境和强大的后台支持。网易自主开发的游戏在设计理念上体现了强烈的民族特色和深厚的中国文化底蕴，得到了广大本土玩家的认同和喜爱；同时，在线游戏客户服务中心为玩家提供24小时的客户服务、技术支持，并且有专门人员在游戏世界里为玩家提供协助和指导，以维护游戏的娱乐性和公平性。

网易互动娱乐在2005年荣获"中国互联网站品牌栏目（频道）"称号。

口　　号：打造最体贴的精品网络游戏

理　　念：坚持原创

域　　名：http：//nie. 163. com/

做最体贴入微的精品网游

——对网易“互动娱乐”频道的评析

2007年1月17日，“2006年度中国游戏产业年会”在成都隆重召开。网易作为中国游戏厂商的领军企业参加了此次大会。会上网易荣获八项大奖，分别为：2006年度十大最受欢迎的网络游戏（《大话西游OnlineⅡ》《梦幻西游Online》）、2006年度十大最受欢迎的民族网络游戏（《大话西游OnlineⅡ》《梦幻西游Online》）、2006年度中国十佳游戏开发商、2006年度中国十佳游戏运营商、2006年度中国游戏产业最具影响力人物奖、2007年最受期待网络游戏（《新大话西游OnlineⅡ》）。

一　原创的网游

2005年、2006年和2007年连续三年，中国原创民族网游在国内市场的占有率都保持在60%以上，成为国内游戏市场的主导力量，而国内网游当中，网易旗下的游戏产品《大话西游OnlineⅡ》《梦幻西游Online》两款游戏自推出以来一直占有较高份额。分析这两款游戏成功的秘诀，就要提到网易互动娱乐运营网游的招牌策略——“坚持原创”。

1. 坚持原创网游的必要性

原创性是网易互动娱乐运营网络游戏的首要特点。在中国网游市场发展初期，各个运营商大多采取代理国外或台湾网络游戏为主的运营策略。由于资金、技术的短缺和不成熟，很少有运营商能够自主研发网络游戏。

代理国外游戏而获得成功的例子很多，但是网易并没有把自己的发展依附于国外网游。国内网络游戏的玩家大多是青少年，虽然这类人群有着很强的接受能力，但是对于游戏运营商代理的一些国外游戏来说，如果游戏的文化背景能够和国内玩家的文化背景相融合，大多会有更好的成绩。比如2001年3月，亚联、台湾圣教士、晶合时代共同推出韩国武侠网络游戏《千年》，因为背景与中国文化更为接近，使得其成为早期韩国网络游戏中最具影响的作品。但是还有一些网络游戏往往由于对中国市场或文化的不了解，没有得到广大国内玩家的认可，在中国市场上遭受失败，比如2001年5月20日正式对外公开测试的韩国网游“碰碰i世代”，它的最终失败证明了冒险和PK才是中国玩家的首选，而非休闲类社区游戏。另外，由于运营商只是对国外游戏的代理，而不拥有游戏的技术，不能对游戏中出现的问题和不足快速反馈，在封堵外挂、防范私服、版本更新和增值服务的开拓方面显得苍白无力，这就要求我们要坚持原创性，自主研发更适合国内玩家的网络游戏。

另外，从中国民族游戏产业的发展角度来说，单是代理国外网游，并不能快速促进中国民族游戏产业的繁荣兴旺。自主创新是中国游戏企业参与国际竞争、占据市场主导地位的核心竞争力，也是弘扬和传播中华民族优秀文化的核心动力。自主研发的开拓，一方面是由于民族原创网络游戏更充分地体现了中华民族的价值观和文化传统，也更符合中国游戏玩家的习惯；另一方面，由于中国游戏开发公司完全掌握了源代码等关键数据，可以更主动地采取各种措施，在封堵外挂、防范私服、版本更新和增值服务的开拓方面较引进代理游戏取得不可比拟的优势。

2. 网易互动娱乐各款游戏的中国特色

目前，网易互动娱乐频道的主打游戏主要是一些多角色扮演网络游戏（MMORPG）。网易正在运营中的游戏产品有：自主研发的大型MMORPG类型游戏《大话西游 Online Ⅱ》《梦幻西游 Online》，3D固定视角大型角色扮演网络游戏《大唐豪侠》以及泡泡游戏休闲平台，另一款是以神怪为题材于2007年3月1日进入公测的全3D游戏《天下贰》。

《大话西游 Online Ⅱ》是网易公司完全依靠国人力量自主开发和运作的精品MMORPG网络游戏。它以中国优秀浪漫主义古典小说《西游记》和香港著名系列电影《大话西游》为创作蓝本，为玩家展开了一个神怪与武侠交错，情感与大义并存的美丽世界。古色古香的中国画风引人入胜，国人所熟悉的人、魔、仙共30种丰富游戏人物造型任玩家挑选，含蓄而又感人至深的剧情任务百玩不厌，独有的多种任务系统让升级不再是单纯的砍砍杀杀，还有许多具有中国特色的热点活动。《大话西游 OnlineⅡ》以情感为主线，情义并重，风格古色古香，是体验中国文化，感受江湖儿女情的乐土。“经典”“文化”“情感”三大词条成为广大游戏玩家们对《大话西游 OnlineⅡ》普遍而一致的认同。

《梦幻西游 Online》是网易公司自主研发运营的，以神话题材《西游记》为背景的大型浪漫 Q 版 MMORPG 网络游戏，也具有浓厚的中国特色。自 2004 年 1 月正式推出，以其清新可爱的画风、极具民族性的场景音乐、新颖多样的沟通模式、谨慎精密的门派平衡和引人入胜的游戏任务迅速得到全国玩家的热情拥护。这款游戏不仅在画面构成上呈现中国式的画风，它的另一大特点就是任务设置也极具中国特色：2007 年 3 月 4 日，在中国传统佳节当日，梦幻推出了“勇闯十二门派，争当三界精英”和“元宵节”等丰富的线上活动，玩家们会聚在游戏当中以集体“吃元宵”的特别方式庆祝节日，创造了《梦幻西游 Online》150 万玩家同时“吃元宵”的网游吉尼斯纪录！这些线上活动让玩家在游戏中深刻感受到浓郁的中国气味，《梦幻西游 Online》的这种做法自然也赢得了玩家们的青睐。

由网易完全自主研发的这两款拳头精品网络游戏《大话西游 OnlineⅡ》和《梦幻西游 Online》自投入商业运营以来，业绩获得持续的大幅度增长，截至 2007 年 3 月，《梦幻西游 Online》注册用户突破 9900 万、最高同时在线人数突破 150 万，《大话西游 OnlineⅡ》注册用户已超过 9600 万、最高同时在线人数突破 60 万。《大话西游 OnlineⅡ》和《梦幻西游 Online》的成功可见一斑。

《大话西游 3》是网易精品游戏《大话西游 OnlineⅡ》的升级产品，也是网易在 2007 年的扛鼎之作。《大话西游 3》运用网易公司在 2007 年自主研发的全新引擎，同时，《大话西游 3》继续沿用《大话西游Ⅱ》古色古香的中国画风，在场景设计时严格查证各种资料，多次实地采风，现场绘制原画，构造出了以唐代为背景，美轮美奂的神话世界。在角色制作时，运用了动作捕捉等先进技术，表现出了细腻传神的人物效果。严谨的态度和先进的制作技术，使《大话西游 3》的游戏画面在世界 2D 游戏产品中达到了一流的水平。在内涵上，游戏仍以中国优秀浪漫主义古典小说《西游记》和香港著名系列电影《大话西游》为创作蓝本，以情感为主线，倡导亲情、友情与爱情，为玩家展开了一个神怪与武侠交错，情感与大义并存的世界。《大话西游 3》在开发中继续坚持以寓教于乐为宗旨，以传承中国文化为己任，游戏中的玩法与剧情都严谨地遵循了游戏的时空观，并被赋予了深刻的中国传统文化内涵。另外，值得一提的是，《大话西游3》中的作坊系统，是《大话西游3》中一个非常庞大且非常有特色的系统。《大话西游》植根于中国传统文化的土壤中，游戏的各项设计都能充分体现深厚的文化底蕴，作坊系统就是在广泛参考唐代社会经济文化的基础上，将唐代手工业发展的实际情况和游戏玩法有机地结合起来，创造了具有中国特色的网络游戏职业系统。《大话西游3》中作坊共有20个，每一个作坊包括它的坊主的背后都有着非常深刻的文化内涵。

《大唐豪侠》是由网易自主研发，3D固定视角大型角色扮演网络游戏（MMORPG）。这款以唐朝为背景的武侠网络巨作，以唯美写实风格打造历史上最辉煌灿烂的唐朝文化，将带领玩家进入历史上最辉煌时代的武侠世界，体验纵剑江湖，英雄辈出的江湖生涯。其精美绝伦的场景画面、神秘精彩的玩法设计、荡气回肠的江湖生涯，备受玩家追捧。《大唐豪侠》于2006年7月19日正式进入商业运营，成为玩家心目中武侠网络游戏的经典之作。

《天下贰》是网易历时3年全情打造的3D新作，这款网易自主研发的首部全3D作品，继承了网易一贯以来的中国文化特色的游戏内涵，在中华上古传说炎黄之战的背景下，建立了一个真实体现中华大地风貌的庞大《天下贰》架空世界，虽然在日后的运营中，《天下贰》并没有再造《大话西游 OnlineⅡ》和《梦幻西游 Online》的追捧热度，但是《天下贰》依然秉承了网易互动娱乐的理念：坚持原创网游。

二　贴心的服务

2007年3月15日下午，网易公司荣获由315投诉网主办的“首届‘消费和谐，售服制胜’论坛暨总评榜颁奖典礼”大会唯一的特别奖项——“网络游戏投诉处理最佳企业”。

网易互动娱乐之所以能在国内市场上占有举足轻重的地位，这不仅仅归功于网易互动娱乐推出的几款精品网游，还归功于网易互动娱乐的贴心服务。

在网易互动娱乐频道上，进入每款游戏的主页面，都能在主要位置看见客户服务的板块，更重要的是，网易尤其注重对玩家的了解，比如在《大话西游 Online Ⅱ》和《梦幻西游 Online》的主页面上，都设置了“网易游戏调查专区”，目的是希望第一时间获得玩家的看法和意见，深入了解玩家在游戏中的心理需要和实际需要，从而不断改进产品和服务，以便能带给玩家更多的游戏乐趣。另外，在客户服务板块中特别设置了“防沉迷”系统，充满了对玩家的人文关怀。

除此之外，网易游戏现共有超过 260 名训练有素的客户服务员，提供全年无休的业务咨询、疑难解答和投诉建议等专业服务。为了保证玩家提出的问题都能及时有效地得到解决，网易游戏还特意设置了客户服务专区“一对一”服务系统；同时，负责维护游戏世界秩序的在线客服专员，随时监督和察看服务器运行状况，为广大玩家提供并维持着清新文明顺畅的游戏环境。对于玩家需要解决或咨询的问题，网易游戏都配置了专业的客服人员进行准确的回复和引导，力求以真诚、高效的服务让玩家在体验的过程中得到更多的乐趣。

三　周边产品和增值服务

网易互动娱乐自主开发运营网络游戏，就能够拥有一个任何其他游戏代理商不具有的优势——对游戏周边产品的开发。

在 2007 年 6 月 16 日，网易、幻剑书盟正式签署授权书，并宣布小说正式定名为《为爱西行——大话西游 3 主角故事》。这是首部以网络游戏主角为背景的小说，它的出版表现了网易游戏的开发越来越注重文化性、专业性，出版这本小说的原动力是来自玩家的呼声。

一直以来，网易专注于原创游戏的开发和运营，在市场推广上也极少涉足其他行业。此次踏入出版界，是网易未来谋求更多新形式合作的一次尝试。此次主角背景故事小说的出版发行，会把更多的《大话西游 Online Ⅱ》玩家带入《大话西游 3》的情感世界中，能形成各种产品之间的良性互动。

2005 年第二季度至 2007 年第二季度，网络游戏在网易总营收中所占比例一直高达 80% 以上，以收入比例来看，网易已接近专业游戏运营商的角色。但从 2006 年第三季度开始网易网络游戏营收就未能保持以往的快速增长的趋势，主要原因在于《梦幻西游 Online》是影响网易收入的直接因素，但自 2006 年第二季度在线人数突破 150 万后便一直处于停滞不前的状态。由于《梦幻西游 Online》缺乏新内容使得玩家流失比较多，导致2007年第二季度网易网络游戏营收出现环比下降。在这种情况下，开发周边产品，寻找新的突破口已经成为网易游戏面临的任务，网易互动娱乐目前已经设置了动漫、漫画、贺卡、手机图铃、电子杂志等板块，但周边产品的开发仍然不够，如果能更好地填补这项空白，网易游戏将会有更加长足的发展。

四　结语

2001年12月，网易率先叩开了自主研发网络游戏的大门。从此以后网易游戏移植坚持自主开发为主的运营策略，并且一度获得了极大的成功。因为只有原创和游戏开发完美结合，才能真正地不断满足玩家的需求，不断带来新鲜感，同时不断处理和及时有效打击外挂，尽可能维持游戏的公平性。

网易在游戏的制作和设置中立志达到寓教于乐，让玩家在享受快乐的同时了解中国优秀的文化；在企业运营中也极力承担必要的社会责任，赢得广大玩家乃至社会的尊重，最终成为百年老店。这是网易一直所追求的目标，要达到这个目标，原创是最重要的砝码；优秀贴心的服务也固然必不可少，网易游戏一直在这两个方面不懈努力着。

然而，面对激烈的市场竞争，单靠埋头苦干是不行的。网易要发挥自身强大的媒介优势，做足市场推广，发展周边产业。这样才能在激烈的网游竞争中始终立于不败之地。

（王建东）

第二十七篇

盛大在线“娱乐平台”

简　　介：“盛大娱乐平台”是隶属于“盛大在线”的频道之一，2005年荣获“中国互联网站品牌栏目（频道）”称号。

盛大是中国领先的互动娱乐传媒公司，致力于通过互联网为用户提供多元化的娱乐服务。

上海盛大网络发展有限公司成立于1999年11月，公司凭借运营网络娱乐媒体的雄厚实力，通过专业化的团队及先进网络技术，最大限度为用户挖掘网络娱乐产业的潜力。

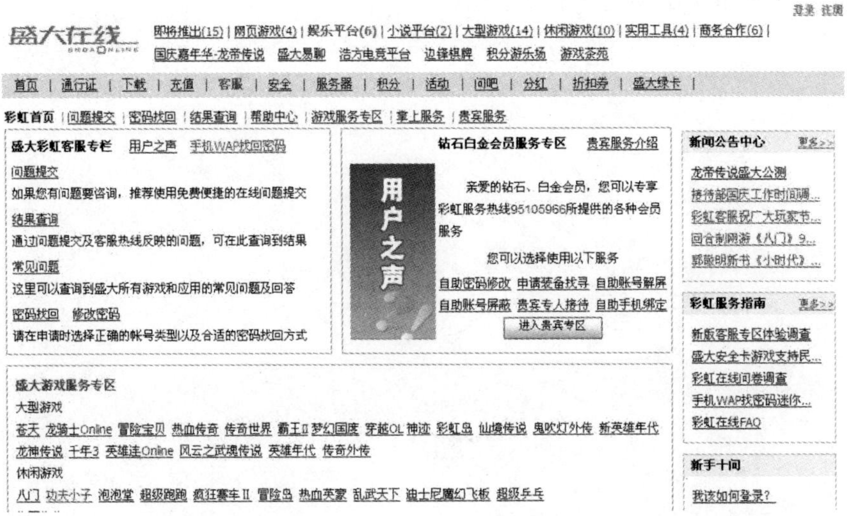

盛大不断发现与满足用户的普遍娱乐需求，向用户提供包括大型多人在线角色扮演游戏（MMORPG）、休闲游戏、棋牌游戏、对战游戏、无线游戏、动漫、文学、音乐等在内的适合不同年龄层次用户群的互动娱乐产品，受到用户的欢迎。

盛大还通过强大的游戏运营能力、周到的客户服务、完善的技术保障与支持、广泛的销售网络和健全、高效的支付平台，形成了面向用户的综合性互动娱乐平台——“盛大娱乐平台”。该平台凝聚了庞大的家庭用户群体，各年龄层的玩家均可以借由盛大互动娱乐平台与其他成千上万的玩家进行互动，体验娱乐带来的乐趣。

栏目设置：“浩方对战平台”“边锋棋牌”“游戏茶苑”“盛大音乐”“起点小说网”“盛大点击书”“游戏视频”“手机游戏”

域　　名：http：//www. sdo. com/

风口浪尖上的传奇缔造者

——对盛大在线“娱乐平台”的评析

盛大是国内网游产品最全、游戏运营经验最为丰富的企业。旗下不但有用户广泛的自主研发产品（如传奇系列网游），也有众多优秀的代理产品（如《霸王》《龙与地下城》）；既有大型网游，也有《泡泡堂》边锋、浩方平台这样的休闲游戏和对战平台。盛大不但在网游行业中成为龙头，也是中国网游业涉足市场最为全面、综合实力最强的网游旗舰企业。

一　创新经营模式

1. “免费游戏”开拓中国网络游戏产业的新途径

2005 年 11 月 28 日，盛大正式对外宣布，在现有付费游戏收入模式的基础上，该公司将在两款大型角色扮演类网络游戏（MMORPG）上推出新的免费游戏、付费游戏增值服务收入模式。率先实施这一新收入模式的两款游戏是《传奇Ⅱ》和《梦幻国度》。

面对盛大 2005 年第三季度下滑的财务报告，一些投资银行也纷纷判断中国网游市场前景不容乐观。盛大正是希望此次免费举措能够唤起《传奇》等游戏新的活力，甚至改变盛大现有网络游戏的运营模式，为整个中国网络游戏产业探索新路。

长期以来，大型网络游戏通常的赢利方式是对游戏时间收费，玩家购买网游运营商的月卡和点卡获得游戏时间。作为一款网络游戏，《传奇》的练级是相当困难的，所以，《传奇》主要是依靠出售点卡进而让玩家通过游戏时间收费。但是随着网络游戏产业的发展和游戏产品的不断增多，同质化现象不断加剧，多数游戏都是杀怪、练级、PK，毫无新意。加上近几年一些新游戏的流行，给《传奇》等原本风靡一时的网游产品带来不小冲击。

根据新浪网的一项数据调查，在盛大宣布部分游戏免费之后，表示支持的玩家占到调查总人数的69.92%。由此可见，不仅整个网络游戏产业需要变革，玩家们也期盼网络游戏的运营模式能带给自己更多的新鲜和刺激。

然而，免费游戏的模式能否赢利？

盛大董事会主席兼CEO陈天桥将盛大新的商业模型称为CSP模式——Come-Stay-Pay，也就是“来了—停留—付费”，它不依靠不断引进新游戏来实现发展，而是更多地依赖于现有的用户群体。通俗一点讲，就是免掉了进入游戏的“门票”，但是设立了很多收费服务项目和产品的销售点。

免费游戏目前主要的收费方式是通过出售道具完成的。按照中国台湾和韩国较为成熟的经验看，10万人同时在线的免费游戏，其营业收入可与5万人同时在线的收费游戏相当。

新的CSP模式意味着盛大完全放弃消费者购买游戏时间所获得的收入，从而短期内造成了盛大营业收入的大幅下降。

但是，随着消费者对于免费游戏的接受程度逐渐提高，盛大的业绩自2006年第二季度开始上升。

实施CSP模式的《传奇世界》《热血传奇》《梦幻国度》《ArchLord》营收的增加，使盛大MMORPG游戏营收达到历史最高水平。2007年第一季度，盛大网络游戏营收为5.05亿元，环比增长12.2%，同比增长63.1%。

另外，在2006年，盛大网络宣布旗下5款游戏将交给地方代理商经营，双方将根据收入比例来分成。授权经营成为盛大游戏的主要模式。按照盛大制定的标准，加盟代理商至少需要有20万元的启动资金，其中服务器的成本就超过15万元。各地新增的用户全部进入当地服务器，盛大和代理商按照比例来分成。但盛大只下放游戏的经营权，客服、计费等系统都会采用盛大全国统一的平台。同时盛大还会派出专门的市场推广团队，帮助各地代理商开发市场。

在盛大对部分网络游戏实施免费策略之后，又扩大其网络游戏代理模式的推广，这样一方面可以实现现金流的快速回归、实现网络游戏运营成本的下降；另一方面将“私服”合法化，将有效提升盛大网络游戏用户的规模。

盛大的网络游戏采取“免费+代理”的模式将推动其业务竞争力的提高。目前国内网络游戏用户规模增速逐步放缓，使资本市场对盛大的发展前景担忧。因此，盛大加快了对网络游戏运营模式的改革。采取“免费+代理”的模式，将实现网络游戏用户门槛的降低，以及使“私服”合法化发展，有助于推动其网络游戏增值业务的快速发展。

2. 资源整合的新战略

2007年7月5日，盛大在新闻发布会上宣布了酝酿已久的“风云计划”。这是盛大为收购成熟的网游项目和成熟的网游公司而设立的计划，风云基金总额在20亿元人民币，单个项目投资可达亿元。

盛大已经搭建了成熟的发行、运营平台，如果能够持续收购成熟的游戏公司，将会在其周围渐渐形成一个以该公司为核心的开发圈，盛大将由此控制游戏的内容、经营，改变一直以来靠代理国外游戏受制于人的状况。“风云计划”表明盛大的运营基础不再仅仅是运营网络游戏，而是向产业链上游进一步整合资源。

除了“风云计划”，盛大正在酝酿“18计划”和“20计划”。

“18计划”是为那些怀揣梦想的年轻人专门设置的。每个月的18日，盛大的高层人员将会接待来自任何地方的年轻人，如果他们的想法得到盛大的认可，盛大就会投入资金来帮助他们实现自己的计划。

“20计划”规定公司将与游戏团队分成，最多可以达到20%。这个数字极大地调动了人才的积极性，让有才能的人能在盛大中找到自己的发挥空间。

随着国内游戏市场的日趋成熟，国产的游戏相对来说价格低廉，容易控制。国外的二线游戏并不比国内的优秀，并且代理和运营时都有极大的风险。针对盛大娱乐来说，它以代理游戏起家，对于游戏的研发并不具有优势。所以收购具有良好研发能力的游戏公司，可以大大弥补盛大的这一缺陷，实现战略资源上的互补。

3. 寻求国际合作伙伴

2007年，盛大互动娱乐有限公司在上海宣布，已取得韩国领先游戏商 NCsoft Corporation 开发的3D大型网络游戏《AION》在中国大陆的独家运营权，并同时宣布双方达成了战略合作协议。

一方面，盛大在运营大型游戏方面成绩斐然，同时拥有遍布全国的广泛渠道和出色的市场营销能力，是韩国游戏商在中国最理想的合作伙伴；另一方面，基于《AION》出色的内容品质和盛大强大的运营平台，盛大对这款游戏在中国的前景充满信心。同时，与 NCsoft Corporation 战略合作关系的建立将对盛大的产品线提供强有力的支持。

二　频道做大做强，内容不断丰富

1. 练好基本功，立足网络游戏

“盛大娱乐平台”根据自身资源优势，与国内优秀的游戏公司签订合同，进一步壮大自身优势。最具代表性的是旗下的两个板块——“浩方电竞平台”和“游戏茶苑”。

“浩方电竞平台”属于上海浩方在线信息技术有限公司，这是一家综合的互联网在线游戏公司，提供在线游戏平台、流行和休闲游戏，以及游戏资讯、游戏社区等多种服务。“浩方电竞平台”推出后，满足了国内几千万游戏玩家互联网游戏的需求，以虚拟局域网的先进技术、支持游戏种类丰富、比赛的规范操作等优势获得了国内 80% 以上竞技玩家的青睐，世界上最大的玩家潜在市场被迅速激发。

另一个板块“游戏茶苑”，隶属于温州市创嘉科技有限公司，这是一家致力于依托现代软件和网络技术，以丰富人们的网上生活为旨趣、以棋牌在线游戏为主营业务，以传播中华传统文化为宗旨的游戏公司。截至 2004 年 5 月，仅凭“双扣”“麻将”“梭哈”“原子”“红五三打一”“军棋翻翻乐”“围棋”等自主开发的在线游戏项目就拥有了 500 多万注册用户，1 个主站，5 个分站的游戏站点系列，每日 120 多万页面访问量，最高同时在线人数超过 45000，在短短的两年半时间里，“游戏茶苑”以无可置疑的实力跻身于国内重点游戏网站的行列，成为中国网络业不可忽视的后起之秀。

“浩方电竞平台”“游戏茶苑”“边锋棋牌”这三个板块几乎包容了所有类型的游戏，能够给用户提供全方位的游戏体验。

2. 拓展其他娱乐业务，与网络游戏形成良性互补

“盛大娱乐平台”除了经营其擅长的网络游戏之外，也在其他一些娱乐功能上做出了努力。特别是它的一个板块——“起点中文网”，其前身为起点原创文学协会，长期致力于原创文学作者的挖掘与培养工作，并以推动中国文学原创事业为发展宗旨。

“感受超越自我，体验想象极限”，这个口号一直是起点众多玄幻、魔幻、武侠、军旅小说作者的创作目标。起点中文网拥有国内很多具有一流水平的原创作品，使书友得以在第一时间阅读到作者连载的好书佳作。

2007年，盛大全力推出国内首款与文学、影视和动漫联动的网络游戏《鬼吹灯》。《鬼吹灯》是盛大旗下“起点中文网”上的原创热门网络小说，在网络上吸引了上千万的点击率，不仅作为实体书出版，登上2007年中国畅销书排行榜，还被上海、香港的影视公司改编成电影、动漫，市场前景令业界瞩目。

第五届中国国际网络文化博览会上，盛大又一举推出了多款改编自中国传统文学作品、并拥有国内自主知识产权的最新游戏，包括《蜀山》《封神演义》《纵横天下》。盛大将投资30亿元用于开发游戏。

不少网络游戏都具备被开发成影视、动漫作品的市场潜力。以游戏为代表的互动娱乐产业掌握了知识产权，等于是掌握了文化产业创意的秘诀，在此后的几年内将有效地推进中国新兴文化产业的整合发展。盛大通过向有意改编作品的企业出售版权、相互合作，从而打造一个以网络游戏为龙头的新型文化产业链。

“盛大娱乐平台”的另一个板块——“盛大易聊”，是盛大全线互动娱乐产品之一，是针对终端PC消费者推出的包含EZ Center宽带娱乐门户软件，盛大专用遥控器和红外接收头在内的电脑宽带娱乐产品，能够将个人电脑迅速升级为“宽带娱乐中心”。

“盛大易聊”针对不同阶层、不同年龄段、不同性别的消费者，基于“想要，就能得到”的即时内容理念，初期将全面提供教育、游戏、新闻、财经、文学、电视、电影、音乐、卡拉OK等功能，充分体现盛大的内容优势和整合能力。

三　总结

盛大的发展，一直紧紧地围绕他们的主营业务和核心竞争力，在三个方面不断努力着：第一是继续充实内容（content），代理和自主研发并举；第二是密切关注国际互联网虚拟社区发展的新方向和新技术，继续加强、夯实盛大的平台，加大对游戏社区化的建设（community）；第三是紧紧围绕用户挖掘新的增长点（commerce）。

Content、Community、Commerce是盛大为今后发展制定的明确的战略，盛大将用娱乐内容吸引用户，用社区来沉淀用户，用新的商业模式去获取更大的赢利。我们坚信，中国网络游戏市场将在未来拥有巨大的发展潜力，而盛大也将继续保持在中国网络游戏产业中的领先地位。

（王建东）

第五单元

专业频道类

第二十八篇

中华网“汽车”频道

简　　介：中华网以鲜明的定位，满足职业人士的需求，影响和引领中国网民中的中坚。中华网汽车频道，作为中华网大型门户网站下设的专业频道，立足于中华网的这一人群定位，利用技术手段将内容、数据、社区、服务有机结合在一起，努力打造以内容为主、以服务为重的国内首屈一指的“汽车信息网络服务平台”。它是国家级的新闻网站，设有“品牌车廊”“独家策划”“中华网试车”等特色板块。不仅拥有海量信息，同时与车型数据库、各类车型图库、试车试驾视频等板块形

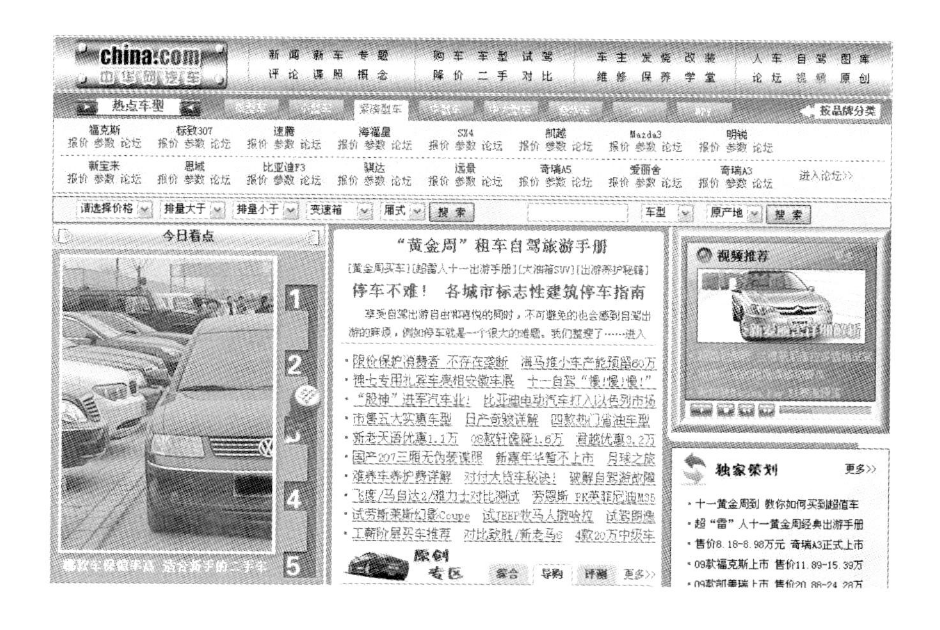

成立体互动，导购导用的信息网络。

中华网汽车频道还是中国门户网站垂直化策略的典范，在2007年获得“中国信息产业年度商业模式创新奖”。同时，中华网汽车频道秉承精准营销的理念，推行量身定做的广告营销策略，组织专业化细分的广告团队，达到多层面、多角度、全方位、立体化的广告投放效果，为领域客户提供专业化、系统化、个性化的服务。中华网汽车以其超强的服务功能、完善的数据平台和广泛的社会影响力，得到网民与专家的高度认可，获得2005年、2006年、2007年“中国互联网站品牌栏目（频道）”称号。

理　　念：秉承专业，打造中国第一汽车信息服务专业频道

特　　色：利用技术手段将内容、数据、社区、服务有机结合，努力打造以内容为主、以服务为重、以大众职业人士为对象的网络平台

板块内容：“今日看点”“独家策划”“新车推荐”“深度评论”“品牌专区”“独家测评”“人车生活”“论坛精选”“学堂推荐”“车主之家”“专家答疑”“发烧天地”“BLOG推荐”“自助选车”“购车指南”“二手车信息”“热门二手车”“车型对比”“质量曝光台”“价格波动”

经典板块：“品牌车廊”“独家策划”“中华网试车”“二手车平台”

域　　名：http：//auto. china. com/

专业化取胜　垂直化模式

——对中华网“汽车”频道的评析

中华网汽车频道充分利用技术手段，将内容、数据、社区、服务有机结合在一起，其快捷的报道、深度的分析、翔实的数据和生动的图片受到网民的关注，得到网民与专家的高度认可，再度获得“中国互联网站品牌栏目（频道）”称号。这是该奖项设立3年来，中华网汽车频道在2005年、2006年、2007年连续三次在全国汽车网络媒体业界独家获此大奖。

一　精准定位分众传播

中华网的主旨是打造最大的职业人士门户，中华网以鲜明的定位，立足职业人士的需求，影响和引领中国网民中最中坚的人群。中华网一直以来秉承门户理念，经过多年专业化经营，积累了大量用户资源。中华网用户中71.5%以上拥有高等学历，其中4.2%拥有硕士以上学历。用户年龄段集中在25岁至35岁的职业人士，男性占绝大部分比例。30%用户来自北京、上海等中心城市，多为高学历、高职位、高收入的“三高”人群，这些用户具有接受新生事物快、对高品质生活需求迫切、品牌忠诚度高、消费力强的特点。这正是汽车、科技、游戏类网站求之不得的“黄金”人群。比专业网站更广泛的用户群，比门户网站更多的“三高”用户，成就了中华网得天独厚的优势。中华网汽车频道，立足于中华网的这一用户定位，充分利用技术手段将内容、数据、社区、服务有机结合，不断地扩张自己的栏目有效受众，印证着中华网汽车在汽车行业网络媒体中的非凡实力。

为了更好地凝聚这一重度消费群体，尽可能多地满足汽车网民的各种需求，中华网汽车频道特别注意整合汽车行业的其他媒体资源，融合汽车行业与普通消费者各自的信息，对于汽车行业不断推出具有自身品牌和鲜明特色的独家策划。与此同时，基于网民渴望参与和融入这种虚拟网络生活中去的渴望，中华网汽车频道充分利用网络技术手段营造“以汽车为主题，关注在‘人’”的数字化的生活环境。在“玩酷”这一大板块中，聚集了网民的消费体验、驾车体验、汽车性能、汽车改装等种种体验以及伴随汽车产业而生的车展、车模、车饰的各种美图，满足了网民的细微需求，体现着频道对网民资源挖掘的努力。

二　专业广告团队　打造专业网络广告平台

国内汽车消费者获取信息和交流互动的主要平台来自网络，正像中华网汽车频道主编周玥赟所说的：“我们做过一些调查，有50%的网友在买车之前都要上网寻找相关信息，对于网络媒体来说这是一件非常好的事情，证明了网络对于现实购车环境的影响力。”[①]

面对这一难得的机遇，中华网坚守网络广告阵地，除自身庞大的专职广告团队外，还聘请了一批广告业的精英担当“外脑”，同时还与多家业内大型广告公司建立了良好合作关系。与此同时，中华网还将广告团队进行专业化细分，针对汽车、游戏、IT等热点建立起独立专业团队，为三大领域的客户提供专业化、系统化、个性化的服务。以往，广告客户更看重的是电视广告和平面媒体广告，现在这一局面已经发生改变，更多的广告客户发现网络广告和传统广告相比交互性更强、更具灵活性、成本也更低。众多的优点和显而易见的效果，使广告投放比率逐渐向网络倾斜。国内汽车消费者获取信息和交流互动的主要平台来自网络。网络从内容整合到获取资讯，其提供能力都强于报纸、电视和电台，包括信息覆盖面、检索能力，这些都是其他传统媒体不可能提供的。中华网在过去几年中已在广告方面有了很多成功的案例，先后为摩托罗拉、惠普、微软、VOLVO、尼桑汽车等公司投放广告。针对不同的广告需求，中华网采用灵活多样的投放计划，网站首页与专业频道广告的有机结合，使用户有效分流，或是利用特殊广告形式进行“高压推广”。这些特殊的广告投放规律有效避免了广告的重复投放与混淆，提高了广告到达率，得到了广告业主的推崇，为广告投放和更多的合作伙

① 周玥赟：《打造汽车信息网络服务平台》，http：//auto. sohu. com/20070328/n249033330. shtml。

伴打造了一个高价值的平台。

三　垂直化经营模式　增值性服务理念

所谓的垂直化策略就是在同一个垂直供应链上发展各种不同的服务和产品，使这些服务产品相互关联以满足同一个目标群体的需求的一种营销形式。垂直网站的特色就是专一，不追求大而全，只做自己熟悉领域的事，以各自行业的权威、专家的眼光吸引顾客，做到更专业、更权威、更精彩。中华网汽车频道就是依靠这样的垂直化的经营理念，不断更新突破，凸显专业化的水准。“独家策划”是以独特的视角，充分利用网络功能和信息资源，对同一事件做不同角度的深度报道，呈现不一样的观点；“品牌车廊”则集合内容报道和数据、服务对市场热销车型进行专题报道；“中华网试驾”将由中华网试车团队第一时间专业测试新车的性能，为您提供评测报告；“二手车平台”则是门户网站中目前唯一集信息、发布平台、评估服务、线下服务于一体的平台；“独家测评”以专家的水准，独具慧眼的对新上市的各型汽车的性能以及适合群体等进行精心测试和评价。

不仅如此，为了深化垂直化经营，中华网汽车频道不断了解网友的个人需求并挖掘自身内容可提供的资源与优势，整合所能获得的各种资源，成为各类主体有效沟通的连接平台。在服务方面，中华网汽车频道联合线下的实体合作伙伴，为汽车产业链各个环节的服务网络化、便捷化不断努力，营造一个可以充分享受汽车生活的网络。同时，中华网汽车频道积极拓展与行业媒体、厂商、服务商的合作，通过与它们的合作，各用所长、各取所需，借助它们的渠道和用户拓展频道的影响力，树立频道品牌，也为商业合作伙伴、网上广告商及市场推广用户提供有效的推广平台，得到了网民和广大车主的众多好评以及行业厂商和业界同人的一致认可，成为广大网民买车用车的重要参考。同时，由于频道关注“人”的需求，使频道社区内活跃着一大批忠实的网民，网民也乐于同频道及时互动，尽显中华网汽车频道新锐与时尚的专业特色。

除此之外，中华网汽车频道也为网站另一核心业务——流动增值服务提供一个强大的网上平台，扩大中华网的用户层面。中国的流动增值服务、互联网服务及网上汽车市场是全球最庞大及发展最迅速的市场之一。中华网汽车频道也致力于在这个极具发展潜力的市场发掘商机，以进一步拓展业务，他们以先进的科技及非凡的创意，为客户提供具有吸引力的产品及服务，并已经在此市场占据了领导地位。凭借与中国流动电话运营商总公司及省级公司的紧密关系，中华网汽车频道在中国的流动增值服务业中拥有优越的地位，为用户提供了广泛的流动增值服务，包括汽车短讯、彩讯服务、无线应用协定、互动语音回应以及提供的汽车产品（包括汽车美图、车模及图铃下载、聊天与交友、新闻及汽车展销资讯）等。通过手机上网登录可以使网民更及时地了解中华网汽车频道的更新信息，便于网民上网参与互动，形成网上网下一条龙式的增值业务。

四　结语

基于对汽车市场的敏锐判断和独特视角以及来自汽车行业和广大网友的广泛认可，中华网汽车频道连续3年获得品牌频道这一奖项并不是偶然。中华网汽车频道希望进一步利用先进的网络技术作为工具，整合各种类型的媒体资源以及作为用户的个体资源，把中华网汽车频道从用户“爱看”的平台进一步打造为用户“爱用”的平台。在内容方面更加强调作为国内领先平台的“准媒体”的报道责任感，同时充分利用优秀的技术资源不断了解网友的个人需求并挖掘他们内容提供的资源与优势，整合所能获得的各种有效资源，成为各类主体有效沟通的连接平台。在服务方面要继续联合线下的实体合作伙伴，为汽车产业链各个环节的服务网络化、便捷化不断努力，真正营造一个可以充分享受汽车生活的网络环境。

（周晓明）

第二十九篇

新浪网“财经”频道

简　　介：“新浪财经”作为全球中文第一门户网站新浪网的财经专业频道，拥有优秀的报道团队和广阔的信息视角，以报道财经新闻、证券信息、理财信息为主体，不仅专注于财经新闻的专题的策划，亦是专业的证券资讯平台，更是读者投资理财的咨询专家。2006年，荣获“中国互联网站品牌栏目（频道）”的称号。

频道设置：“国内经济”“国际经济”“宏观经济”“理财”“外汇”“期货”“产业”“消费”等众多栏目，内容涵盖财经综合新闻、股票、基金证券信息以及各种理财咨询

精品栏目：“生活—消费”“财经吧”“中国经济50人论坛”

域　　名：http：//finance. sina. com. cn/

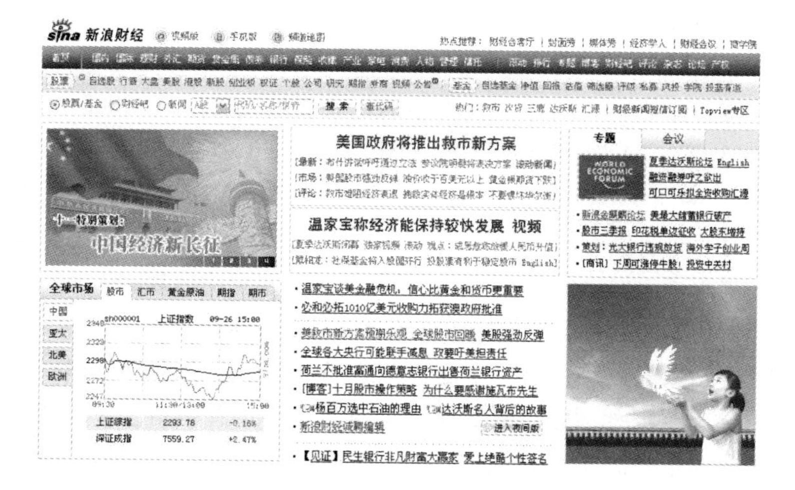

贴近平民生活的财经频道

——对新浪网“财经”频道的评析

“新浪财经”作为新浪门户网的一个频道，首先在品牌与资源这两方面就领先于同业者，先天的优越地位加上资源的充分利用和良好的频道定位，“新浪财经”一直保持着较高的点击率和财经信息网络报道的领跑态势。

一　重视专题策划，关注财经热点

门户网站在受众心目中一向以大而全为特点，“新浪财经”作为中文第一门户的一个专业频道，首先就要做到大而全，但是如今的财经频道众多，仅仅做到大而全，没有自己独特之处，是很难保证高点击率的。“新浪财经”在成立之初就一直致力于财经新闻的专题策划，每一次社会上发生重大新闻，新浪都要做专题，在这些专题里搜集了各大媒体的报道及评论，同时也汇集了专家与网友言论，在众多信息的汇集当中，经过编辑整理提炼出网站自己的见解，而这些原创的观点正是网站吸引受众的独特点。

在新浪网的“专题·策划”栏目当中，可以看到从2001年到现在的所有重要专题，经统计，2001年的重要专题为18个，2002年为22个，2003年为34个，2004年和2005年均为40个，2006年为56个，2007年为84个。单从数字的变化，就可以发现频道对专题策划的侧重，而且，每年都有不同程度的加强。专题策划汇集了网站编辑的心血，在展现了他们原创力的同时也是网站综合实力的体现，因为只有实力相当的网站才会注重原创，注重经营网站的媒体角色。

抛开枯燥的数字，频道专题内容在这几年中也发生着质的变化。2001年轰动一时的“银广夏”事件，新浪做了全程报道，搜集了各大媒体及时发布的信息和评论，从2001年10月20日事件报道到2003年

1月7日《财经》杂志上最后一篇关于“银广夏陷阱”的重要评论，为时一年零两个月的跟踪报道，新浪精挑细选出具有代表性的100篇媒体文章做了一个专题。虽然是专题，但网页形式还是比较简单的，开篇两则引子，其后便是文章的罗列。再看2007年的专题“聚焦娃哈哈遭遇达能强行并购”，页面则丰富许多，对做专题几近驾轻就熟的“新浪财经”对事件做了多方位、多角度的报道和剖析：从传统媒体文章的转载，到网站编辑有心的组织划分，从文字做原委阐述到图片传递现场感受，从网上调查到大量的博客评论文章。网站请来娃哈哈董事长宗庆后做客新浪嘉宾聊天室，进一步增强网站新闻的时效性，画出法国达能公司在中国的布局图和娃哈哈集团的发展路径图，让读者能更加清晰地了解事情的来龙去脉。另外抓住“并购”这个字眼，又做了几个相关链接——强生入主大宝、法国SEB并购苏泊尔、拜耳收购东盛三品牌、水井坊贱卖……从做一个专题到做几个专题，从一个企业联系到全国企业的生存状况，可以说这个专题已经做得相当成功了，没有传统媒体能做到这样的信息发散，也只有专心用心的编辑们能做到这些，他们不断地改良自己的网站，尽可能地向受众清晰明了地传递有用信息。

二　用专家视角强化频道专业化

财经新闻不同于一般的社会新闻，一些关乎平民受众生活的经济事件，表面虽然简单，但很多时候仍需要用经济学上的理论去解释，而这时一些专家针对该事件的解释与点评，可以让普通受众不再浮于事件表面，而是利用这些可靠有用的信息对事件进行深入的了解，同时也增加了网站本身的权威感与可信度。经济学和商业管理一直是财经网站的主角，报道评论财经新闻，离不开财经新闻里的人物，所以对财政、经济、商业管理界名人的关注不仅可以提高网站内容的可读性，也同时提升了频道的专业程度。

网站中有许多栏目涉及财经人物，有知名专家对事件的评论，也有对人物的介绍。财经评论栏目，每天选出四位财经专家对时事的评论进行刊发，在这里你可以见到许多经济界名人，听到许多颇有建树的言论，中国国际金融公司首席经济学家哈继铭、银河证券首席经济学家左晓蕾、《第一财经日报》财经新闻中心编委张庭宾等知名学者都是该栏目中的常客，评论的内容从国税改革、房价透析到股市看点、民生热点，无不一一作评。“人物”栏目每期推出几个近期备受瞩目的财经圈内人物，并从中选出一位最受关注的焦点人物做详细专题，各方搜集转载人物新闻资料，多角度对该人物进行介绍，以期为读者展现其完整的真实的人物性格和生活经历。被介绍的人物中有官员，有学者，也有商界精英，介绍重点放在该人物身上发生的、近期颇为引人注目的财经新闻事件，并以此发散到他整个人生历程及相关的社会反映，这是该频道极为热门的栏目。“经济学人”栏目，角度对准经济学家，以介绍中国知名经济学家为主，汇集吴敬琏、厉以宁、茅于轼等数十位著名学者，为每一位学者建立专门的个人网页，在介绍其生平和学术成果的同时，及时地更新学者对新近经济状况的评论和学者的相关新闻。“经济学人”栏目力求以国人的眼光看世界经济和中国经济，突出了网站以服务全球华人社区为己任的目标。

三　服务大众，贴近平民财经生活

“新浪财经”频道不仅致力于服务各类政府机构、金融组织精英人士，对于平民大众的普通经济生活也非常关注，为帮助受众理财、解决各类生活难题，“新浪财经”提供了许多非常实用的工具与栏目，一度好评如潮。

在帮助受众理财方面，频道专门设置了一个理财工具专栏，12 大类下的 36 小类的理财工具可以系统地帮助网民解决生活中可能遇到的各种理财问题。如果网民在银行有存款，不管是零存整取还是整存零取，银行类工具都可以帮其将本息计算清楚，此外“最佳存款组合”工具可以告诉网民如何根据自己的具体情况安排存款方式和数量；如果网民有意要投资，股票类工具、基金类工具、期货类工具、债券类工具可以帮忙计算收益；有买车或购房意向的网民可以通过“买车计算”“购房计算”工具明确最佳的购买对象和购买时间。关于家庭财务健康诊断的“财智家庭财务诊断”工具是一套科学的财务诊断系统，经过收集家庭的基本信息和财务构成情况，根据生命周期理论，为网民诊断出当前的投资是否合理，给出科学的投资安排比例、家庭财务支出比例、负债比例、众多参考数据，以便更科学地进行家庭理财。这套系统不仅受到普通网民的欢迎，而且备受金融机构青睐，得到了招商银行、工商银行、中国银行、民生银行、建设银行、兴业银行、光大银行、华夏银行等众多机构的认可，其中有许多贵宾客户和成功服务的案例。

把钱存入银行的时代已经过去，投资理财的观念已经日益深入人心。基金、外汇、人民币理财产品、保险、债券，可选择的投资理财产品越来越多。为适应时代要求，新浪网理财频道特意推出“牛牛理财工作室”，以日报、周报和特别策划等形式，每天紧密关注理财市场的最新资讯，从众多繁杂的信息中筛选出最具价值的理财信息，帮助网民选出最适合自己的理财产品，并使之能够紧随市场环境的改变调整自己的投资组合。针对时下越来越火的收藏热，“新浪财经”推出“收藏”栏目，将知识、欣赏、投资融为一体，满足网友的多方面需求。

“生活—消费”栏目关注大众消费生活，提供商品质量、价格等方面的权威信息，服务引导大众生活。每年的“3・15”消费者权益日，频道都会组织重要专题对消费者权益进行关注，许多议题至今还有着较高的点击率。

四　汇集财经著名媒体，信息全而专

如今门户网站的大部分新闻还只是靠搜集传统媒体的新闻报道，大多情况下起到一个用互联网的宽广平台进行新闻信息传递的作用。这个功能，所有的新闻门户网站都在做，新浪网也不例外，只是“新浪财经”在这方面依然下了一番工夫，不是所有的传统媒体的信息都转载，它所转载的都要经过重重筛选。就如“封面秀”这个栏目，“新浪财经”挑选了14本财经、管理类专业刊物进行转载，以期让受众能在最少的时间里获得最多和最有用的信息。《环球财经》《中国企业家》《商界评论》等国内优秀期刊纷纷上榜，在它们的封面后边是根据杂志期数每期及时刷新的全部杂志内容，这样读者就可以足不出户阅读到他们平时需购买才能看到的杂志。

《第一财经》《华夏时报》《中国经营报》《21世纪经济报道》等50余家合作伙伴，使“新浪财经”拥有十分优越的资源优势，“会议专区”这个栏目就充分体现了这一点。频道不仅及时地预告各类会议盛事，其自身也在不断地联合各家媒体、机构举办推动中国经济健康发展的各种评选活动。

（谢明珠）

第三十篇

搜狐网“财经”频道

简　　介：财经频道是搜狐公司内容部产经中心的一个频道，以财经新闻频道、证券频道、理财频道为主体，集财经综合新闻、证券资讯平台及投资理财信息于一身，以门户网站的形式，向浏览者传递财经信息，服务大众的工作和生活。

频道定位：成为公众利益的代言人、真正意义上的媒体，承担护佑社会转型、卫道市场经济、瞭望宏观大势、传播国际观念的责任。于2005年荣获“中国互联网站品牌栏目（频道）”的称号。

频道理念：立足经济、关注民生、维护公平、助推发展

频道操守：敬业、求真、正直、独立、清廉

频道口号：专业、理性、独到、锐气、稳健

频道设置：设置财经新闻、理财、证券三个主要板块，并有在线阅读和人物频道两个频道为辅。

财经新闻频道，以报导财经综合新闻为主。

证券频道，报道股票、基金证券信息，提供强大的交互式行情咨询平台。

理财频道，以百姓金融理财为方向，传递科学理财观念，从源头上提供最权威最及时的关于百姓金融理财系统资讯的综合性服务平台，是金融机构与客户之间最具影响力的中间媒介，是中国人家庭理财的首要咨询及参考中介。

在线阅读，以“每天转载媒体文章眼球率之20秀”汇集每周各大财经媒体的重要专题报道。

人物频道，与《南方人物周刊》联合推出。

精品栏目：“中国经济思想库”“五道口财经争鸣”“左右间财经评估”

域　　名：http：//business. sohu. com/

走进财经“精品店”

——对搜狐网“财经”频道的分析

“搜狐财经”频道总编王子恢说，“精品店”对于“搜狐财经”频道来说是一个理想。①

“精品店”是一个理想，达到它不容易，但俗话说“心有多大，舞台就有多大”，“搜狐财经”频道在不断地努力中获得了不少荣誉与经验，而这些正是让其越发自信前行的动力。

一　“搜狐财经”频道的网络视角

财经新闻报道在中国还处在起步阶段，还是一个比较稚嫩的行业，互联网财经报道则更加稚嫩。搜狐公司跟随新浪做门户网站，“搜狐财经”是同业中起步较早的一个，在几年的经营当中，“搜狐财经”有一套独特的经营理念。

1. 抓住网络媒体的优势做财经报道

虽然传统媒体在新闻报道方面占尽优势，读者更倾向于读报纸上的深度报道，但网络媒体也有传统媒体不能比拟的优势，那就是如果把财经新闻放大到资讯这个层面来看，传统媒体是肯定落后于网络媒体的，网络媒体的宽广平台可以让网民在同一时间看到多家传统媒体的新闻，可以说做到了一览无余。基于这一认识，“搜狐财经”将合作基础之上的海量信息整合作为争取读者的砝码，成为提供最丰富的资讯集纳平台，充分发挥了网络媒体的优势。

另外，网络媒体能做到比传统媒体更迅速及时，这个特点用在财经资讯上则其优势更加明显。因为从财经报道的角度来看，许许多多的投资者，或者说关心市场发展的人，除了看新闻之外，更主要的是关心带

---

① 李松、侯捷心：《专访搜狐财经频道总编王子恢》，《新闻与写作》2005 年第 12 期。

有新闻性的资讯。“搜狐财经”的证券频道，就提供了强大的资讯平台，浏览者只需输入股票代码，就可以马上看到某只股票在市场上的实时走势，可以随时根据这个行情资讯进行投资。同时，在这个行情系统里，可以随时查到当天的最新上市公司的公告，以及股评家、分析机构在第一时间发布的关于这只股票的评价报告。而这些都是传统媒体不可能做到的。

2. 拓展原创形式，增加原创网络新闻

在搜狐看来，原创是有不同层面的，成文的新闻作品是传统媒体的原创，是传统形式的原创，如果网络媒体将自己限制在传统媒体的原创里，那么发展空间是非常有限的，所以需要做的是拓展原创形式。

在网络媒体，有很多原创不是记者做的而是编辑创造的，编辑将一系列的传统媒体的相关报道组织在一起，经过提炼加工提出了自己全新的观点，这是一种原创；编辑约稿，将没有在其他任何媒体发表的稿件在自己网站首发，这也是一种原创。另外，网友也是不可小觑的原创集体，大量网友的跟帖，发表对文章的看法，许多时候会有非常有见地的言论出现，编辑将它们归集分类，提供给读者一个相对完整的作品，这亦是一种原创。做新闻网站的原创，搜狐做得非常出色，其中有的已经形成非常有影响力的栏目，如“五道口财经争鸣”，里面就是针对各种各样的经济话题，让网友自己发表意见，这种独具特色的“草根原创”在网络上是非常受欢迎的。

二　“搜狐财经”频道的理念视角

开篇提到，将财经频道像做“精品店”一样打造，是搜狐人的理想，也是搜狐的独特视角，在现今这个信息爆炸的时代，做新闻做信息，需要独特的理念与优势。

1. 独特的频道理念——“精品店”

“搜狐财经”一直有这样一种理念，就是将“搜狐财经”做成搜狐门户网站的“精品店”，只有让“搜狐财经”在网络财经新闻操作中独树一帜，才能让自己的新闻成为各种网络新闻中的精品。

在受众的脑海里，对互联网的资讯的认识一般就是海量、快速。在“搜狐财经”，网站不仅要做到“海量”“快速”这两个一般互联网财经频道都能做到的特点，而且要做出自己的特色，这就要反其道而行了，

那便是做精品。“搜狐财经”中建设了各种各样的精品栏目，比如“中国经济思想库”“五道口财经争鸣”“左右间财经评论”，等等，编辑们通过这些精品栏目来构建自己的品牌、彰显自己的风格。

2. 坚持真实与快速并重的新闻理念

今天，虽然网络已经成为人们获得新闻信息的一个必不可少的渠道，但归根结底它还只是一个依托于传统媒体之上的信息传播平台，网络上的大部分新闻都是摘抄于传统媒体，从这个角度来说，网络上的信息是很可信的，但是通过网络转载再加上原创，鉴于网络的传媒形态还没有完全成熟，受众会产生不信任感。对于这种情况，“搜狐财经”有它自己的一套做法，即坚守“两个核实”的新闻理念。

在“搜狐财经”，不管是转载的新闻还是原创的专题策划，都是经过严格把关的，要经过两个核实才能够发布，即一是核实信源是不是可信的，二要核实信源的信息是不是真实准确的，此外当搜狐人拿到一个信息时必须多方求证，证实准确无误时才能发布。

真实与快速往往是一对矛盾体，但搜狐很好地处理了这个问题。“搜狐财经”做了很多传统媒体赶不上报道而发布的独家新闻，比如“搜狐财经”最早报道的顾雏军被捕事件，100 多字的消息，发布后被好几家网站转载。一些业界的重大新闻，比如人民币升值、央行调整房贷利率等，搜狐都能在第一时间准确报道，传统媒体的速度是无法实现的，而且确保是权威信源来的消息，这样就大大提高了搜狐信息的权威性。

三　搜狐财经频道的策略视角

1. 走在网络新闻专题策划最前端

在“搜狐财经”的发展历史上，新闻专题策划的成功是浓墨重彩的一笔，从国企产权改革大讨论到《山坡上的中国》，从杨小凯的英年早逝到企业家英年早逝专题的推出，从新兴医院王小石案件到奥运会期间奥运冠军理财策划，从包头空难、中航油事件、银行加息、人民币升值、油价专题到“中国如何告别金色迷茫”专题……这些都是促成“搜狐财经”成功的因素，是“搜狐财经”不得不谈的内容。

《山坡上的中国》是互联网首份中国经济年度报告，是互联网原创策划与写作的尝试，从迈向 2.0 版互联网新闻的新起点，一次推送近 30

个网上专题，既有网络版又有印刷版，有效传递了“搜狐财经”的品牌，同时也是“搜狐财经”采编能力的团体大考验。网络专题总共有四部分，改革深水区、全球化表情、产业兴忧实录、第三种力量，其影响都很大。

对2005年“中国如何告别金色迷茫”的专题，“搜狐财经”采访了16位经济学家，跟安邦集团总部联手展望2005年宏观经济走势；就股票频道的原创策划，解决股权分置，中国股市跨越转折的分水岭等专题，“搜狐财经”约了11位经济学家做了一系列连线、在线，而且绝大部分都是原创……

2. 面对互联网技术革新的挑战，抓紧版权和新闻编辑创新

随着互联网的发展，门户网站新闻的模式已经发生了变化，互联网技术的不断革新，门户网站搜狐将要面对的是一个很严峻的挑战。

Google、雅虎代表的技术派，很多频道只有一个编辑，负责新闻位置的调整，将认为重要的放在头条，不太重要的放在滚动系统里；将跟踪网站锁定，就可以自动抓取生成页面；Google推出自定义新闻，也是自动抓取新闻，页面风格可以根据网友自己的阅读需求自行编辑，调整成自己喜欢的字体和颜色，整个新闻的页面或者喜欢的某一个栏目都可以根据阅读者的需求来订阅，如关注财经新闻的对别的新闻可以不关注，喜欢看银行的，可以专门订阅银行新闻。这对像搜狐这样的门户新闻网站，是一个极大的冲击，搜狐意识到，只要自己所有的编辑都在工作，所有人都在为Google、雅虎打工，他们就可以把搜狐的东西轻易拿走。

门户新闻网站的用户将会被分流，只要大家阅读新闻，每个人都可以有自己个性化的新闻主页，这个时代的来临，让“搜狐财经”开始关注自己的版权。网络新闻二次革命，“搜狐财经”作为门户网站的财经新闻资讯平台，必须使互联网形态趋于完整。雅虎或者Google为代表的技术派，也是有缺陷的，Google新闻最大的挑战就是版权，“搜狐财经”转载别的媒体的新闻他们可以抓取，但自己的原创新闻是不允许被抓取的。保证有强大的原创队伍和明确的价值取向，“搜狐财经”做出的新闻有公信力时也要拥有自己的版权，这也是“搜狐财经”下一步继续要加强的，即从新闻信息汇编Web1.0时代向新闻编辑原创Web2.0时代迈进，将“搜狐财经”做成真正意义上的财经媒体。

3. 加强与其他媒体的合作，拓宽网站栏目

“搜狐财经”一直致力于与其他媒体的合作，“在线阅读”是“搜狐财经”与十几家传统媒体合作推出的栏目，“每天转载媒体文章眼球率之20秀”，让读者只需上其中一个网站就能看到所有著名财经媒体最新的各种报道和评论，是个很受欢迎的栏目。但是“搜狐财经”并不满足于此，而是不断寻求更多的合作和拓展。

搜狐网与价值中国网结成战略合作伙伴关系，并在“搜狐财经”上有突出的表现。价值中国网是中国领先的财经类网络媒体，涵盖经济、投资、金融、管理、行业等各大财经领域，传递财经新闻，共享信息和经验，倡导独立思想。网站成立一年多，已经拥有数千名学识渊博、同时在各行业具有丰富专业经验的专家学者。据统计，有80%以上的作者拥有硕士以上的学位，有在各行业中从事实践工作的企业家、经理人，也有著名咨询机构及研究机构的研究人员，还有在国内外各高等院校从事理论研究工作的近百位博士和教授。

搜狐人物频道是“搜狐财经”与南方报业旗下的新锐刊物《南方人物周刊》合作推出的频道，是“搜狐财经”的一个独特网站栏目，建立在“搜狐财经”强大的技术支持平台之上，由《南方人物周刊》提供最新火辣的人物专访，并提供一站式搜索，增加网友互动内容，将人物报道与博客和BBS结合。

（谢明珠）

第三十一篇

腾讯网“教育”频道

简　　介：腾讯网（www. QQ. com）是腾讯公司推出的集新闻信息、互动社区、娱乐产品及基础服务于一体的目前中国流量最大的中文门户网站。其服务于全球华人用户，是一个同时兼具权威、主流与时尚的互联网媒体平台。腾讯网“教育”频道以腾讯网为依托，以拥有最快最全的教育资讯、辅导信息，较直观易用的服务产品而一跃成为用户首选的学习平台。

腾讯网“教育”频道荣获“2005 年度中国互联网站品牌栏目（频道)”称号。

特　　点： 囊括最全、最快的教育资讯、辅导信息，兼有较直观易用的服务产品

宗　　旨： 当好求学学子和在职员工的充电加油站；做好教育培训行业的晴雨表

主要栏目： “教育”“学历类考试”“非学历类考试”“充电深造”“互动社区”“教育资源库”

域　　名： http：//edu. qq. com/

个人“加油站”　行业“晴雨表”

——对腾讯网“教育”频道的评析

腾讯“教育”频道是腾讯网的一级频道，含有职业培训、求职、外语、出国、校园以及各种考试栏目等，通过互联网来为这些求学的学子以及在职的员工们，提供了一个充电的加油站。腾讯“教育”频道作为腾讯网的一级频道也已发展为国内流量最大的教育门户。

一　广博内容尽显资讯权威

腾讯网“教育”频道注重内容的丰富性与实用性，既做到对用户提供专业的服务与指导，又可以满足不同用户的资讯需求。

腾讯网“教育”频道内容广博，横向来分，有考试频道、充电频道、资讯频道、资料频道；纵深来分，有深度频道、互动频道、校园频道等。频道下方设有便于高考考生和家长需求的高校、专业、历年分数线、历年真题的查询，但美中不足的是这种便利设置并没有给腾讯“教育”频道提供一个优于其他网站的高度。在新浪网的“教育”频道中同样有这种设置，因此，腾讯网如想在这个方面争得最大块的蛋糕、留住最广大的受众，则需做好具体细节上的准备和服务工作。如对具体查询的内容做到比新浪网更有质量，对查询到的分数线加以阐释说明，对历届真题配有标准答案和详细分析等。尽管有不足，我们也不能否认，腾讯“教育”频道的这种设置，与其他大多数教育网站相比增加了内容的广博度，也展示了资讯的权威性。

一般网站都会将首页的第一个栏目设置为“综合资讯”，腾讯网“教育”频道也不例外，在其第一个栏目中，涵盖了方方面面的有关教育的资讯。除了和大多数教育网站一样在左上角设置“近期教育资讯滚动图片”之外，其将栏目左下方设置为博客精粹、教育名人，出国留学、海外镜头，每日英语、BBC 英语，考试资源库等 4 个层次 7 个板块，并在板块下属都设置有各自的小板块，大大提高了受众检索的时效性，也显示了腾讯网作为一个老牌网站的雄厚资讯实力。

“独家策划”“精彩活动”“高端对话”“视频直播”“媒体视点”“调查站”“持续关注”等子栏目也都设置在腾讯“教育”频道的第一个栏目之内。其中，“独家策划”是腾讯“教育”的一个品牌性栏目，往往会对教育前沿有所关注，比如对中国教育创投时代峰会的策划和报道等，做到尽显其他媒体所没有，彰显我网站资讯之前沿。同时，腾讯网“教育”频道也通过策划、举办会议论坛、评选、展览等各种商业活动，增加了收益，扩大了影响，使自身在教育行业的知名度和权威性得到了进一步的提升。

二　互动创新满足受众需求

中国互联网企业大多是从模仿国外互联网的模式开始起步的，从门户、搜索到现在的视频、交友网站等，无一例外。腾讯也是从模仿开始，但腾讯能够在模仿中进行有效的创新。如，腾讯网的核心产品 QQ 便是对 ICQ 的一种模仿，在腾讯“教育”频道中，这种模仿产品反倒成为一种竞争优势，表现在设有 QQ 免费订阅（分为学生派、考试通、QQ 英语等）以及 QQ 群（包括高考家长群、高考考生·教师群、校园精英群等）。这在国内众多的教育门户网站中独树一帜，满足了考生及其家长的交流欲求，增加了点击率，同时也为腾讯网增加了一个经济增长点。

除去“在模仿中有效创新”这个特点之外，腾讯“教育”频道还有另一种形式的创新，即“利用即时通讯，提供互动信息的平台”，在这一点上，腾讯的逻辑就是，建立起一个从创新信息输入到创新体验生产再到商业模式的强大创新平台，使得公司可以把来自每个角落的无数创新信息，既快又好又有利地转化为一流的互联网体验，从而将那些仅着眼于眼前零星创新的追随者和先行者越落越远。另外，在利用即时通讯提供互动信息平台的同时，腾讯网“教育”频道也通过 QQ 这种即时通讯工具增加了频道的互动性。

其中，互动性较强的栏目还有在线访谈、英语角、论坛、专家答疑等。此外还有大量的教育博客、特色博客在腾讯“教育”频道开放，如新东方的俞敏洪、疯狂英语的李阳、百家讲坛的王立群、Google 中国区副总裁李开复等。

三　强强联合携手特色服务

腾讯网“教育”频道通过和《中国青年报》《厦门商报》等进行强强联合，做好数据分析或是教育资源整合。据《中国青年报》报道：当第24个教师节来临的时候，《中国青年报》社会调查中心通过腾讯网“教育”频道对90964名公众进行了“中国教师健康状况调查”。在我国汶川大地震后，《中国青年报》社会调查中心与腾讯网“教育”频道曾联合进行了一项在线调查，结果显示高达94.1%的人表示希望参加灾难应对及求生技巧类演习。这些数据调查给专业研究机构以及科研人员提供了一定的帮助，并对社会的健康发展有一定的促进作用，同时也更加深了受众对我国某一问题现状的了解和把握。当然，这种强强联合所提供的特色服务也给腾讯网“教育”频道带来一石二鸟的效果，既增加了网站的点击率，提高了知名度，赢得了广告商的青睐，同时也产生了一定的社会效益。

此外，这种社会效益与经济效益兼顾的范例还有许多，如在“高考加分”这一议题被炒得沸沸扬扬时，腾讯网“教育”频道联合《中国青年报》社会调查中心进行了“高考加分之我见”的在线调查表明，47.9%的人认为加分政策让有权有钱人家的子女占尽好处，51.8%的人认为实际上是将中高考这种纯粹的“智力比拼”变成了“家庭综合实力”的较量，63.1%的人认为这破坏了教育公平和公正。这样的结果出来之后引起了社会各界的广泛关注，并进一步打响了腾讯网“教育”频道的知名度。

除了以上三点之外，腾讯“教育”频道还存在其他方面的特点，但也面临挑战和危机。腾讯的主要定位是年轻用户，不管是其“游戏”频道还是“娱乐”频道等，都将年轻用户作为自己的受众目标群，尤其是“教育”频道。随着受众用户年龄增长、生活形态的改变，受众流失的可能性就变得很大，因此，腾讯必须对这点做出有效的估计以及想出良好的对策，如通过促使用户包月或是一次性买断某课程的方式来发展网络教育业务等。

（刘英翠）

第三十二篇

网易网“科技”频道

简　　介：“网易科技”频道是一个为广大网友提供大量、及时和全方位科学资讯的专业频道。它报道科技新闻，关注科学技术的最新发展，聚焦国内外最具实力的科技公司，提供最新鲜的科普知识，是国内网络科技资讯的前沿平台。“网易科技”频道曾获得“2005 年优秀科普栏目奖”，“2006 年度中国互联网站品牌栏目（频道）”的称号。在门户网站中，“网易科技”频道是唯一一个获此称号的科技频道。

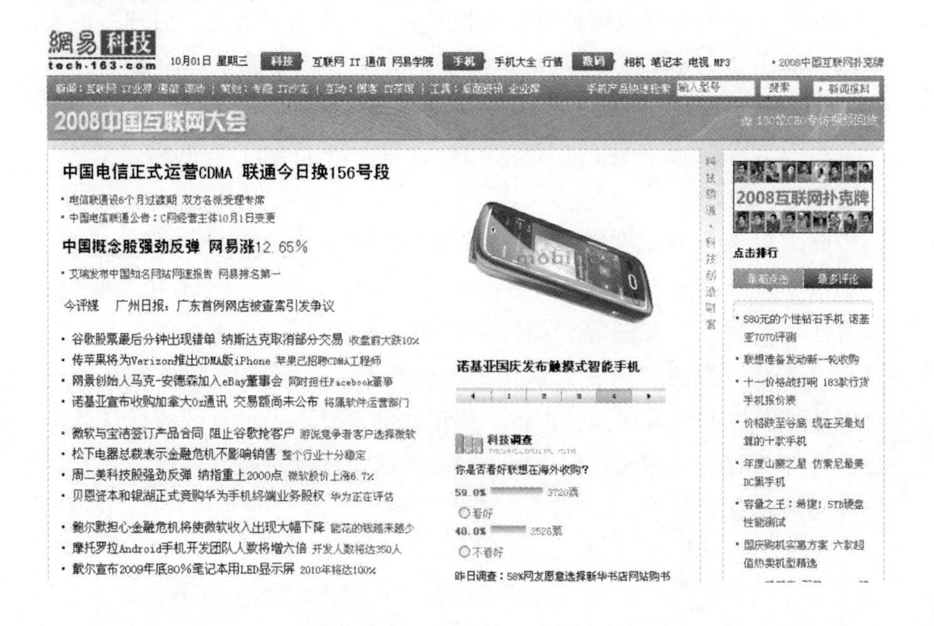

理　　念：科技创造财富

特　　色：以独特视角呈现科技圈内大事小事

栏　　目：“互联网新闻”“通信新闻”“业界新闻”“IT 茶馆 BBS”“博客 BLOG”“网易探索”“网易学院”“手机咨讯”“数码资讯”“科技人物”

经典栏目：“互联网新闻”“通信新闻”“业界新闻”“网易探索”

域　　名：http：//tech. 163. com/

科技创造财富

——对网易网“科技”频道的评析

网易作为中国领先的互联网技术公司，自 1997 年 6 月创立以来，凭借先进的技术和优质的服务，深受广大网民的欢迎，曾两次被中国互联网络信息中心（CNNIC）评选为“中国十佳网站”。

“网易科技”依靠网易得天独厚的受众优势，以新闻、科技、互动为主线索，将栏目分为展现业内外信息，关注科技发展动态，互动论坛几大类，同时又依据不同受众的喜好将栏目细分为手机资讯、数码资讯、网易探索等若干个小板块。这种大类中细分小类的做法，使栏目的整体板块构架看起来更简洁、更清晰，便于网民依据自己的喜好搜索相关的信息，同时又避免了因信息的海量所造成的板块烦琐、信息堆积等问题，迅速赢得了人气。

一　重视科技内容和重视人的作用

内容一直是门户网站最核心的部分，而新闻又是其中的关键，通过新闻能够保证门户网站的人流源源不断，给门户网站带来巨大的影响。改版后的“网易科技”更强调突出重点，加强头条区新闻的业内影响力，同时加强科学和网络学习的分量。在头条图片文章推荐中，增加了当日头条和前两天的头条回顾，以便于不能每天上网的网民回顾近期热点。通过首页的左侧“科技聚焦”栏目，表达网易在近期大事件上的立场和观点，对于有争议的话题，综合各方意见供网民参考，而且网民也能很方便地表达自己的观点。原来的“教程”被改成“网易学院”，以“网页制作”“办公自动化”“操作系统”“工具软件”和“恢复数据”等掌握某项技能来分设学习过程，对于没有任何基础的网友来说，这对他们的上网学习和操作提供了极大帮助。除此之外，“科学”栏目也是网易科技报道新版推介的重点之一。新的“科学”栏目分成科学、文化、百科和传媒四大板块。宇宙探索、考古、医学健康等新闻性较强的软件统统被安排在“科学”板块；“文化”主要以科幻小说的连载为主；“百科”板块很快将成为科技大全；而“传媒”板块则把主流的科学类媒体的重点报道做了一个集中。“网易科技”新开设的“IT茶馆”，已逐渐成为第一时间了解业内动态的首选场所，也是IT圈最热闹的地方之一。它提供给网民的是快乐轻松的阅读感受。让网民每天茶余饭后来这里看上5分钟，就能成为业内的消息灵通人士。在一些重大事件的报道中，“网易科技”同样注重网民轻松阅读的体验，让大家来充分表达自己的观点。《联想将收购IBM部分业务》《搜狐首席运营官古永锵将离职》《北京市政府采购涉嫌违反采购法?》《40岁张朝阳的脱衣秀》等，都由“网易科技”频道的网友最先曝出。在一些需要核实和论证的事件上，网易科技也承担起了引导业内舆论的责任。

从“网易学院”强势出击，到“IT茶馆”的再接再厉，“网易科技”一直在遵循着内容第一的理念。虽然以“内容为王”作为自己的发展思路，但这并没有局限“网易科技”另辟思路，这就是“以人为本”、不断创新。在2008年1月2日，网易新技术研发中心在杭州高新区破土动工，于2009年底竣工并正式投入使用。随着网易杭州研发中心的建设，网易组建了一支规模达3000～4000人的研发队伍，并进驻到该中心，承担着网易高端人才引进、互联网核心技术开发和新产品运营的重任。

二　网上网下互动　网民与专家零距离接触

2007年7月6日，“网易科技”频道正式开通“新闻投递”栏目，网民有关科技新闻的线索或文章可直接通过新闻投递系统发布，投递后即时呈现与编辑发布相同的新闻页面。网民投递新闻内容只要是科技频道内容登载范围，不限文体和字数，可以是一句话线索，也可以是长篇分析报道。设立此栏目的目的是以此搭建一个交流平台，使业界人士和科技爱好者在“网易科技”上能够轻松地与网友分享自己的消息或见解。另外，“网易科技”频道设置了“顶新闻”功能，包括读者投递的文章、来自各类媒体的新闻和一些翻译爱好者的文章等，每篇文章后面都有“顶一下”按钮，“顶”的读者数量越多，新闻呈现的位置就越突出。这一功能的设置在调动了网民的积极性的同时也同样发挥了新闻的议程设置功能，起到了网络新闻把关的作用。“网易科技”还同步上线了“译客”栏目，这个栏目以互联网、技术、创业、媒体等内容为主题，将国外优秀博客文章和精彩视频翻译成中文，提供给中文读者。“网易科技”将这里建设成一个新窗口，让网民了解到国外最新的技术和趋势，以及对世界 IT 业大事的不同观点。2004 年 11 月 24 日，“网易科技”频道（tech. 163. com）与涯遇江大展开合作，涯遇江大网站是江苏大学的非官方学生门户网站，以服务江大学子为主题，提供多方位的资源和服务，在校内获得了绝佳的反响，成为江苏大学最具影响力的民间校园网站。这次合作，使江苏大学同学们只要将焦点锁定在涯遇江大文章频道的“网易科技”栏目，即可方便获得最新的科技资讯，追上科技的潮流，了解最新的科技动态。“网易科技”通过与江苏大学合作，以及采用专家做客等方式证明了栏目以人为本，科学造福于人的原则，网民与专家互动，拉近了专家与网民的距离。

（周晓明）

第三十三篇

南方网“法治频道”

简　　介：南方网“法治频道”隶属于南方新闻网（www. southcn. com），该网站是经中共广东省委、省人民政府批准建设的新闻宣传网站。它由省委宣传部主办主管并作为南方报业传媒集团的成员单位，获国务院新闻办公室批准从事登载新闻业务并被确定为全国重点新闻网站之一，网站于2001年12月13日正式开通。南方网现已建设成为“华南第一、国内一流、世界知名”的大型综合性新闻门户网站。

在南方网总方针的指导下，南方网的“法治频道”也经历了一系

列的变化，由“法制”改为“法治”，体现了从法律制度体系到用法律治理社会的重大转变，南方网顺应法治进程，与时俱进，努力做“关注中国法治建设进程”的同行者与见证者。

南方网“法治频道”荣获“2006年度中国互联网站品牌栏目（频道)”称号。

理　　念：全方位提供法律信息和知识，提供周到的法律在线服务，全力打造依法治国的舆论阵地平台和普法教育的学习园地平台

主要栏目：“焦点新闻”“法制评论”“立法动态”“要案关注”“法律人生”“依法维权”“知名律师”“司法考试”等8个二级子栏目页面

经典栏目：“频道导航”“今日评论”“图片新闻”“法制专题”

域　　名：http://law.southcn.com/

中国法治进程的网络记录者

——对南方网“法治频道”的评析

在中国的法治进程中，有这样一个特殊的媒体，它最大限度的满足了公众对法律的需求与认知，时刻关注国家法律动态和各个大案要案，为公众提供及时的法律帮助，做到了法律与人们日常生活的良好结合，这就是南方网的“法治频道”。“法治频道”依托南方网的强大资源优势，在见证中国法治进程中发挥了良好的作用，为推进民主法制建设进程，创造良好舆论社会环境方面树立了榜样。它全面了解网民需求，从内容和表现形式等各个方面增强贴近性，为网民在法律方面提供贴身服务。

一　立足整体　综合优势显著

南方网“法治频道”是南方网的品牌栏目，在发展过程中它继承了南方网核心的资源优势，充分整合了南方网一切可以整合的资源。在法治类网站中具有其他法治网站无法复制的资源优势。它继承了南方网的优势特点，主要表现在：

针对性强。南方网“法治频道”能较好地锁定目标消费群体，其网民是关注中国法治进程的人士和需要增强法律知识的各界人士，以及寻求法律援助的人士，因此在提供专业的内容服务的同时，网站的针对性无疑是很强的。

传播范围广。南方网是华南最大的综合型门户网站，其日均点击量3000万人次，日均页面浏览量650万张。因此，其栏目下的“法治频道”也拥有相当大的辐射范围。

交互性强。传统法治类媒体的一大劣势是缺少交互性，而南方网“法治频道”借助网络媒体的优势，开辟了众多互动性很强的栏目，如“网上调查”“依法维权”，增强了与网民之间的互动，并为他们提供在线法律服务。

资源丰富。在“法治频道”的首页链接了很多专业的大型网站，如中国新闻出版网、第一传媒网、南方报业等网站，实现了多个媒体协作的强大信息网，使用户能够通过各种渠道找到所需信息。

二　严格把关　注重内容细节

当前，法治栏目普遍存在刑事案件报道数量过多，法治教育引导不力，法理分析肤浅、缺位等问题，并且有些法治栏目为增加点击率而过细描述犯罪分子的作案方法，全面再现犯罪过程，详细披露司法机关的侦破思路、侦破方向和侦破手段，甚至公布一些犯罪现场的血腥图片，这样的结果没有达到普及法律的真正目的，甚至会起到相反的作用，对未成年人造成一定的负面影响，一些未成年人就是因为看了那些具体的、血腥的报道，才因为好奇而走上犯罪的道路。刑事案件的关注度过高以及细节的过度描写，会使人们产生一种恐慌的心理，误以为现实生活中的真实情景就是充斥着大量的暴力，使新闻媒体所塑造的“拟态环境”在人们脑海中留下不好的印象。

而南方网“法治频道”的“焦点新闻”“要案关注”等子栏目在新闻报道方面，做到了真实准确、适时适度，在阐明事实的同时，保护了当事人的利益及司法机关的办案细节。南方网“法治频道”主管彭志强认为，这是法治宣传报道的基本准则。同时，他指出，有些网站的法治类栏目在进行正面新闻宣传时可以基本保证信息真实，而开展反面舆论监督时就遮遮掩掩，这是不利于法治建设的，是需要转变观念的，正是因为这些不被人所重视的细小之处体现了栏目经营的用心。①

严格把关，注重内容细节，不仅体现了网站编辑人员的专业素质，也体现了网站对网民的高度关怀，这种不以提高点击率为目的而大肆渲染的做法，是网站能够长久稳定经营的有力保障，是以高质量内容取胜的不二法宝。

---

① 李雪昆：《南方网“法治频道”细节自律成就品牌》，《中国新闻出版报》2007 年 3 月 19 日。

三 贴近网民 提供实质性服务

为网民提供实质性服务，是“法治频道”的最大特点，也是“法治频道”一直奉行的方针。频道专门开设免费“咨询热线”，每天24小时解答网民的法律咨询，必要时为网民实地办事解决问题。“未签劳动合同能否享受工伤保险”“怎样使判决得到有效执行”等被网民普遍关注的现实问题被一一列出并得到解答，“咨询热线”在一定程度上成为广大网民免费而又贴心的法律顾问，得到了网民的首肯。

此外，频道利用自身的媒体优势从律师界聘请数十名知名律师，成立“法律专家咨询委员会”，为有困难有需要的网民提供强大的法律支持。法律专家咨询委员会委员具有较高的专业水准，为网民更好地答疑解惑。相比其他网站大多通过律师博客或论坛留言等形式进行交流的做法，南方网“法治频道”提供的服务更为直接、快捷、有效。

在法治宣传方面，子栏目“法制专题”有专门的每月新实施法规解读，为做到及时发布、权威解读，为网民学法、守法、正确用法提供了支持。

网站负责人彭志强表示，“办‘法治频道’也好，其他栏目也罢，哗众取宠的态度是对受众极不负责的。只有心系受众，从受众角度思考，才能得到受众的支持与信任，这也是我们无尽的力量源泉，对于南方网“法治频道”我们会全力将其建设成为依法治国的舆论阵地，成为普法教育的学习园地”。[①]

四 与时俱进 注重栏目创新

随着栏目的不断改进，在法律服务方面，“法治频道”开设“律师在线”，利用自身拥有的强大律师团与网民实现更全面的交流。

“法规查询”板块的设置为网民提供了快捷的查询方式，只需轻松一点，宪法类、民法类、刑法类、经济法类、诉讼法类一览无余，应有尽有，即使广东省的地方性法规也囊括其中。总之，网民需要的，就是网站关注的。

---

① 李雪昆：《南方网“法治频道”细节自律成就品牌》，《中国新闻出版报》2007年3月19日。

“法治频道”还为网民提供海量的、系统的“合同文书、实务文书、诉讼文书范本”，为网民日常生活和工作的方方面面提供最实用的服务和依据，使网民在依法治国这个大环境中，能够充分地运用法律来保护自己的权益、规范自己的行为，使法律渗透到生活的每个角落。

（梁　蕊）

第六单元

专题组合类

第三十四篇

人民网“中国共产党新闻”

简　　介：“中国共产党新闻”是人民网麾下的品牌栏目之一，它依托《人民日报》的资源优势，彰显着人民网“权威媒体、大众网站”的形象。在中国共产党83周岁时，人民网隆重推出“中国共产党新闻”大型专题网站，网站内容包括新闻报道、党史资料、理论评论、领袖人物库、爱国主义教育基地5个部分，共计6000余万文字，数千幅图片。为了进一步加强网上宣传力度，2007年7月1日人民网推出“中国共产党新闻”栏目新版。新版重点加强了党建内容，使网上党的宣传更集中、更系统、更鲜明，全面提升网上党的宣传的吸引力、影响

力、感召力。

“中国共产党新闻”分为六大板块：及时、准确的新闻板块；翔实、完备的党史数据库板块；权威、丰富的党的人物专题板块；先进、可控的互动区板块；便捷、实用的服务板块；适宜不同阅读习惯的多语种板块。

目前，该栏目除中文简体和中文繁体外，已推出蒙文、藏文、朝文和英文、日文、俄文版，并将陆续开设其他少数民族语言和外文版本。

“中国共产党新闻”栏目荣获“2007年度中国互联网站品牌栏目（频道）”称号。

理　　念：传递党的政策，宣传党的建设，展示党的形象，传播党的声音，介绍党的历史，扩大党的影响。

特　　点：汇集党的信息，传播党的声音

宗　　旨：权威性、大众性、公信力

栏　　目：“高层动态”“领导活动”“干部论坛”“时代先锋”“党建聚焦”“思想理论”“评论观点”“先锋论坛”“党员博客”“天天周刊”“资料中心”“史海回眸”“历次党代会”“图书连载”“党史大事记”“网友声音”等40个二级子栏目

经典栏目：“新闻排行榜”“天天周刊”“高层动态”“领导活动”“媒体评论”“先锋论坛”“党员博客”“理论论坛”“图书连载”“资料中心”

域　　名：http://cpc.people.com.cn/

汇集权威信息　打造“红色经典”

——对人民网“中国共产党新闻”的评析

人民网作为人民日报社创办的中央重点新闻网站，从它诞生的那天起，就决定了人民网担当起中国互联网主流媒体的责任，成为网上宣传党的方针政策和主张、宣传党的思想理论的主阵地，成为人民发声的平台，成为大众传媒的主战场，成为网上舆论引导的主渠道。人民网以“权威媒体、大众网站”为其指南和核心价值，沿袭了《人民日报》的新闻价值取向，突出重要性、权威性。人民网“中国共产党新闻”栏目承袭了人民网的宗旨——“权威性、大众性、公信力”，其及时、权威的新闻信息，全面、翔实的背景资料，使得党的网上宣传更集中、更系统。“中国共产党新闻”以其权威新闻，传播着党和人民的声音，在规模上实际已成为相对独立的“党网”。

一　汇集资源　内容为王

人民网不仅拥有新闻发布权，更拥有依托传统媒体的新闻采访权，这使得其可以拥有众多的第一手资讯。而作为人民网母体的人民日报社，拥有丰厚的人力资源和新闻信息资源，这为人民网提供了众多独家报道、原创新闻和深度报道。“中国共产党新闻”整合了人民网承袭的资源优势，通过报网互动，资源共享，使“中国共产党新闻”栏目的信息得到深度的组织、整合，完全体现了“内容为王”的特点。“中国共产党新闻”栏目下有六大板块：及时、准确的新闻板块；翔实、完备的党史数据库板块；权威、丰富的党的人物专题板块；先进、可控的互动区板块；便捷、实用的服务板块；适宜不同阅读习惯的多语种板块。母栏目下还有“高层动态”“领导活动”“干部论坛”“时代先锋”“党建聚焦”“思想理论”“评论观点”“先锋论坛”“党员博客”“天天周刊”“资料中心”等40个子栏目，以其全方位的新闻信息、资料储备彰显全息化的内容，使网上党的宣传更集中、更系统、更鲜明，全面提升网上党的宣传的吸引力、影响力、感召力。

“中国共产党新闻”利用母报的新闻资源和采编能力建立起了栏目自身的新闻信息架构，当遇到重大事件，如“十七大”、每年“两会”、中央全会等，栏目会推出新闻专题，通过链接将最新的动态信息呈现在用户面前。“24 小时滚动新闻”提供了全时化的新闻资讯；“新闻排行榜”则增强了对 24 小时、48 小时，乃至一星期的重点新闻的关注；“天天周刊”则推出了“先锋周刊”“党建周刊”“人物周刊”“理论周刊”“廉政周刊”“新闻周刊”“党史周刊”“党政视点”共 8 个门类的信息集纳周刊；新闻板块下设有“高层动态”“时代先锋”“党建”“纪检”“组织”“宣传”“统战”“外联”“干部论坛”“反腐倡廉”“人事任免”“外媒”“综合”子板块，从不同方面关注党、宣传党、建设党；“领导人报道集”则汇集了关于领导人的新闻信息，可以方便地检索到有关领导人的报道信息。

“中国共产党新闻”坚持以内容为本，增加了专题报道和背景档案资料，同时提供网上新闻资料库的检索功能，充分发挥网络的丰富性和超文本链接。通过利用积累丰厚的资料库，在综合报道、深度报道、前瞻性新闻、背景陈述等方面显示自己的力量和底蕴。

此外，“中国共产党新闻”开设有蒙文、藏文、朝文和英文、日文、俄文版，以全息的内容，传播党的声音和理念，辐射党的影响。

总之，“中国共产党新闻”汇集不同的资源，实现报网之间的资源共享，为我们提供了党的丰富的新闻资料，全息的内容使其占据着传播党的声音的新闻高地。人民网总裁何加正认为，“人民网的核心竞争力是新闻，如何寻求其新闻和内容的新突破，无论你的品牌也好，影响力也好，最终吸引网民的是你的网站内容”。[①]

二　双向互动　网织民意

随着社会进步和民主政治建设的不断推进，网民不再满足于展示，而更多着眼于参与和影响。在基于传统媒体的民意渠道并不非常畅通的情况下，他们充分借助互联网这一便捷、高效而又廉价的舆论平台，发

① 潘天翠：《突围中的人民网——访人民网总裁何加正》，《网络传播》2006 年第 10 期。

表对于关乎党、关乎国计民生和社会热点问题的看法，交锋、论战呈现不同的声音。

“知屋漏者在宇下，知政失者在草野”，只有倾听民意，顺应民意，党和政府才能表现出良好的执政智慧。“中国共产党新闻”注重民意的表达，这正是顺应传播规律，尊重受众的“媒体接近权”的体现，同时也是其作为“公共领域”所应该发挥的自身功能。双向互动是借助技术手段来实现的，在网络进入 Web2.0 乃至 Web3.0 的现实环境下，双向互动正是网络的魅力所在。“媒体评论”汇集了不同媒体的言论精华，如来源于《宁波日报》的评论——《有感于万钢的“敬畏观”》等不同媒体间的评论，展现了媒体之间的互动交流；通过“嘉宾访谈”“网友声音”实现了知识分子与网友的意见表达，尤其是“网友声音”汇集了精彩的网友言论，如《“仰天长笑”是肖扬完美政治人生的注解》《也该对部委“儿孙”实行“计划生育”了!》等，都是网友的深刻解读，精辟论述；“党员博客”选编了党员的精彩博文；“留言簿”“对党说句心里话”则通过网民的直接参与，发表意见对党的工作建言献策；“网友文集”是对有影响力的网友发表的言论做的集纳，通过链接可以直接进入网友的言论页面，直接感受网友的思想深度；另外，“中国共产党新闻”还为网友提供了“在线答疑”的功能，为网民答疑解惑。

网络的互动，网织着民意。这是网络对话精神的完美诠释。双向互动也是人民网“中国共产党新闻”大众化诉求的表现，大众的接近和参与也丰富和活泼了栏目的内容。通过互动来完善对话机制，使思想自由地流动成为可能。对话的鲜活和弹性给思想的表达以更大的空间，不同的思想相遇碰撞，引发共同的思考，激发网民的创造力与洞察力。“中国共产党新闻”的互动板块，以有效的互动交流为目的，实现了意见的表达和信息的反馈，有利于党的建设和党的自我完善。

三 旗帜鲜明 百家理论

“中国共产党新闻”在理论的宣传和建设上旗帜鲜明，融汇百家，共同传播党的理论思想。“中国共产党新闻”的理论板块下有“理论专题”“党建研究”“网络论文”“理论综合”“政治经济”“学者专栏”等子板块，并设有子栏目：“社会”“法律”“历史”“干部论坛”“书讯书评”“学术动态”“理论周刊”“特别关注”“理论期刊”“理论书库”，还链接有《人民日报・理论版》。总体上给受众展示了一个全方位的理论平台，在这里可以关注、解读、评析党的理论思想，旗帜鲜明地宣传党的理论，关注党的建设，提高党的理论品质。

“学者专栏”会聚了一大批如李君如等研究党的理论的学者、专家，他们无形中承担着“意见领袖”的作用，充实和推进着党的理论建设，展示了百家理论，色彩纷呈；“党建研究”围绕党的建设这一主体，开展丰富的党建讨论，如《反腐倡廉的四个“关键词”》《预防官员出轨重在“善治”》等理论文章，发表对党的建设的意见和建议；“政治经济”则从党要关注的政治和经济热点为讨论要点，提高党对政治和经济的建设指导能力；“网络论文”选登了优秀的理论评论，凝聚了关注和思考党如何完善自身作风，如何提高自身的执政能力的智慧；“理论综合”则关注党对文化的建设，文史纵览，建设社会主义的先进文化；理论板块站在党的理论建设的“制高点”，以一种大气魄感召着网友对党的理论建设的关注和思考，进而反思中国的民主进程。

四　史海钩沉　饕餮大餐

“中国共产党新闻”最有特色的地方就在于翔实、完备的党史数据库板块。网友可以对党在历史上发生的大事，有一个整体的认识。板块下有“党史上的今天”“党史人物纪念馆”（汇集了毛泽东、周恩来、刘少奇、朱德、邓小平、陈云、任弼时、陈毅、杨尚昆等一大批革命前辈的专题资料)、“红色记忆”（讲述中共党史上重大的事件)、“历次党代会”（中共党代会的细节报道)、“党史周刊”“史海回眸”（纵观党史风云，追寻历史真相。下有“人物长廊”“文博之窗”“历史珍闻”“千秋评说”)、“党内法规”（对党的章程、法规、纪律的汇集)、“党史书库”（分为党史图书、党建图书、理论图书三种)、“大记事”（整合了中国共产党历史上的重大事件、决策等)、“党的知识”。“中国共产党新闻网”收集整理了大量的资料信息，如历次党代会、党史大事记、党的知识、党史人物重要文献等近2000万字的电子数据，这些内容在这里可以便捷地查询浏览。

在“中国共产党新闻”的资料板块中，“党史视听”则利用了多媒体技术，体现了网络的整合理念。“党史视听”通过视频可以点击观看文献纪录片（如世纪伟人毛泽东、周恩来、朱德、邓小平；开国大典等），给网友一种直接体验的感官享受；通过音频可以聆听红色旋律（如《毛主席的话儿记在我们心坎里》《唱支山歌给党听》《保卫黄河》等经典歌曲），令人震撼。

资料板块体现了"中国共产党新闻"栏目的宗旨——"权威性、大众化、公信力"。这是以"受众为中心"的传播理念，增强栏目的服务意识，追寻党的历史，传播党的声音。受众可以重温中国共产党的光辉岁月，体味历史。

五　结语

"中国共产党新闻"完全独立成一个"党网"，依靠丰富的新闻力量和资源优势，展现着权威媒体的影响力。全息的内容，最新的播报，民意的会聚，理论的争鸣，史料的权威和丰厚，使"中国共产党新闻"成为宣传党的媒体中的"翘楚"。然而，"中国共产党新闻"还要不断完善自己的内容建设，在其整体的新闻汇集上体现人民网一贯的权威性，但硬新闻的比重过于大，可读性欠缺是传统媒体新闻网站的通病。此外，"中国共产党新闻"应进一步加强品牌建设，中国人民大学彭兰教授认为，"虽然很多人认为《人民日报》的品牌优势可以天然地被人民网所继承，但《人民日报》的品牌会带来一种刻板印象，会影响到人民网的品牌建立"。[1]

所以，在一定程度上"中国共产党新闻"也存在相同的问题，应努力建设自主的品牌，改变人民群众对党报、党刊、党网的成见。

（王延辉）

① 孙光海：《人民网传媒频道：细节决定成败》，《网络传播》2006 年第 9 期。

第三十五篇

中国新闻网“华人频道”

简　　介：“华人频道”作为中国新闻网旗下的品牌网站之一，具有与母网相同的特点，它依托中新社原创新闻的资源优势，秉承其“国际视角＋亲和力”的报道风格，致力于打造最纯正的全球化中文信息平台网群。

中国新闻网“华人频道”是与海外华文传媒共同打造的全球最大的海外华文传媒网络资讯平台，它有 28 个子栏目，内容涵盖移民、留

学、华文教育、海外生活、华人论坛等多个方面，涉及海外华人社会的方方面面，深受海外华人华侨的青睐。

“华人频道”荣获“2006年度中国互联网站品牌栏目（频道）”称号。

理　　念：报道国内外新闻事件，联系全世界海外华人侨胞

特　　点：国际视角＋亲和力

宗　　旨：做世界华人沟通的桥梁

栏　　目：“中国新闻”“中国”“移民”“留学”“海归”“异域风情”“华报T台”“视点评论”“华人论坛”“华人咨询站”“海外生活”“唐人街”“华人故事”“华人社团”“领事动态”“中华文化”“华文教育”“华侨农场”“侨乡”等28个二级子栏目

经典栏目：“中新网社区”“华报T台”“名刊选秀”“中国新闻”“中国侨界”“海外华人新闻”“领事动态”“华人咨询站”“侨务专区”“副刊园地”

域　　名：http://www.chinanews.com.cn/huaren/

关注华人世界　传承中华文明

——对中国新闻网“华人频道”的评析

1999年1月1日，中新社开办中国新闻网，中新网刚一开办，即以其无可比拟的通讯社原创新闻资讯优势脱颖而出，成为众多海内外网络媒体的资讯源泉。中新网“华人频道”秉承中新社“国际视角+亲和力”的报道风格，新闻资讯内容准确、丰富、时效性强、文风轻松活泼，受到海内外华人华侨及港澳同胞的欢迎。它开办了英文版、繁体字版和图片库等，提供准确、迅速的多样化的文字、图片和在线视频资讯，方便全球华人阅览。“华人频道”致力于把中国的声音传播到世界各个角落的华人生活中，已经成为海内外华人了解国内外大事的一个窗口。

一　品牌优势　资源高度整合

“华人频道”作为中国新闻网的一个品牌栏目，拥有相当可观的品牌吸引力，在中新网的影响下，“华人频道”自诞生之日起即有高于普通网站的优势，在大中华商圈的社会公信力强大，媒体宣传和高层公关运作实力可观，有极佳的企业形象。网站的辐射面广，全球华人以及关心中国国际形象的人士都可能成为其忠实网民。由于中国新闻网是专业型的新闻网站，有着信息丰富的资讯供应商以及强大的资讯辐射系统，已成为众多海内外网络媒体资讯的源泉，在众多网站拥有高覆盖率。

二　简洁大气　页面设计合理

“华人频道”的页面设置可以说是形式简单、重点突出。首先，频道的首页所涵盖的内容十分丰富，包括美洲、欧洲、亚洲、大洋洲、非洲世界各地的华人新闻。网站的内容安排也很均匀，其中显而易见的是，新闻是整个频道的重头戏。整体类别清晰，条理有序。再者，首页的页面容量较小，文字编排十分简洁，容易访问和保存，其精选的栏目信息和内容更多地用链接代替，使得首页在形式上各具特色，文化和民族性特征比较明显。

在页面的设计上，中新网的“华人频道”充分体现了“实用”和“简洁就是美”的观点。在颜色选择上，基本上以蓝色为基色，少数几种颜色进行搭配。在文字和图片的选择上，更是选择少数几种字形，图片也是少而精。在技术上，网页设计非常注重用户体验，它所采用的UI设计，使用户在操作上更加方便快捷。

另外，网站的搜索引擎也很有特点。每一个页面下都有一系列的分支服务内容，点击后会显示出更多的、详细的服务项目，如果用户所寻求的内容还未列上，还可以输入标题、关键词进行搜索，能帮助用户获得本网站或其他网站的信息资源与服务，提供了多种可以下载的信息资源。

三 资讯为王 新闻全面及时

“华人频道”以海内外华人华侨以及关注华人世界的人士为主要对象，重在关注全球华人动态、倾听华人心声、服务华人生活、传承中华文明。网站内容丰富，新闻报道全面及时，是了解海内外华人的一个窗口。

“华人频道”栏目既有滚动的新闻又有专题报道，动静相结合的内容互为补充。在滚动新闻中，一般以最新的新闻为主，重在及时、快速地将报道呈现给网民；而专题报道，则全面介绍了美洲、欧洲、亚洲、大洋洲和非洲五大洲的重要新闻媒体的主要新闻事件，在突出重点的同时又涵盖了全球的热点。及时与全面的结合使网民既能在第一时间了解世界，又能详细地掌握事件的发展过程，栏目做到了报道新闻的良性循环。

四 精准定位 锁定华人圈

从网站的板块结构上可以看出，“华人频道”的受众定位极具针对性。由于它所面对的是海内外的华人华侨以及关注华人世界的人士，因此，网站一方面介绍了国内的大事件，另一方面也介绍了全球各地的华人新闻。在第一个子栏目——中国新闻中，网民可以浏览到国内正在或近期发生的主要事件，这为华人华侨关注祖国发展提供了新闻渠道。通过“中国侨界”子页面，对华人华侨在全球各地的发展动态也能有一个相当清晰的了解。这两个栏目的并列设置一定程度上反映出网站的宣传视角，体现了内部与外部的均衡。五大洲华人新闻、移民、留学生、海归、华人论坛、唐人街、华人故事、华人社团等，也都从多个角度展示了华人生活，对不同华人所关注的内容都有所涉及，可以说华人的世界就是网站所关注的内容，反过来说，网站也牵动着所有华人的视线，为华人提供了一个网上的精神家园。

另外，精准的定位也为中华文明的传承提供了便利。比如，“中华文化”“华文教育”等板块的开辟就是有力的证明。海外华人要想更好地继承中华文明，了解中华文化是关键。不同语言的交流与比较，不同文化的差异造就了新一代的海外华人在对祖国的认识上的不同，为了能够让海外华人把祖国的文化之根留住，使他们不至于遗忘中华几千年的优秀文明，培养华人的祖国情结，传承中华文明。在“华文教育”栏目，汉语热、孔子学院、中文比赛等内容占很大比重，显示出中国的日趋强大，同时也进一步提高了海外华人的民族自豪感与自尊心。

五　海外见闻　多角度展示

“华人频道”总是以多方面的传播视角展示新闻事件，如在“华报T台”中，美洲地区有16种报纸，欧洲地区有16种报纸，亚洲地区有12种报纸，大洋洲地区有7种报纸，非洲地区有1种报纸，这些报纸从多个角度对全球华人进行了报道，有助于全面了解华人世界。在首页的重点新闻编排上，网站也注重将一个议题从多个角度展示。中新网社区中，网民对一些新闻的讨论中也能碰撞出思想的火花。因此网站力求站在一个客观的立场上，为多方面声音提供一个交流的平台，使海外见闻更加生动和人性化。

六　华人互助　开通咨询平台

“华人咨询站”板块的设立，应该是网站颇具创新的亮点。对于在海外生活的华人华侨来说，“在家千日好，出门一时难”的感慨是经常会有的。而“华人咨询站”重在提供服务，解决在海外遇到的难题，为华人答疑解惑。如东京入管局发放的“假放免许可”是什么，就有日本的《中文导报》给予权威全面的解答。总之，对于所遇到的问题，“华人咨询站”都会有权威的人士回答，避免了由于错误的行动而造成的严重后果。在这里，大大小小、方方面面的生活、居住、工作等问题都会牵涉其中，而网民也能找到相类似的问题和答案，从而更好、更轻松地生活。

七　结语

中新网“华人频道”强调以更高格调和更高品位建设内容，同时加强运用视频等手段进行文化报道，并在页面上为这些内容让出重要位置，发挥中央级媒体的资源优势，沟通世界华人，更好地宣传中华优秀文化传统，报道文化建设成果，努力打造有一定特色和受欢迎的网上文化内容。

（梁　蕊）

第三十六篇

中国经济网“宏观经济”频道

简　　介：“宏观经济”频道是中国经济网的一个主推频道，以宏观经济新闻报道为主体，从物价、住房、就业等各个社会经济细节为切入点对宏观经济进行释析。

荣获“2006年度中国互联网站品牌栏目（频道）”称号。

频道理念：搭建宏观经济与民生经济之桥梁

精品栏目：“说‘宏’专栏”“百姓声音”“大势研判”

域　　名：http：//www. ce. cn/macro/

把脉中国经济宏观走向

——对中国经济网“宏观经济”频道的评析

宏观经济对于一个国家的重要性是不言而喻的，凯恩斯主义一统天下的时代早已过去，经济学家们不断更新着各种宏观经济学的论断。在这一进程中，媒体的推动作用也在不断地扩展，媒体有助于构建问题，并提供信息，形成讨论的基础。中国经济网的“宏观经济”频道是报道、传播宏观经济政策、信息的网络媒体，获得“2006 年度中国互联网站品牌栏目（频道）”的殊荣，是政府与民意对频道认同的表现。

一　汇集百家文章，导读醒目有序

拥有汇集百家文章的容量和较高的归纳与整理的编辑力，是中国经济网成为中国国家经济第一大门户网站的重要前提，也是中国经济网的“宏观经济”频道呈现给读者的这道宏观经济大餐的最主要的特点。面对如海的信息，如何用最简明的版面，提供条理清晰、内容丰富的经济信息？“宏观经济”频道的首页就做到了这一点。

“宏观经济”频道秉承了中国经济网统一的网页设计风格，在比一般门户网站首页少了将近一半长度的首页页面上，所有的栏目板块都用最为简洁的方式呈现——由几个相关的子栏目重叠而成。比如“今日要闻”这一栏目，首页显示的是当日更新的文章，当点击其后面跟随的“16 日”“15 日”“14 日”“11 日”“10 日”“9 日”6 个子栏目时，首页会自动只展示被点击的那个子栏目的内容。这样的网页设计方式，最大程度地利用了页面的空间，用很小的一个位置就可以展示比平常多几倍的信息，同时因为信息已经被整理归类，使得尽管信息成倍的增加却并不杂乱无章，极大地提高了读者的阅读效率。

“头版经济”栏目，被放在频道首页的左上端作为频道的“头版”奉献给读者，《经济日报》《人民日报》《中国青年报》《中国证券报》

《每日经济新闻》等国内著名的权威财经媒体的头版重要报道被汇集在这个栏目中，读者可以通过它获得十几家报纸的重要报道，最近一周发生的重大财经新闻就会尽收眼底。体现网站雄厚报道实力的“外电视角”，转载国外媒体的新闻，汇集日媒、英媒、美报等世界各国权威媒体有关中国宏观经济的报道，其中由频道编辑的“每日香港报章主要财经新闻摘要”，内容由《香港商报》《新报》《信报财经新闻》《香港经济日报》《明报》《东方日报》《星岛日报》等十几家报纸的简短新闻摘要组成，内容简洁而周详，成为频道的特色栏目。将目光从传统媒体转移到网络媒体，“财经网站聚焦”聚集中文财经网站的最新策划专题，百度财经、和讯网、腾讯财经、搜狐财经等，将关键话题一网打尽。通过这几个媒体板块，从国内到国外，从传统媒体到网络媒体，众家之言在编辑的整理之下变得条理清晰、易读。

解读宏观经济，离不开数据分析，“数据精粹”栏目中，来源于巨灵数据库的“宏观经济焦点指标分析”，分月度、季度、年度将各种宏观经济指标的数据统计提供给读者，内容详尽到各行各业的投资情况、消费指数，从“各地区城镇居民家庭收支基本情况”到“黄金和外汇储备”，给读者提供了全面而实用的投资理财信息。而与投资理财关系最为紧密的资本市场信息，在“经济资讯导读”中被密切地关注，每天的股市交易提示、基金分析报告、外汇交易提示中，提供的都是随时更新的最新数据。

二　评说大势，聚集新知

要成为优秀的财经门户网站，脚步只停留在转载其他媒体的精品文章是远远不够的，要突出网站特色，让读者获得在别的媒体得不到的新闻评析与深度关注。“宏观经济”频道的“说‘宏’专栏”展现了频道的特色与深度。宏观经济及各种相关政策的制定对一个国家有重要意义，当一个国家颁布一项新的财政政策或者对利率做出调整的时候，这些对于一个普通读者来说，可能感觉并不明显，而媒体对宏观经济指标、各种货币财政政策的解读，将有助于人们更好地理解政策，感受到宏观经济就在自己身边，从而采取适当的措施去适应可能的变化。“说‘宏’专栏”便是一档能起到以上作用的评论类栏目，栏目从全方位视角出发，深入分析热门经济话题，探究宏观经济走势，解析敏感经济数据的深层含义，评说重大经济事件，聚焦经济理论新知，为百姓的经济生活提供参考。

“说‘宏’，评说大势，聚集新知”，这是频道为特色栏目“说‘宏’专栏”所设的宗旨，极为简练而客观地道出了栏目的特点。栏目的评论内容一直关注最新的宏观经济事件。

栏目出色不仅是单篇视角新颖、笔触深入的文章，对宏观经济的“宏”的把握，也非常独到。

2008 年正值中国改革开放的第 30 个年头，栏目推出《回眸中国经济 30 年》的大型专题，分“能源建设”“区域经济”“资本市场”“劳动就业”“新农村建设”“环境保护”“收入分配”“经济指标”“对外贸易”和“金融改革”10 个子专题，对中国经济过去的 30 年做了宏观的描述。

三　策划重磅出击，驾驭多种表现手段

面对浩瀚如海的信息，读者也许会觉得无所适从，没有时间把每一条信息都涉及，甚至有时会被弄得视觉疲劳。对于宏观经济信息来说，这种情况可能会更加严重，宏观经济涉及财政政策、货币政策，或者是中央的篇幅较长的新文件，企业高层或机构领导或许对此很感兴趣，但普通群众却兴趣不大。所以如何将众多政策、决议当中的真知灼见提炼出来，用清晰明了的方式和简洁的语言传递给读者，是宏观经济报道必须考虑的问题。

如果你已经厌倦了林林总总的“政策汇总”或是“报告精读”，不如把你有限的精力放在“重磅阅读”上。在这个栏目中，读者每天只需要关心一个热点话题，这个话题是“宏观经济”频道的编辑们为读者精心挑选出来的，并围绕这个主题聚集各方观点，以及近期与之相关的报道，一条主线将它们串联在一起，你会感觉到对于某个话题的了解是一环扣一环，而不是零碎无章的。人民币破“7”进入“6”时代，各行各业讨论的热潮一浪接着一浪，关于人民币升值的话题不断涌现，“重磅阅读”根据读者关心的焦点将话题逐个整合，做到条理清晰，繁而不乱。2008 年 4 月 16 日话题《人民币“破 7”　楼市拉响热钱“获利退市”预警》，将焦点先对准房地产，人民币升值与楼市的新一轮升温关系紧密，这是群众密切关注的热点。2008 年 4 月 17 日更新的话题

《宏调新双防：防增速回落过猛，防增速掉头向上》，将话题从房地产市场转回来，关注政府宏观调控新政策应对经济增速回落过猛和通货膨胀。随后一天又将话题转向银行业，推出文章《热钱汹涌引起决策层警觉，银行短期外债遭削减》。从交易市场到国家政策，再到资本市场，人民币升值带来的市场变化的预期，一环扣一环地为读者呈现。

除了推出热点话题来增加读者的阅读兴趣以外，频道多种媒体表现手段的运用也进一步抓住读者的眼球。“视觉经济”栏目提供图片结合文字的新闻报道，图文并茂的报道形式让读者在获得信息的同时，还能够通过读图“一饱眼福”。“精彩视频”栏目汇集有关宏观经济新闻的视频报道，有转载其他媒体的视频新闻报道，也有频道记者到新闻现场采访得到的第一手资料，每天随当日的新闻量及时更新，保证读者能够获得最新最快，而且也是最直观的讯息。多种表现手段的运用，明显为频道内容增色不少。

四 结语

对于一个以宏观经济新闻为主的网络媒体，经济政策的导读和经济发展趋势的预期是报道的中心，报道中要根据读者需要，给予必要的解释和知识补充。在这一点上，“宏观经济”频道把握得比较到位，宏观经济政策的报道不仅仅报道政策本身，对政策颁布后给国民经济及大众生活带来的影响是报道的重心，从而更加贴近平民生活。专题的策划，从“宏”的角度出发，以权威的视角，全面的内容，让各行各业的读者都能够得到与自己相关的信息，这成为频道的一大亮点。

（谢明珠）

成就主流经济龙头 *

——访中国经济网总编辑秦德继

中国经济网是一家具有很强个性和充满活力的新闻网站。与中国经济网总编辑秦德继会面时，更加深了这种感觉。在做中国经济网总编辑之前，秦德继有着多年的媒体工作经验，是个典型的业务“精而专”式的人物。由于秦德继的风趣、幽默、博学，采访进行得非常顺利。我们还是随着话题的展开和深入，一起走进中国经济网，近距离感受一下秦德继和中国经济网。

《网络传播》：作为国家重点新闻网站的中国经济网创办时间相对其他“老大哥们”要晚一些，但发展速度之快是业界所共知的，经过近5年时间的建设，取得了不凡的成绩，具体表现在哪些方面？

秦德继：中国经济网2003年7月28日正式上线，确实是国家重点新闻网站中的年轻一员。中国经济网按照中央领导同志的指示要求，在《经济日报》编委会的领导下，全力打造导向正确、信息主流、咨询健康、查询便捷、功能齐全的专业化网站，牢牢抓住经济特色，影响力迅速扩大。日均IP访问数由2005年6月前的7万人次上升到2008年的400万人次，日均点击数由60万人次上升到4200万人次，其中每天约有100多万人次来自海外。

到2008年为止，中国经济网已拥有100多个涵盖所有经济领域的频道和40多种专业数据库。我们的流量已经突破一千兆的带宽。

《网络传播》：中国经济网的发展模式得到业界多方人士的认可，当前，中国经济网的定位是什么？发展目标是什么？

秦德继：中国经济网强调正确和快速地理解、传达和解读关于国家

---

* 原载于《网络传播》2008年第3期。选入本书时编者有改动。

经济方面的政策，反映中国经济建设的成就和成果，引导网民正确看待中国经济的发展模式，希望在网民的经济生活中扮演一定的角色，目前中国经济网已成为国内规模最大、功能最全的经济类主流龙头网站。几年来，在中央领导和有关部门的直接关怀支持下，中国经济网的事业不断壮大，影响力不断增强，网上舆论引导能力和引导水平不断提高，正在向中国最权威、经济数据最全的专业化经济类网站的方向发展。现在中国经济网已经在风起云涌的互联网市场上站稳了脚跟并打出了中国经济网的品牌。从2007年下半年开始我们又抓住机遇，开始把主要精力集中于网站从新闻网站向新闻与服务并重型网站方向转型，为此完成了大量的基础工作。

《网络传播》：你们采取了哪些措施来实现这个定位和目标？

秦德继：针对我们的定位和目标，我们做了五个方面的努力。

一是充分发挥经济类网站优势，围绕国家经济和社会发展开展正面宣传。比如，近两年，针对国家金融政策、房地产、教育、就业、收入分配、医疗体制改革等热点话题，开设专题、专栏（例如比较知名的"有话好好说"论坛等），大力宣传科学发展观，宣传党的经济政策，宣传国民经济发展成就，组织撰写一大批说服力强、有深度的评论文章，在引导网上舆论中发挥了积极作用。

二是大力加强内容建设。2005年，中国经济网进行了两次全面改版；2006年，又对网页进行了两次调整，改进设计思路，调整栏目，充实内容；2007年，开始在数据库建设上投入大量人力、物力。与此同时，对房产、汽车、IT三大频道进行改版，及时推出沪深两市即时行情，另外在博客、播客频道建设上也取得了喜人的成绩。

三是充分运用网络新技术，增强与网民的互动，全面提升网站技术水平。近两年先后投资800万元，完成了网络电视、网络广播、博客、播客、聊客等网络互动平台的建设，实现了由Web1.0向Web2.0时代的过渡，使网站的信息容量扩大，传播手段多样化。

四是研究网民的内容需求，用优秀文化吸引网民。为了研究互联网的动态与网民的需求，中国经济网成立了专门的研究小组。比如，在研究网民探寻祖国文化的动态时，小组认为国学将是下一个文化热点。考虑到中国经济网的网民群受教育程度比较高，比较成熟，网站立即推出拥有多媒体功能的"华夏文明"频道，旨在弘扬博大精深的中华文明。

频道一经推出便引起强烈关注。

五是积极培养复合型人才，建立一支层次较高的专业队伍。网站把人才培养作为网站建设的根本来抓，采取在岗培训、交叉任职等办法加大人才培养力度。目前，中国经济网已经拥有一批优秀的记者和编辑，在各个领域已经小有名气。一批既懂技术又懂内容的复合型人才逐渐成长起来，正在成为中国经济网发展的骨干力量。

（《网络传播》记者　张世福）

第三十七篇

中国经济网“国际经济”频道

简　　介： 中国经济网的“国际经济”频道是以报道国际经济新闻为主的频道，由中国经济网国际部主办，内容翔实，页面设计简洁，荣获“2007 年度中国互联网站品牌栏目（频道）”称号。

频道设置： “区域国别”“中国与世界·学习借鉴”“世界经济”“环球政经”“专家·独稿”5 个主要栏目

精品栏目： “区域国别”“学习借鉴”“海外看中国”

域　　名： http：//intl. ce. cn/

搭建中国与世界的经济信息桥梁

——对中国经济网“国际经济”频道的评析

一　高起点铸就报道广度与深度

1. 依托报业集团采访力量，全球资讯尽掌握

经济日报社在全球拥有驻外记者站21处，充足的采编力量，使频道网站的定位——“区域国别”能够实现，网站荟萃60个国家的经济数据，使精彩呈现各国资讯有较大的实现可能。

“区域国别”是频道的首推栏目。栏目将世界经济按亚洲、非洲、南美洲、北美洲、欧洲、大洋洲分区域进行报道，汇总了各大洲的风土人情、政治经济的基本情况，以及居民概况、自然环境、自然资源、经济发展等信息，有利于读者在阅读前对该洲有一个基本了解，再对相关信息进行深入阅读时就比较容易理解。在介绍各洲基本情况之后，紧随其后的是近期各大洲内发生的重大新闻事件，在各大洲的页面左边一栏，读者可以在了解各洲情况的同时看到其他大洲的重要新闻题目，起到提示的作用；中间一栏则是按照时间排列的该洲内各国的经济信息，读者可以看到较为宏观的大洲经济。

此外栏目还设置国名选择框，框中有42个国名供选择，读者可以清楚地得知自己想要得到的某一国的专门信息，得到与宏观大洲经济相对的“微观”国别经济状况。在国别页面上提供更加具体的经济信息，如GDP、人均GDP、GDP增长率等重要经济数据，地理、历史、政治、经济、人文等国家概况介绍，最佳旅游季、交通、购物、娱乐、签证、节日、餐饮等旅游信息，经济新闻与经济数据、国际贸易与贸易数据、金融证券与金融数据、产业经济与产经数据、跨国公司与公司数据将带读者进入“经济国度之旅”，走完这一旅程，该国的经济现状、概况便在掌握之中了。

与其他经济网站不同，中国经济网“国际经济”频道的“区域国别”不仅致力于报道各大洲及各国的经济新闻，对各国自然风光、人情风俗的报道也十分丰富，读者在浏览过主要的经济新闻之后，可以到东方威尼斯——雅加达去逛逛街景，还可以到日本看看只开放 7 天时间的最美丽的樱花，或者乘着顶级豪华列车 Blue Train 畅游南非，这些富于诗意又不露痕迹的消费指南，让读者在被枯燥单纯的经济信息包围中经历一番快乐轻松的旅行。

2. 权威专稿，刊发独家新闻

有经济日报报业集团作为后盾的中国经济网“国际经济”频道，充分利用自身资源，重视专稿、独家新闻和专题的策划与刊发。

在“盘点 2007 中国制造”的专题中，频道连发 5 篇独家专稿，充分体现了新闻专题策划的实力。2008 年 1 月 28 日，“国际经济”频道刊发专题“盘点 2007 中国制造”的第一篇就是《中国造船全球第一，美日关注》。紧随其后，2008 年 1 月 30 日刊发《大飞机被列波音空客头号对手》，回味了中国自主研制大飞机项目的历史性突破：国务院批准大型飞机立项，同意组建大型客机股份公司的历史性事件。2 月 1 日专题第三篇刊发：《“嫦娥一号”创五项世界第一》，“嫦娥一号”——中国探索太空进程中一个新的里程碑将“中国制造”又一次带入太空，预示着它将会进一步向高端工业领域稳步前进。中国铁路第六次大提速，正式驶入了高速铁路时代，以 200 公里至 250 公里为最高运行时速的中国自主生产的“动车组”成为中国快速铁路客运的主力车型——中国高铁成为“盘点 2007 中国制造”第四篇的主角。有以上四篇作为铺垫，频道顺势推出第五篇：《国际“妖魔化”反成中国契机》，对 2007 年七八月由中国食品安全引发的“中国制造信任危机”的国际舆论进行了剖析，主张借鉴日韩前例，合理应对制造业质量危机，将危机转变成对政府和企业的一次挑战和机遇，并以“危机变契机”——希望此次危机成为中国制造业和中国品牌腾飞的契机的观点给专题画上了圆满的句号。

二　立足中国关注世界经济，学习借鉴他国先进经验，助力中国经济发展

如果只单纯地进行经济信息报道，没有自己的立足点和出发点，那

么经济新闻将会沦为人们茶余饭后的谈资，而起不到资讯的作用，对人们的经济生活无实际帮助，更谈不上推动宏观经济发展。所以关注世界经济，汇总了林林总总的数据，需要和中国国情联系起来，这就是立足点。别的大洲、国度发生的经济事件总有一些与中国经济有联系，频道将这些与中国有联系的国际经济信息集中起来报道，这便是“中国与世界”栏目。

在“中国与世界”栏目的新闻主页，每天都有近百条相关信息的更新，资料主要来源于国内各大权威媒体。“中国与世界”下面又设置了4个小栏目：“中国视点”“中国外交”“海外看中国”“学习·借鉴”，分别从不同角度对信息进行归类报道。“中国视点”提供了一个由中国的经济学家或要人分析国际经济形势的平台，每周更换一个经济主题进行讨论，而“中国外交”则把焦点放在中国与各国的政治外交上，汇集影响外交的经济事件与影响国际经济的重要外交事件。

“中国与世界”的新闻主要是站在中国的位置上看世界经济与中国经济之间的联系，“海外看中国”则是“中国与世界”栏目中特意独立出来，用来集中介绍站在外媒角度看待世界经济与中国经济之间的联系的各种报道。在这里，读者可以看到众多外媒对中国国内各经济事件的报道、评论，不仅提供了一个全新的视角，更是开辟了一个全新的渠道，让国人了解世界对中国的看法，这在传统媒体或其他经济网站都很少见到，体现了网站深厚的资源根基。

“学习·借鉴”则是最能体现网站价值的栏目。经济新闻的报道主旨就是为国家经济发展导航，为企业商家提供商机并指导人们经济地生活，“学习·借鉴”将这一主旨明确地体现出来。有许多转载来的文章在原刊物上并没有体现借鉴学习的价值，但经过国际经济频道的整理，发现其中对中国经济的指导意义，被汇集到“学习·借鉴”栏目中。《上海证券报》2008年1月13日的报道《谁为中国股市制造了高市盈率这杯苦酒?》经过频道编辑的整理点睛，题目变为《鉴美股，谁为中国股市制造了高市盈率这杯苦酒?》，有明确提醒国人借鉴之意。《中国证券报》2008年3月26日刊发的评论《左晓蕾：创业板将支持中国经济平稳发展》经频道编辑的整理点睛，题目变为《左晓蕾：鉴日教训，创业板将支持中国经济平稳发展》。这样的例子还有很多，频道不遗余力地发掘各家新闻和评论当中能够对国内经济发展起到提示、启发作用的亮点。

三　独特视角解读世界文明与世界品牌

除了关注国际经济信息，频道还设置了“世界文明”“世界品牌”“环球博览”3个栏目，汇集有关文化起源、消费文化、品牌文化等方面的信息。经济和文化是不能分割的，经济的发展必然伴随着文化的复兴，所以“国际经济”频道没有像其他大多经济网站那样将内容圈定在理财、证券信息上，没有将网站做成一个网民随时即可查询信息的资讯平台，而是把目光投向了文化，将网站建设得颇有人文气质。

海蓝色的页面，两艘由罗盘指引的古帆船带领读者走进“世界文明”。相对于经济，文化是一个更为宽泛的领域，有人说，有人存在的地方就有文化存在。一国的文明，尚有成千上万的文化遗产，更不用说整个世界文明了。频道先从人物、文学、艺术、建筑、科技、宗教、探索、哲学这8个角度入手，从不同方面介绍世界文明，而后又以对古罗马文明、古希腊文明、古印度、古埃及、古中国、古巴比伦的历史文明的探索，展开对世界文明的追根溯源。另有从中外各大媒体转载来的每天更新5~10条信息的“趣味史话”和“文明结晶”，在这里，读者可以“浏览世界遗产，感受人类文明”，通过这扇窗口看到整个世界。

现今的世界，大部分地区都已进入消费社会，在这样的社会里，人们更多关注的是商品的符号价值、文化精神特性与形象价值，进一步说便是“品牌文化”。品牌文化已经成为世界经济的一个重要组成部分，谈世界经济不能不谈跨国公司，也不能不谈跨国公司带给全世界各个角落的品牌文化。“国际经济”频道的“世界品牌”栏目专为品牌消费而设，页面设计简单大方而不失时尚，与“世界文明”栏目的风格相比大不相同，从“世界文明”跳转而来，似乎真的是从远古回到了现实社会。时尚达人的挚爱，流行时尚的纸醉金迷，中国经济网的时尚专题网页绝不亚于各大商业网站。

（谢明珠）

第三十八篇

中国日报网“Biz China”频道

简　　介： China Daily Website 的经济频道，拥有权威可信的资讯渠道和独特的新闻视角，全英文的内容在中国国内的网络财经频道中独树一帜，具有鲜明的个性与特色。荣获“2005 年度中国互联网站品牌栏目（频道）”称号。

频道设置：“Markets”“Industries”“Direct Investment”“Highlights”“Trends/Policies”

精品栏目：“Industry Updates”“Biz Who's Who”“Biz Guide”

域　　名： http：//www.chinadaily.com.cn/bizchina/

Connecting China, Connecting the World

(连接中国，连接世界)

——对中国日报网“Biz China”频道的评析

China Daily Website（中国日报网）是《中国日报》旗下众多刊物的支持网站，成立于1995年，如今已建设成为集新闻信息、娱乐服务于一体的综合性新闻媒体网站，是国家9家重点媒体网站之一，经常被誉为“Voice of China”或“Window to China”，同时也是国内读者获得各种世界资讯的窗口。“Biz China”作为China Daily Website的经济频道，承担有“Voice of China Business”的责任，内容丰富、实用，颇受读者欢迎。

一 海量内容，为网民提供全面资讯

中国日报网日访问量900万人次，主要为国内外主流中高端网民服务，而他们也正是“Biz China”的主要服务对象。如何为海内外各领域高层次网民提供全面、实用而有针对性的资讯内容，则是“Biz China”的主要任务，也是频道一直努力的方向。

Industry Updates——Biz China's flagship service，频道的主推栏目，也是频道所有信息的集会地，每周刷新100篇左右的最新行业资讯，内容涵盖Macro Economy & Finance、Construction、IT Industry、Trade、Environment、Auto Industry、Medicine、Agriculture、Light Industry、Chemical、Machinery、Energy & Mining、Tourism、Transportation、Education & HR、Culture & Media16种行业，经过编辑的精心整理和分门别类，提供给各大型企业机构、国家部门的中高层管理者。网页下方给出了搜索框，网民可以根据自己的需要找到精确到某年某月某日到某年某月某日的讯息，极大地方便了网民在海量的资讯中做到有针对性地轻松阅读。频道为Industry Updates所做的定位与一般的门户网站或综合性网站的

经济频道不同，栏目针对的对象为企业单位，所以其中的信息指向也与一般的经济信息不同，新闻价值要求较高，每一条信息都要经过精挑细选和深入分析，深挖其实用价值，这样才能满足订阅者的需要。

二　Biz Who's Who，中国名人传记

China Daily Website 的主旨是向世界介绍中国，成为中国与世界沟通的桥梁。“Biz China”的 Biz Who's Who 则秉承这一主旨，期待开启一扇面向世界的中国之窗。中国名人在世界上就是中国的脸面，而政经界名人这些经常活跃于媒体上的人物则更容易为世界人民熟悉，“Biz China”下设的子栏目 Biz Who's Who 主要承担这一责任，紧跟各类财经新闻事件，对事件中的人物进行跟踪报道。

栏目每周对繁杂的经济信息进行筛选，找出本周最热点的新闻人物作为头条。对于近期才被媒体关注，受众不太熟悉的人物，栏目会从多角度多层面对人物进行报道和介绍，以期读者得到全面而充分的了解；而对于读者都已比较熟悉的人物，栏目则把关注点放在该人物最新的言论、作为上，将事件和事件分析放在首位。所以对于每一位人物，栏目都会根据人物特点做不同形式、不同结构的报道，结合受众对人物的关注程度，每次报道的侧重点都有所不同。比如，2008 年 3 月 22 日更新的栏目头条：《New vice-premier no stranger to challenge》介绍刚刚被人大任命的国务院副总理王岐山，文章从介绍人物生平入手，对人物的经历及政绩做了细致的陈述，在世界人民面前勾画出这位刚刚被任命的国家副总理睿智而沉稳的形象。同期文章《“Pro-rich” proposal skindle debate》的主角张茵，因“第一富豪”的名讳早已常见于各大媒体，所以她的人生经历在文章中没有被过多提起，焦点则主要放在张茵最新的商业举动上。栏目的大部分文章都是第二类的，将人物和人物的观点、Voice 结合起来，最终的目的就是能够提供给读者有实效的信息，希望这些人物的远见卓识对读者的经济生活起到指导意义。

Special Coverages——商业精英的特别报道，以传记的形式记录中国商界的风云人物和他们的事迹，伊利实业集团股份有限公司董事长兼总裁潘刚、联想集团董事长杨元庆、中国互联网行业的先锋人物马云等，这些在国内人们已耳熟能详的人物被详细地介绍给国外受众，目的在于发挥中国之窗的作用，让世界了解中国的商业精英，亦是一种品牌化宣传。

三　图文并茂，释析经济焦点

相较于传统媒体，网络媒体还有一个很大的优势，即多媒体手段的运用。读者可以通过多种方式获得新闻信息，除了文字，可以搜集到许多相关图片、视频、Flash 等，多媒体手段的适当运用可以增强新闻表现力，增加读者兴趣，同时也是网站技术力量的证明。“Biz China” 的 photo gallery 是一个以图片为主，文字为辅的经济新闻栏目。Photo gallery 读者定位比较宽泛，根据情况每天刷新图片 2 ~ 3 张，页面突出图片信息，并配以小段文字说明，提供给读者较轻松的阅读环境。

Photo gallery 力求做到用一幅图片承载尽可能多的信息，读者可以通过图片获得该新闻的大部分信息，文字解释只起到辅助的作用。如 2008 年 3 月 6 日更新的新闻图片 “Trains that can reach 300km an hour are built in Qingdao”，一辆白色子弹头列车停在拱形条幅下，条幅上写着：“热烈庆祝首列国产时速 300 公里动车组竣工”，图片很简单，也非常清晰明了地向读者传递了信息：中国国产动车组技术又有新突破。这个图片信息的标题为 “Qingdao，famed for hi-tech，has more in pipe line”，至此读者就已经能够清楚地得知此新闻的主要内容了。2008 年 3 月 24 日更新的图片新闻 “Power project progressing well”，图片中 3 名工人正在架设电力网络，远处一排电力铁塔成一弧度整齐地排列着，图片下面文字：“Workers complet eastrain-resistant corner tower in Qinyang，en an province on March 23，2008. Construction on the lines will end in August and they will be putin too peration before the end of they ear.” 对图片中不能传递的信息进行了阐述，图片和文字做到完美的结合。

Photo gallery 中提供的新闻多为与普通大众经济生活关系紧密的信息，如食用油、奶类产品涨价、手机话费制度变化、劳动法新条例等，作为 Industry Updates 的补充，充实了网站内容。

四　指导投资与理财，周到的全英文服务

专业财经媒体的突出特点是不仅报道最新的经济新闻，还要第一时间提供实用资讯，体现自身的经济价值。对突发事件的深入挖掘是体现自身经济价值的有效手段，所以深度报道和专题策划一直受到各大财经媒体重视。“Biz China” 的 Biz Guide 对汇集的信息进行提炼和组织，是

网站中内容较为丰富的一个栏目。

Biz Guide栏目下设7个子栏目，分别从现状描述、现状分析、展望、国际经济、法律法规、投资常识、科学技术7个角度整理资讯。Investment Alerts是Guide的主打栏目，其中的文章都是对经济状况的分析，并提供相应的“Alerts”，有着较强的实用价值。Local Resources按照国内几大工业区将信息分门别类，Yangtze River Delta、Yangtze River Delta、Central Region、Western Region、JingJinTang Area、Greater Pearl River Delta都分别有针对性的信息报道，此外设置Other Regions，将不能归入上述几个地区的信息进行归纳，服务全国的受众，这样读者可以根据自己的需要迅速找到想要的那个区域的信息，方便快捷。依旧按照这一思路，China & Globalization中的信息按照Asia、Europe、America、Africa、Oceana进行整理，能够帮助读者从繁杂无头绪的信息浪潮中走出。Industry Overview则沿用Industry Updates中的16大行业分类，每一大类的首条信息都是整个行业的10th Five-Year Plan，提供了行业今后5年发展的方向，如Medicine的10th Five-Year Plan中就提供了The international market、The domestic market、The impact of China's accession to the WTO on the medicine industry等7个方面前景状况周到全面的分析，之后又对分析进行总结，概述了医药行业在中国及全球的发展现状，并提出前景展望，相信每一个有需要医药行业信息的读者都能够从中得到有益的提示。Biz Laws & Policies和Invest or FAQ则提供了一些知识性的讯息，可以帮助读者规避或解决商业投资中的常见法律问题。实用的栏目，体现了栏目编辑的细心和用心。

网站由《中国日报》来自美国、加拿大、印度等以英语为官方语言的富有经验的记者、编辑审稿，保证了英文词语、语法的正确性，中国读者在获得经济信息的同时无形中也提高了外语的阅读能力，专业的全英文报道一直受到广大读者的青睐。

（谢明珠）

第三十九篇

中青网“血铸中华”

简　　介：2001 年 6 月，在中国共产党即将迎来八十华诞之际，共青团中央联合有关部门共同开通了爱国主义公益专题网站“血铸中华”。网站以多种方式展示了中华儿女为反抗帝国主义列强的侵略、争

取民族独立和人民解放而进行的不屈不挠的英勇奋斗的历程，是网上的中国革命纪念馆和近现代历史博物馆，是青少年网民学习和了解中国近现代史的网上思想教育阵地。该专题网站自开办以来，受到社会各界的好评，2002年被中国网络文明工程委员会评为“中国优秀文化网站”，并荣获“2005年度中国互联网站品牌栏目（频道）”称号。

宗　　旨：中青网旨在教育、引导、服务青少年，其旗下的“血铸中华”网站的宗旨表现得更为明确：使青少年永远铭记近代百年间无数中华儿女为反抗帝国主义列强侵略、争取民族独立和解放而不屈不挠的奋斗历程，为实现中华民族的伟大复兴努力奋斗。

特色栏目：“主题网站”“痛史血泪”“历史上的今日”“历史照片”“推荐文章”

域　　名：http：//xzzh. china5000. cn/

来自网络“精神圣地”的红色感动

——对中青网“血铸中华”的评析

互联网进入中国十几年之间，用户量已迅速超过5亿，其中，青少年网络用户达到一半以上。基于这样的现实，互联网的教育功能显得尤为重要。所以，“如何利用网络的优势进行先进文化和民族精神的弘扬和传播”“互联网是否能成为加强青少年爱国主义和思想道德教育的阵地”等问题成了许多人心中的疑问。

2001年6月28日，由共青团中央、中国社会科学院、中共党史研究室、国家档案局联合主办的爱国主义教育网站“血铸中华”正式开通。网站以1840年至1949年间重大历史事件为主线，展示了百年间中华儿女争取民族独立和人民解放的奋斗历程，成为互联网上最大的爱国主义教育基地之一，被誉为“矗立在互联网上的革命纪念馆和近现代历史博物馆”。[①]

一　内容丰富，激荡祖国百年风云

在“血铸中华”网站开通之时，他们就着力打造一个网络时代对青少年网民进行爱国主义教育的平台。但面对内容形式各异的教育素材，如何将他们优化整合，以一种便于青少年接受的形式呈现给他们呢？从“血铸中华”网站的栏目设置中，可以看出网站将不同类型的历史资料、新闻报道、图片影像等分门别类，划分了不同的板块，实现了内容的分类和整合。

1. 痛史血泪：通过历史亲历者的讲述，使网友们对祖国和人民曾经遭受的屈辱和磨难更加感同身受；

---

① 陈家兴：《红色感动：向往网上“精神高地”》，《人民日报》2006年8月3日，第4版。

2. 历史上的今日：回顾中国近代史上发生的重大事件，记录祖国走过的风雨历程。

3. 历史照片：用珍贵的历史图片，生动展现祖国在近现代遭受屈辱的历史和人民艰苦奋斗的光辉历程。

4. 新闻中心：选取彰显爱国主义内涵的新近事实，为受众提供与网站格调相似、内容相符的新闻报道。

5. 推荐文章：整合与网站内容相关的专题报道、评论文章。

6. 网友评论：以留言、评论的形式，实现网友在线交流，为网友提供抒发爱国情怀、表达美好祝愿的互动平台。

网站的导航栏包括纪念活动、百年大事、民族英烈、人民的反抗、来路追思、不平等条约、图强之路、历史资料、历史照片、忏悔录、历史遗迹、历史研究、战士自述、侵华战事、海外评述、纪实文学、小说散文、影视一览、诗词歌曲、网文摘编等。

网站开设了鸦片战争纪念馆、辛亥革命纪念馆、五四运动纪念馆、岳飞纪念馆、方志敏纪念馆、张自忠纪念馆等专题通道，以敬献鲜花、参观留言等虚拟的形式集中整合了纪念馆的现实功能。

“血铸中华”网站设置了不同类型、不同功能的栏目，通过丰富、翔实的内容，多角度、深层次地重现祖国历史、歌颂英雄事迹，对培养青少年高度的社会责任感、弘扬和培育民族精神、加强青少年思想道德建设发挥了重要的作用。

二　特色鲜明，打造爱国教育平台

互联网作为信息时代的一种新媒体，凭借其内容丰富、容量巨大、跨越时空、方便快捷、利于互动的特点，实现了传播知识信息、人际交流沟通、提供教育娱乐的功能。在浩瀚的互联网中，任何类型的网站都必须有自己的特点和服务内容才能出奇制胜，尤其是以教育为目的的公益网站——“血铸中华”网站作为一个大型的爱国主义教育基地，拥有自己独有的特点和优势。

1. 网站页面设计具有鲜明的表征特点。用户进入“血铸中华”网站，导航页面“血铸中华”四个鲜红色的大字和低沉庄重的背景音乐，以及从主页到各栏目统一的红色基调，很容易让人联想到“民族的火焰在燃烧、革命的战旗在飘扬”。网站的设计深化了爱国主义教育的主题，为人们营造了庄严肃穆又不失吸引力的氛围。

2. 运用多种媒体形式，整合网站的内容。进入“血铸中华”网站，庄严的主题音乐随即响起。网站的主页面链接了 Flash 形式的网站主题片，“历史照片”栏目中展示了图文并茂的图片资料，“影视一览”提供了大量经典影视作品，“诗词歌曲”栏目包含了 60 多首爱国歌曲——网站从多个角度、以多种手段体现了爱国主义情怀的内涵，给人们带来巨大的感动和震撼。

3. 积极与网友互动，贴近现实生活。“血铸中华”网站不仅提供网友在线留言、评论的功能，而且创新性地开设了专题纪念网站，开办网上纪念馆，网友们可以借助这个平台，向英雄献花、缅怀他们的丰功伟绩、重温慷慨悲壮的历史。

互联网上以爱国主义教育为目的的公益网站可以说比比皆是，但内容、深度及影响力却是良莠不齐。而“血铸中华”网站从浅层的网站风格设计到深层的内容把关和功能深化，都无不彰显出鲜明的网站特色。正是这些特点和优势，使“血铸中华”网站逐渐成为引导广大青少年树立正确的人生观、价值观和荣辱观，弘扬民族精神的新平台。

三　深化功能，建设网络精神圣地

随着电视、电脑等现代化工具的普及，进行爱国主义教育、弘扬民族精神的方式和理念也发生了很大的变化——已经不再是以往一味地灌输和教化，取而代之的是多元化、多方位的教育形式。将网络作为爱国主义教育的手段，不仅取决于网络的普及，很大程度上还取决于人们对爱国主义教育表现出的热情和兴趣。“血铸中华”网站将广大青少年作为受众主体，这就更加要求网站将内容、形式与青少年的兴趣取向、接受能力保持一致。

受众之所以选择浏览网站的网页，是因为他们对该网站的内容持有兴趣。因此，与传统、陈旧的思想灌输、理论宣传的模式相比，网站在行使教育功能的过程中具有较大的优势。在受众主动接受信息和内容的过程中，“血铸中华”通过网络文字、声音、图片、影像等方式，传递主流价值观念、引导青少年正确价值观的形成，在潜移默化中实现了网络的教育功能。

2002 年以来，每年清明期间，“血铸中华”网站联合“民族魂”等国内千余家中文网站举办“网上祭英烈，共铸中华魂”网上公祭活动。与互联网上普遍存在的用户匿名现象有所不同的是，在“血铸中华”网站上，“很多网友用真名献花留言，有的还留下通讯地址和联系电话，成为互联网上的独特现象。这充分说明了在网络这一虚拟世界里，广大网友表达的是发自内心的真实情感，党史教育和爱国主义教育在互联网上表现出巨大的感召力和凝聚力”。①

回望历史，中国历经了深刻惨痛的血雨腥风，走过了60年的辉煌历程。对于当代青少年而言，必须牢记祖国曾经的屈辱，才能激发出他们的民族自尊心和自信心。几年来，“血铸中华”网站以网络技术为支撑，会聚大量信息、创新传播内容，贴近青少年网民，把进行爱国主义教育、弘扬民族精神的活动落实到现实当中，已经成为互联网上旗帜鲜明、内涵深刻的“精神圣地”。

四　小结

只有铭记历史，才能深刻了解过去和把握未来。在信息时代，网络文化日益对青少年的成长产生重要影响的今天，只有结合新的时代条件，创新形式和手段，才能让广大青少年用心走进历史，在认识和了解中警醒，在感动和震撼中行动。青少年是祖国的未来、民族的希望，加强对青少年的网络教育、思想道德教育是新时期青少年教育的一大课题。中青网“血铸中华”专题网站在这样的时代背景下应运而生，以丰富的信息内容、翔实的爱国主义素材和多样化的表现手段，多角度、深层次地传递着爱国主义热情，引导当今青少年勿忘国耻、爱我中华，为加深青少年对历史的认识和培养爱国主义情怀提供了良好的平台，也吸引了更多人到互联网上的“精神圣地”去体会深刻的“红色感动”。

（张孟琼）

① 李亚洁、刘娟：《网上党史教育好》，http：//news. xinhuanet. com/newscenter/2006－06/30/content_ 4770852. htm。

第四十篇

中青网“大学生志愿服务西部计划”

简　　介：从2003年开始，为缓解高校毕业生就业压力，拓展就业渠道，促进西部地区发展，共青团中央、国家教育部、财政部、人事部组织实施了大学生志愿服务西部计划。中青网“大学生志愿服务西部计划”是专门针对“大学生志愿服务西部计划项目”而开设的专题网站，隶属于中青网，由共青团中央主管。作为服务于大学生西部计划志愿者的媒体平台，中青网“大学生志愿服务西部计划”记录了大学生

志愿者西部生活的点滴，见证了大学生志愿者西部计划的光辉岁月。网站自成立以来，致力于做好志愿服务西部计划的宣传工作，努力为志愿者搭建良好的交流平台，受到了用户的好评和喜爱。2007年该网站荣获“2006年度中国互联网站品牌栏目（频道）”称号。

网站宗旨：支援西部计划，全心全意为大学生服务

网站板块：“志愿者新闻”“媒体聚焦”“志愿者风采”“志愿者专栏”“志愿者日记”“志愿者杂谈”“志愿者博客”“全国项目办通知”“政策文件”“工作简报”“就业专区”“要闻和人物”“农村卫生志愿服务项目”“研究生支教团”“志愿者社区”“专题”“图片”“下载区”

特色栏目：“志愿者新闻”“志愿者风采”“志愿者专栏”“志愿者博客”“政策文件”

域　　名：http：//cyc90. cycnet. com/othermis/xibu_ new/index. htm

大学生志愿者的网络家园

——对中青网“大学生志愿服务西部计划”的评析

“到西部去、到祖国最需要的地方去。”2003 年 6 月，经党中央、国务院批准，共青团中央、教育部向中国 212 万大学毕业生推出志愿服务西部计划，招募志愿者到西部的贫困县、乡、镇，从事公共服务，服务领域涉及教育、卫生、农技、扶贫以及青年中心建设和管理等。与此同时，作为大学生志愿服务西部计划的网络平台，中青网开通了“大学生志愿服务西部计划”专题网站。

“大学生志愿服务西部计划”作为专门服务于大学生志愿服务的专题网站，运用丰富的文字、图片、语音视频、互动论坛等多媒体传播手段，借助网络技术，为大学生们提供了实时、快捷、海量、跨地域的服务信息。网站凭借其权威、生动的内容和多位一体的强大功能成为“大学生志愿服务西部计划”在互联网上的一个服务平台。

一　整合内容，提供贴近服务

顾名思义，“大学生志愿服务西部计划”网站是为了给参与西部计划的大学生提供信息服务，其主要受众即大学生这一特定的群体。因此，“大学生志愿服务西部计划”网站全面了解大学生志愿者的需求，在板块设置和栏目划分上积极为大学生志愿者提供贴身信息服务。

在“全国项目办通知”和“政策文件”栏目中，网站为参加志愿者服务活动的大学生们提供最新的政策文件，方便他们及时了解国家的政策信息。“就业专区”栏目是中青网针对服务期满的大学生志愿者开设的，栏目为其提供了及时、有效的就业信息，帮助他们更好地就业。

网站开设的“志愿者新闻”栏目及时报道了志愿者开展的服务活动和当地项目办公室开展的活动；“志愿者杂谈”栏目则为志愿者提供了能够抒发志愿者在服务期间的感想和个人感悟的平台；“志愿者专

栏”中从志愿者亲历的视角，以原创作品的形式记录了志愿者服务过程中的真实经历。这些栏目既为志愿者提供了展示自己的平台，也能够引导人们了解志愿者服务的真实状态，激发人们认识和参与服务工作的热情和责任感。

与此同时，网站在“专题”栏目中以“西部计划万里采风志愿行动”“全国优秀志愿者事迹报告会”等专题形式介绍西部计划开展的一系列活动，在“下载”栏目中为志愿者提供了参加服务活动所需要的文件资源，提高了办事效率；在“西部计划联盟”栏目中链接西部计划的相关网站，比如全国远程教育办公室网站、上海志愿者、志愿者官方博客、西部志愿者之家、爱心在线、心守家园、志愿中国 CNV 等，有效整合了网络媒体资源。

通过这些专题栏目，受众可以获取“大学生志愿服务西部计划”的最新进展和招募信息，可以了解和展示在志愿者服务中最真实的生活和工作状态，还可以通过论坛和博客等网络独有形式了解需要扶持的贫困地区的情况，并与志愿者进行交流。“大学生志愿服务西部计划”网站以其独有的特点，为广大受众搭建了一个服务、引导和交流的良好平台。

二　多位一体，搭建互动桥梁

任何一个服务性的专题网站，无疑都要与受众之间建立一个牢固的沟通桥梁。“大学生志愿服务西部计划”网站也不例外，网站需要在信息传播、政策宣传、用户互动等方面实现其服务功能。“大学生志愿服务西部计划”网站畅通传播信息的渠道，构筑了大学生志愿者与网络用户、志愿者之间互动和沟通的桥梁，为志愿者活动、支援西部计划的服务创造条件，成为集宣传、沟通和服务多方位于一体的功能强大的网络平台。

1. 宣传平台：“大学生志愿服务西部计划”专题网站整合传播资源，结合各高校张贴的海报宣传和各地项目办公室对西部计划政策的介绍，并加强西部计划网站上大量的支援西部政策的宣传力度，联合线上线下各类传播活动，共同打造立体的全方位的宣传平台，成为国家西部开发政策宣传的有力平台。

作为大学生了解西部计划政策、支援和服务西部的窗口，“大学生志愿服务西部计划”网站提供了大量关于西部开发、志愿者服务的信息，如国家的西部开发政策、西部发展状况、西部儿童就学状况、西部医疗卫生状况等。网站在为大学生志愿者提供服务的同时，也起到了积极的宣传和舆论引导作用。

2. 服务平台：网站开通了“大学生志愿服务西部计划招募系统”，用户可以通过注册之后登录网站，完成报名程序，并享受网站提供的其他服务。作为青年志愿者行动在扶贫开发领域的一项重点工作，网站还开通了“青年志愿者扶贫接力计划团中央西部支教项目招募报名系统”，提供了活动简介、报名表以及活动所需的相关文件。2008 年汶川地震发生之后，网站及时开通“西部计划抗震救灾专项行动报名系统”，为支援灾区救援与重建招募志愿者。

3. 沟通平台：在发挥政策宣传、舆论引导和信息服务等功能的同时，网站也成为大学生志愿者服务西部计划的宣传阵地，不仅及时地将最新的方针政策传递给大学生，还将志愿者的最新体验和意见同步反馈在网站上。在“青年论坛”栏目开设的“西部计划专区论坛”中，用户可以提出问题，也可以回复留言，调动了用户的热情，形成了用户之间的良性互动，也增强了网站的真实感和贴近性。

三　深化功能，构建和谐社会

在国家推进“西部大开发”的战略过程中，“大学生志愿服务西部计划”必然会对西部地区的教育、医疗等各项建设注入新鲜活力。为配合这一工作的实施，作为一个定位明确、服务现实的专题性网站，“大学生志愿服务西部计划”网站利用网络技术的优势，实现了功能上的深化。

首先，互联网最大的优势莫过于可以打破时间和空间上的局限性，在西部计划实施过程中，志愿者招募、志愿者就业落实等都是程序复杂的工作，“大学生志愿服务西部计划”网站的出现，为政策宣传、志愿者报名等一系列工作的开展提供了便利。在西部计划招募志愿者期间，网站开通了网上报名系统，提高了办事效率。用户通过登录“大学生志愿服务西部计划”专题网站，可以了解国家出台的最新政策，了解服务西部计划的实际需要，了解志愿服务的过程。而且大学生可以在报名招募系统里直接报名，提高了前期报名工作的效率，节省了时间、人力和物力。

其次，在西部计划实施期间，许多人由于不了解西部地区的现状和服务工作的内容，而曲解了志愿服务的意义。针对这一问题，“大学生志愿服务西部计划”网站准确定位，对青少年起到了良好的宣传引导作用。网站提供了国家相关的政策信息，志愿者就业工作开展情况、志愿者服务的真实现状等信息，为大学生志愿者、潜在的志愿者（即将成为志愿者）群体和关注志愿者服务活动的群体提供了贴近的服务，号召大学生志愿者积极参与西部计划活动，对受众树立正确的观念起到了良好的引导作用。

四　小结

伴随着西部服务计划在西部大开发战略、人才强国战略和科教兴国战略中的积极作用的不断发挥，越来越多的人开始关注、参与到志愿者服务活动之中。“大学生志愿服务西部计划”专题网站依托中青网，为用户构建了一个宣传西部计划、展示志愿者服务内容，引导与互动相结合的服务平台。便于广大青年学生、有志人士通过网站更好地了解西部、服务西部，贯彻国家西部大开发的战略和政策，为西部建设贡献力量。

（张孟琼）

第四十一篇

中青网“中国青少年预防艾滋病活动网”

简　　介：2006年，由联合国儿童基金会、中国疾病预防控制中心健康教育所、共青团中央权益部共同主办，中青网承办的“携手儿童青少年、携手抗击艾滋病”青少年预防艾滋病“爱心大使”评选活动全面启动。中青网为这次活动建立了专题网站——“中国青少年预防艾滋病活动网”。网站依托中青网的整体优势，借助网络技术，集服务现实活动与提供知识信息于一体，成为针对儿童青少年受众的服务和教育

主页 | 全球儿童与艾滋病运动 | 10条核心信息 | 名人参与 | 真实的故事 | 新闻中心 | 网上论坛
博客 | 网上大赛和投票 | 各地活动开展 | 重要日程 | 网上视频 | 网上资源 | 常见问题 | 合作伙伴

携手儿童青少年
携手抗击艾滋病

让我们行动起来

重要信息　更多
- 2008年青少年“爱心大使”小额项目工作函
- 第五届全国关怀艾滋病致孤儿童夏令营
- 青少年爱心博客使用流程详解
- 了解 分享 关爱 第三批爱心大使参与式培训

新闻中心　更多
- 中国艾滋病感染性传播比例增加
- 中国对艾滋病感染者仍存在严重歧视
- 《百合花开》赴甘肃各地巡演
- 中英艾滋病策略支持项目一期完工
- 李宇春与发廊妹做游戏学艾滋病预防知识
- M.A.C基金携手李宇春　重庆北碚宣传抗艾
- 非法采血致人感染艾滋病判10年以上
- 六旬老人术前检查查出艾滋病
- 姚明获得联合国艾滋病防治特殊贡献奖
- 肯尼亚全面开展防治艾滋病活动

爱心大使　更多
- 2007年度爱心大使　云南　方宇
- 2007年度爱心大使　黑龙江　刘来田
- 2007年度爱心大使　湖南　文娟
- 2007年度爱心大使　黑龙江　孙慧熙

- 如何报道实用手册
- 致爱心大使的信
- 各地活动开展
- 网上论坛
- 名人参与

论坛热门话题
- 用爱筑就明天
- 为爱疯狂
- 预防艾滋病，最好的参与者就是...
- 医科大学生专业艾滋病教育
- 法新社为艾滋病不实报道道歉

平台。“中国青少年预防艾滋病活动网”因其定位精准、内容丰富、格调高雅、特色鲜明，于2008年被评为“2007年度中国互联网站品牌栏目（频道）”。

栏目设置：“全球儿童与艾滋病运动”“10条核心信息”“名人参与”“真实的故事”“新闻中心”“网上论坛”“博客”“网上大赛和投票”“各地活动开展”“重要日程”“网上视频”“网上资源”“常见问题”“合作伙伴”等

特色栏目：“全球儿童与艾滋病运动”“新闻中心”“爱心大使”“各地活动开展”“名人参与”“真实故事”

网站宗旨：通过网站宣传，在儿童青少年中开展艾滋病预防知识教育，关心和支持受艾滋病影响的儿童青少年，从而凸显中青网站的人文关怀的理念，增强网站的整体影响力和品牌知名度

域　　名：http：//uniteforchildren. youth. cn/

飘扬在互联网上的红蓝丝带

——对中青网“中国青少年预防艾滋病活动网”的评析

“艾滋病”一直以来都是人们闻之色变的话题，随着疾病的蔓延，全世界人民都在为抗击艾滋病病毒、预防艾滋病病毒感染进行着不懈的努力。现在人们对于艾滋病的观念已经发生了很大的改变，这得益于世界范围内各个国家进行的关于艾滋病的政策宣传和预防知识的普及。但在此过程中，媒体报道、政策制定、资金分配往往以成年人为重点。联合国儿童基金会认为：在与艾滋病的斗争中，儿童与青少年是一个被忽略的群体——国内外在以往的艾滋病政策讨论中并没有给予这个群体足够的重视，大多数儿童和青年人无法获得预防艾滋病所不可缺少的信息、技能和服务。然而，儿童和青少年在艾滋病病毒感染方面是一个最为脆弱的群体，他们也将承担起抗击艾滋病的重任。

随着近几年有关儿童青少年的艾滋病防治活动的广泛开展，针对儿童青少年的艾滋病知识普及和疾病预防工作也得到越来越多的关注。2006 年 10 月，联合国儿童基金会和联合国艾滋病联合规划署在伦敦启动了一项全球性儿童艾滋病防治计划，呼吁各方关注并解决日益严重的儿童艾滋病问题。

同年，由联合国儿童基金会、中国疾病预防控制中心健康教育所、共青团中央权益部共同主办，中青网承办的“携手儿童青少年、携手抗击艾滋病”青少年预防艾滋病“爱心大使”评选活动全面启动，中青网为此次活动建立了红蓝丝带网——“中国青少年预防艾滋病活动网”的专题网站。

一　红蓝丝带，青少年携手抗艾滋

进入“中国青少年预防艾滋病活动网”的首页，飘扬的红蓝丝带让人眼前一亮。众所周知，红丝带代表着艾滋病患者，蓝丝带则代表着儿童青少年，红蓝丝带的表征意义是儿童青少年携手抗击艾滋病。可见，“中国青少年预防艾滋病活动网”的服务对象非常明确，即儿童青少年群体。

然而，“艾滋病”是一个沉重而又敏感的话题，媒体在进行信息传播过程中要对受众的认知有非常准确地把握。“中国青少年预防艾滋病活动网”既要传播有益于儿童青少年接受的信息和知识，又要引导他们树立正确的观念，消除他们对艾滋病的错误认知。因此网站在板块设置、内容选取等方面，都尽量贴近儿童青少年的诉求特点——知识和信息内容通俗易懂，新闻报道也多集中在儿童青少年群体中具有代表性和影响力的典型人物和典型事件之上。

从内容方面来看，网站提供了易于儿童青少年接受的知识。例如，在“10 条核心信息”栏目中，艾滋病是由艾滋病病毒引起的、艾滋病病毒感染者外表看不出来、艾滋病通过三种途径传播、家庭等场所一般不会传播艾滋病、使用安全套能降低传播风险、非法注射吸毒极易传播艾滋病、艾滋病可以治疗、歧视艾滋病病毒感染者是违法的等 10 条核心信息，用通俗的语言简明概括了艾滋病预防知识和预防措施。

从服务功能方面来看，网站为配合“携手儿童青少年、携手抗击艾滋病”青少年预防艾滋病“爱心大使”评选活动，向儿童青少年用户提供了参与活动的平台——在规定的时间内，由青少年对候选人进行网上投票，选出青少年身边或心目中的宣传预防艾滋病、关爱受影响的儿童和家庭以及反歧视的优秀人物。网站上还开设了“爱心大使”板块，着重介绍了各地爱心大使在防治艾滋病工作中的事迹和贡献。通过活动评选和网站宣传，很多儿童青少年受众主动了解预防艾滋病的核心信息，和亲友们分享自己的知识和经验，关心和支持受艾滋病影响的同伴和家庭，承担起了相应的社会责任。“中国青少年预防艾滋病活动网”依托现实活动，使儿童青少年在获取知识和信息的过程中，有更多的机会参与到防艾、抗艾的行动之中。

二　教育形式新颖，开展积极互动

儿童青少年受众对互联网的需求主要是“获得新闻”“满足个人爱好”“提高学习效率”“研究有兴趣的问题”以及“结交新朋友”等。因此针对儿童青少年受众的网站必须在内容形式上有更多的创新，能够吸引儿童青少年的目光，使他们主动获取知识。

“中国青少年预防艾滋病活动网”凭借互联网信息海量的优势，网罗各种有益于儿童青少年受众接收的信息。在“网上视频”和“网上资源”栏目中，网站提供了许多与预防艾滋病宣传活动相关的视频资料。例如，由众多明星共同拍摄的公益宣传片《爱在阳光下》、NBA 球星呼吁携手抗击艾滋病的短片，以及在“携手为儿童、携手抗艾滋”活动中，由北京爱国卫生委员会制作的艾滋病防治知识手册、活动展板、宣传画等。这些资料能够让儿童青少年受众在享受影音娱乐的过程中接受形式新颖的知识和教育。

网站在“名人参与”栏目中，集中报道了演艺界明星、社会知名人士参与宣传艾滋病预防知识的活动，例如，苏有朋、李宇春等众多在儿童青少年中具有号召力和影响力的明星积极参与“防艾、抗艾”的活动，对引导儿童青少年关注和参与预防艾滋病的活动起到了积极的作用。

与此同时，“中国青少年预防艾滋病活动网”开展了各种形式的互动交流活动，2008 年 8 月，濮存昕、张一山、联合国儿童基金会驻华办事处项目办公室官员许文青、张蕾一同与青少年爱心大使、中青网的网友就儿童青少年在预防艾滋病行动中起到的作用进行了一个半小时的在线访问。在网站开通的“青少年论坛”上，网友们充分利用网络即时互动的优势，各抒己见，以“我们为何要如此关注艾滋病?”“预防艾滋病，最好的参与者就是我们自己”等为话题展开交流、讨论，网友们积极沟通、相互交流预防艾滋病知识。这一活动不仅为儿童青少年受众提供了获取信息、交流心得的机会，也引领更多的人参与到防艾活动之中。

三　关爱艾滋儿童，彰显人文本色

在进行艾滋病预防知识教育的同时，“中国青少年预防艾滋病活动网”也将关注的目光投向儿童青少年艾滋病患者和“艾滋致孤”儿童这些特殊群体中，着力为他们营造乐观向上的生活环境和舆论环境。

由于一些政策和观念的原因，许多儿童青少年无法获得检测的机会，也有很多青少年不了解艾滋病病毒如何传播、如何预防，无法保护自己。艾滋病的肆虐，使许多儿童失去了应该享有的童年时光，使他们失去了完整的家庭。有的儿童患者缺少需要的治疗药物，无法获得享受卫生服务的机会。为此，网站通过各种形式的报道，以真实的故事引导人们消除疑虑和偏见，树立正确的观念并呼吁人们给予艾滋病儿童更多的理解和关爱。

如《“爱心妈妈”眼里的艾滋孤儿》一文，通过“爱心妈妈”讲述有关“艾滋致孤”儿童经历的故事，号召人们能够以自身切实的行动，带给艾滋病孤儿更多温暖和关怀。爱心大使通讯《理解与关爱》以诗歌的形式诠释了“理解与关爱”这一深刻的主题——多一点理解和关爱，多一点亲近和交流，让艾滋病携带者及感染者同样体会到对人生的快乐和微笑，同样感受到这个世界的关怀和温暖。

“中国青少年预防艾滋病活动网”用真实的文字，记录下儿童青少年在“防艾”活动中的真实经历，鼓舞艾滋病患者和致孤儿童勇敢面对生活，也呼吁人们给予他们更多的理解和关怀，从而彰显了一个主流媒体的人文关怀。

四　多方通力合作，与国际接轨

迎战艾滋病需要多方力量共同合作，联合国组织、政府、卫生、科研和教育机构、行业协会、媒体、基金会等都是需要联合起来共同抗击艾滋病的重要力量。“中国青少年预防艾滋病活动网”顺应国际抗击艾滋病运动的浪潮，为多方组织共同抗击艾滋病提供网络平台，并且与权威机构合作，与国际接轨，成为世界了解中国艾滋病防治工作开展情况的窗口。

在网站上，“全球儿童与艾滋病运动”栏目让儿童青少年受众了解艾滋病预防活动的意义、目标和国内外的开展情况。“新闻中心”和“各地活动开展”记录了国内抗击艾滋病活动的进程——上海、北京、四川、浙江等全国各个省市地区都开展了不同形式的宣传艾滋病预防知识和关爱艾滋病患者的活动，企业、政府部门、基金会、爱心人士等也通过各种评估检查、知识讲座、资金捐助等方式为全国“防艾、抗艾”工作贡献力量。

网站将国际行动援助（AAI）、联合国艾滋病规划署驻华办事处（UNAIDS）、英国救助儿童会（Save the Children UK）、国际艾滋病联盟中国项目办公室、联合国人口基金驻华代表处（UNFPA）等权威机构作为合作伙伴，为建立以儿童为中心的全球艾滋病工作提供平台。

纵然艾滋病病毒的蔓延使全世界各国、各地区人民都感到无比担忧，但只要有健康的生活方式、良好的舆论环境，进行正确的疾病预防和治疗，消除对艾滋病患者歧视和偏见，全民携手“预艾、抵艾”，艾滋病病毒也并非不可战胜。我国在开展针对儿童青少年这一群体的“防艾、抗艾”工作中，“中国青少年预防艾滋病活动网”依托中青网这一主流媒体的优势，在知识宣传、政策推广、舆论引导、提供服务等各个方面发挥了积极的作用。

五　小结

虽然在以往的艾滋病预防工作中，儿童青少年通常被忽视，但随着政策和观念的转变，这个脆弱的群体开始受到更多的关注和支持。如何针对儿童青少年进行艾滋病预防知识的宣传、如何引导他们树立正确的观念、如何关心和爱护艾滋病患者和致孤儿童，成为媒体需要面对的问题。“中国青少年预防艾滋病活动网”以其内容丰富、立意鲜明、号召力强等特点，成为艾滋病预防工作中宣传和服务的品牌网站。网站在服务“爱心大使”评选等现实活动的同时，也利用网络传播的优势，为受众提供大量的艾滋病防治知识、关注青少年和儿童艾滋病患者的成长、呼吁全社会共同参与抵制艾滋病，营建了一个彰显人文关怀的网络爱心健康家园。

（张孟琼）

第七单元

创新栏目类

第四十二篇

新华网“新华手机报”

简　　介：“新华手机报”创办于2006年11月7日，汇集由新华社主办的《新华每日电讯》《参考消息》《经济参考报》《中国证券报》《上海证券报》《现代快报》《国际先驱导报》和《瞭望》《半月谈》等

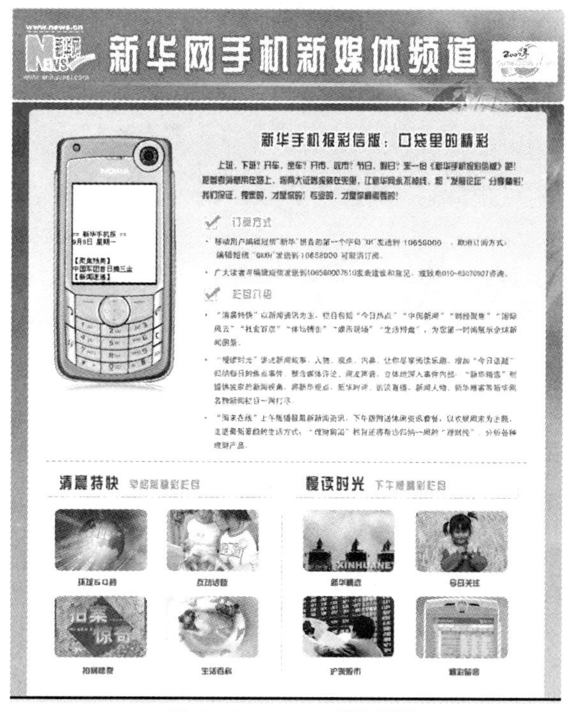

一批在国内外具有较高知名度和较强影响力的报纸、杂志的精彩内容，第一时间播报新华网发布的重要即时新闻，并根据手机的特点进行摘选和浓缩。每天只用5分钟，即可概览天下风云。

“新华手机报”分为WAP版和彩信版。2006年11月7日，“新华手机报”在中国移动上线，开辟了全新的读报体验，WAP版从此开通，其中包含“聚焦”“时事”“国际”“财经”“观察”“军事”“社会”等栏目。开通于2007年6月1日的“新华手机报”彩信版是新华社与中国移动公司在无线增值领域开展战略合作后推出的第一项移动新闻服务，结合了新华社权威、准确、及时的新闻资源和中国移动公司强大的市场、技术优势，将成为广大手机用户读报的新选择。彩信版的栏目主要包括“清晨特快”“慢读时光”“周末在线上”。

“新华手机报”荣获“2007年度中国互联网站品牌栏目（频道）”称号。

栏目理念：为您提供最全面、最权威、最有效的新闻资讯

栏目口号：“欲知天下事，弹指一挥间，任何时间、任何地点只要您需要，新闻资讯就在您身边。”“把参考消息带在路上，将两大证券报装在兜里，让新华网永不掉线，和‘发展论坛’分享精彩！我们保证，独家的，才是你的！专业的，才是你最需要的！”

口袋里的精彩

——对新华网"新华手机报"的分析

截至2008年12月，我国移动电话用户数达到6.41亿，用户规模居世界首位。[①]而手机报作为手机的一个新的延伸功能，一经面世，便凭借它个人化、移动性、即时性的特点，成为广大民众口袋里的"新宠"。它非常符合现代人的生活节奏，隐藏着巨大的潜能，对传统的广播、电视以及印刷媒体，都是一个巨大的挑战。

2004年7月18日，《中国妇女报》推出了全国第一家手机报——《中国妇女报·彩信版》，随后《北京青年报》《工人日报》《中国青年报》《信息导报》《家庭周末报》等纷纷推出自己的手机报。2007年之后，手机报的发展开始坐享"天时地利"。拇指轻轻一按，新闻尽在"掌"握。

一 "两会"报道，打造特色

在2007年的全国"两会"上，手机报无疑是最大的亮点之一。新华网于3月3日正式推出"新华手机报——'两会'特刊"。这也是全国首次采用手机报的形式报道"两会"。这次推出的"两会特刊"集中新华社和新华网的新闻报道精品，并根据手机的特点进行摘选和浓缩，每天5分钟，可概览"两会"大事。为了贴近传统报纸读者的阅读习惯，"新华手机报——'两会'特刊"还特别推出了精美报版，力求版面清新，头条醒目，内容鲜活。"新华手机报"这一里程碑式的举动，一方面使更多的民众通过手机这个新渠道了解了"两会"，进一步贴近了受众与"两会"的距离，为一般民众参政议政提供了一个绝佳的平台。

---

① 张韬：《我国手机用户达6.41亿户》，http：//it. sohu. com/20090123/n261915277. shtml。

2007年10月14日，新华网“十七大手机报”在京首发。这是专门报道党的全国代表大会的第一份手机报，当时预计每期发行量将达2000万份。这份形式新颖的报纸在十七大召开期间面向新华社“新华手机报”和中国移动通信集团公司“手机报—新闻早晚报”用户发行，采用随报赠送的方式播发，免收订阅费。“十七大手机报”开设了“大会进程”“报告解读”“代表风采”“大会花絮”“手机博客故事”“互动话题”等精彩栏目，内容丰富，图文并茂，并将推出精美报版，在新华网和户外屏幕上进行展示。该报还专门开通了手机读者互动平台，读者可以发送手机短信，表达对盛会的期盼与祝福。

从10月14日至22日，由新华社、中国移动创办的“十七大手机报”共发刊六期，发行量总计达1.5亿份。最高一期的发行量突破3000万份，也就是说，当天平均每40个中国人就有一人到“十七大手机报”。此外，中国移动短信平台“十七大手机报”统计显示，中国移动短信平台共收到“十七大手机报”读者短信留言81000条，高峰时段每秒收到短信留言3条。

新华社新闻研究所刘滢认为，“十七大手机报”创造了传媒领域的诸多第一，即第一份专为全国党代会创办的新兴媒体；党代会期间发行量第一的媒体；读者留言数第一的媒体；第一份采用“即时出报”方式报道新一届政治局常委与中外记者见面会的媒体。

2008年、2009年的“两会”上，“新华‘两会’手机报”再一次成为亮点。除了内容更加快捷、丰富之外，在栏目策划上更接近民众，提出“网络‘晒’民意，手机‘传’民声”，“你是第N个人大代表”的口号，鼓励手机读者将个人的建议、建言编短信发送到移动平台，参与“亿万手机读者问总理”的互动活动。此栏目一经推出，留言即达17.73万条。读者还可通过新华网“手机问总理”专栏，或手机登录掌上新华网（wap. news. cn）查看留言发表情况。

总之，新华手机报在“两会”和“十七大”报道中形成了鲜明的特色，与众多竞争对手形成差异化优势，最终在这场“群雄逐鹿”的竞争中成为不可小觑的中坚力量。

二　以人为本，营造主流

手机报自诞生之日起，便以最快速度在人群中迅速推广开来。而这道看似简单平淡的快餐却受到民众的如此青睐，完全依托于手机报带给我们的方便、快捷，以及人性化的制作与发行。

“新华手机报”一直贯彻“以人为本”的方针，从内容和模式上都在“人”的基础上不断地进行改革和深化。首先从栏目设置上看，从原来的“大综合”细化为现在的“清晨特快”和“慢读时光”两种不同味道的栏目。“清晨特快”以新闻资讯为主，“慢读时光”以讲述新闻故事、人物、观点、内幕为主，更让受众深入地领略了阅读的乐趣。其次，从内容的编辑上看，“新华手机报”在提供相关的新闻资讯的同时，在新闻的基础上进行延伸，内容上也更丰富和多元化。比如，在“点燃奥运圣火”的报道中，不仅以大篇幅全面迅速报道整个圣火采集过程，还在之后的手机报上开出“奥运小常识”的栏目，详细为受众“揭秘奥运圣火道具”，指出“火引子原来是胶片”及“火种罐中盛放的是橄榄油”的小细节。“细节”虽小，但却清新可爱，让人记忆深刻。另外，“新华手机报”还非常注重与读者的互动，将社会热点与广大民众利益相关点作为“互动话题”，与广大读者进行沟通和交流，并会在下一期公布一些精彩留言。最后，在推广模式上，“新华手机报”不仅要打造全国性的大报，而且也要主导地方市场。“新华手机报浙江版”于2007年11月推出，一经推出就获得广大读者好评，它的内容不仅涵盖新华社独家播发的国际、国内时政新闻、社会新闻、财经新闻、文化娱乐、体育新闻，还包括浙江省内重大新闻，为浙江的读者提供了更贴身更具人性化的服务。

三　手机报带来的新课题

手机报的诞生为广大民众掌握讯息，了解世界提供了一个新的窗口，深受民众欢迎；而另一方面，手机报作为一个新兴媒体，对技术发展有很强的依赖性，对客户终端要求比较苛刻，只有开通GPRS的手机才能成为手机报的载体。当然，除了技术上的瓶颈和短板外，手机报还存在其他方面的问题。

（一）消费群体有待拓展

目前，“新华手机报”的订户多为知识水平较高、经济基础较好、对资讯高度敏感的中青年白领阶层和大学生。这一群体需要随时掌握资讯，对手机资费的承受力也相对较强。要想有效扩大消费群体，让更多的人体验、享受阅读手机报的乐趣，则需要借助多渠道的宣传、推广活动拓展认知范围。比如，可开办适合农民的手机报，为广大农民提供农业新闻、科技兴农、政策指南等信息，让手机报真正为全国各阶层人民谋福利。

（二）信息源急需扩大

手机报的运营对于传统纸质媒体而言，绝不仅仅是简单的“拿来主义”，将报纸内容做成“彩信版”。当然手机报最大的缺陷就是没有自己的原创内容，其媒体业务、市场开发、新闻来源主要依附于传统媒体和互联网。“内容同质化”将成为手机报未来发展的死穴。

“新华手机报”虽然在内容上已经有所创新，但绝大多数还是来源于新华社和其他媒体的报道，因此并不能完全达到让读者耳目一新的效果。这就要求在制作手机报的时候，撇开简单的“拿来主义”，比如可以利用新华社记者众多、分布广泛的优势，尝试做到全天滚动新闻，如果手机报能将采编的速度再加快一步，就可以抢得一些播报新闻的先机。首先改变手机报每天定时发送的传统习惯，正如新浪网的滚动新闻一样，尤其是对于一些重大新闻事件，应实时跟踪，才能发挥它快捷、迅速的优势。例如，就一些突发性的地方新闻而言，当报纸的报料热线接到新闻报料时，手机报的编辑平台应同步开始播报这条新闻线索，并与派出记者保持同步联系，记者在现场采访时，可用手机先发回简洁的短信新闻，再由手机报编辑直接送到读者终端。

（三）信息内容要量身定制

手机报要注重细分受众，开发地市版和有关影视娱乐、房产、汽车、饮食等专版。增加 Flash、音频等元素，以形式的创新来吸引更多用户。对于一些固定读者，通过调查他们的阅读习惯，可以提供给他们最关心的新闻报道，而这些都可以根据读者自己的兴趣来定制。

（王旭逊）

新华网：因为创新 所以精彩 *

每年的“两会”，都是各路媒体展示实力与特色的竞技场。在这场新闻大战中做出特色、做出水平、做出效果，进一步提升影响力，是媒体的必然追求。2008年的“两会”报道，新媒体竞争尤为激烈，新华网着眼创新，提早策划，运用21种形式，多视角、多媒体、多语种地对这次盛会进行全面展示，报道形式创新实现新的突破，网络互动参与实现新的突破，报道空间实现新的突破，“两会”报道的影响力和覆盖面实现新的突破。

一 首创搭建无线互动平台

网络媒体每天都进行着新闻博弈，传统的网络报道形式各网站都在采用，要想在大型报道竞争中取得领先地位，必须要有新的招数。为此，新华网确立从有线向无线延伸的思路，充分利用手机这个第五媒体覆盖面大、互动便捷的功能。新华网在新华社其他部门协助下，提前与中国移动联合，首创性地搭建手机互动平台，继2005年在网络率先发起“我有问题问总理”活动的基础上，再次在全国率先推出“亿万手机读者向总理提问，为总理分忧”活动。活动一开始，就有数千万用户与手机互动平台连通。此后，手机用户关注度持续升温，参与度日日攀高，截至2008年3月18日，手机用户向总理提出的建议和问题累计达52万余条。新华网从这浩如烟海的读者回复中精选互动留言，再播发给读者。这种互动传播，很大程度上调动了读者的积极性，增强了信息传播的效果。有手机用户在留言中说，我猜很多人和我一样第一次如此关注“两会”。这要感谢新华社、中国移动“两会”手机互动平台等媒

* 原文载于《网络传播》2008年第4期，选入本书时编者对文章有改动。

体以及众多的新闻工作者，通过对“两会”的关注使我对国家的政策有了更深刻的了解，对祖国的未来更加充满了希望。宣传的确很重要，而且要做得十分彻底，让每一个中国人民都充满激情，中国人民永远爱中国！

二　飞信访谈首次应用

飞信是中国移动最新尝试推出的一款方便、快捷的沟通工具，这一工具可以把手机用户发送的短信同步传递到互联网，实现手机短信发送端和网络信息发布端的直接交流。目前，全国有8500万可用飞信功能的手机用户。新华网将这一新形式应用到“两会”报道中，极大地扩大了报道覆盖面，增强了互动性。2008年3月3日上午，新华网首场“两会”访谈特别邀请农民工代表康厚明与网民在线交流，同时，首次利用手机飞信平台与手机用户互动。据初步统计，这次访谈内容覆盖1000多万手机读者，其中包括上百万农民工。访谈短短1个小时，网民提问200条，明确农民工身份的手机用户提问近千条。康厚明代表回答了20多个读者的问题，内容涉及农民工待遇、子女教育、劳动保障等各方面。用户在留言中表示，飞信访谈是一个真正走进民众心窝的栏目，我们普通民众想问的、想说的、想侃的，都可以通过手机短信实现。飞信访谈这一平台将我们与“两会”更加紧密地联系在一起。新华网随后进行的“两会”访谈均不同程度地运用了飞信访谈的形式。这种将互联网在线交流与手机短信交流相结合的访谈，在全国尚属首次。

继“十七大手机报”屡获殊荣，受到广大用户一致好评之后，新华网2007年首次推出“两会”手机报，每天以特刊、画报、专刊等不同形式播报“两会”资讯。“两会”期间，新华网手机报共出刊18期，总发行量近4亿份，创造了历史新纪录。

“两会”手机报强调选题策划的力度，以“会场内外皆关注，民声网语皆倾听”为理念，从纷繁的“两会”新闻中捕捉线索，亮点频出。3月5日，“两会”手机报推出了特别策划《这五年，温总理和他的同事们》；3月8日，策划推出“三八妇女节特刊”；3月13日，推出“两会”画刊《感动中国“小人物”》。网民说，新华网手机报每个栏目都设置得恰到好处，不固定不刻板，读每期“两会”手机报都有新惊喜和新感受。从“委员的组成”到“委员们的经典语录”，从“今年‘两会’关注什么”到“民众关注五大民生热点”等方方面面的内容，给读者展示了一个全方位的“两会”。全国人大代表陈静怡每天回到代表驻地，都要打开手机阅读“两会”手机报，她认为手机报及时、丰富，体现了国家通讯社和国家大网的报道水平和策划水平。

（新华网副总编辑　白林、总编辑助理李俊、
舆情研发部副主任　孟庆梅）

第四十三篇

中国网“网上直播”

简　　介：中国网是国务院新闻办公室领导，中国外文出版发行事业局（中国国际出版集团）管理的国家重点新闻网站。“网上直播”是中国网全力打造的重点品牌栏目，主要直播全国“两会”、国务院新闻办公室新闻发布会，各部委新闻发布会等重大活动和会议，其快捷、生动、灵活的发布形式，充分显示了互联网的优势和特点，受到社会各界的好评和网民的喜爱。2007 年 2 月，中国网“网上直播”荣获“2006 年度中国互联网站品牌栏目（频道）”称号。

理　　念：网上直播，直播中国

特　　点：融合新闻的前导性、权威性、迅捷性；以国情为基础，精心整合各地讯息资源，用互联网延伸、拓展受众的视野；更好地向世界介绍中国，并竭诚为社会提供服务

精品栏目：“国新办通知”“访谈直播”“国新办发布会”“视频直播”等

域　　名：http：//www. china. com. cn/zhibo/node_ 7030498. htm

与中国一起“直播”

——对中国网“网上直播”的评析

如果说“给你一个真实的中国”是中国网永恒追求的目标的话，那么“与中国一起‘直播’”就是中国网“网上直播”栏目所秉承的栏目品牌理念和不断进取的动力。2007 年 2 月，中国网“网上直播”栏目荣获“2006 年度中国互联网站品牌栏目（频道）”称号，并且是该年度唯一一家以网络直播的形式报道大型活动为主的获奖栏目。

在我国，网上直播早已蔚然成风，方兴未艾。尤其是在 2000 年，网上直播铺天盖地冲击着网民的视野，凡是生活中发生的事，无论大小、不分俗雅，都被转换成图文、视频搬到网上进行直播，给网民带来一种全新的媒介接触视角和体验。而且实行网上直播的网站也很多，那么，为什么该年度的中国互联网品牌栏目会垂青于中国网的“网上直播”呢？它的品牌又是怎么“炼成”的呢？

一　网络技术：想说爱你不容易

网络技术是媒介生产力发展的重要因素。“媒介生产力就是指媒介自身物质和精神生产的能力，包括两层含义：一是媒介产业的经济或物质层面的生产，二是媒介产业的社会或精神层面的生产，这两个层面构成了媒介生产力的有机整体。”[①]媒介生产力具备一般生产力的普遍性质，即受到生产条件包括物质技术条件的限制，也就是说媒介产品必须具备物质的依托方式。网络技术是媒介生产力发展的重要因素，网络技术是限制我国传媒产业发展的一块“透明的天花板”，它是新媒体时代维系我国传媒产业高速发展的有力支撑和重要保障，更是我国传媒产业

---

① 包国强：《试论邓小平生产力理论视角下的媒介生产力解放》，《湖北社会科学》2005 年第 5 期。

发展的重点突围方向之一。

中国网“网上直播”栏目依托中国网一流的网络技术力量，采用了全球最新 CDN（Content Delivery Network）传输技术，即内容分发网络。它是通过在现有的 Internet 中增加一层新的网络架构，将网站的内容发布到最接近用户的网络“边缘”，使用户可以就近取得所需的内容，解决 Internet 网络拥塞状况，提高用户访问网站的响应速度。从技术上全面解决由于网络带宽小、用户访问量大、网点分布不均等原因，造成的用户访问网站的响应速度慢的问题。另外，CDN 又有别于一般的镜像，因为它比镜像更智能，或者可以做这样一个比喻：“CDN = 更智能的镜像 + 缓存 + 流量导流”。因而，CDN 可以明显提高 Internet 网络中信息流动的效率。CDN 网络技术的运用，使中国网“网上直播”最大限度地提高了网站的连接性能和对用户的响应速度，加快了信息的传播速度，增强了传、授双方的互动性。这就保障了世界上任何角落的用户可在第一时间通过中国网“网上直播”，同步浏览突发事件、重大活动的发生和进展情况，与中国一起“直播”。

由于技术上得天独厚的优势，时空和地域界限的问题对于网上直播而言已经不再是问题。在信息化社会，网上直播也就注定是发布新闻、传播信息的最佳手段。建于 1997 年的中国网是国务院新闻办公室（简称“国新办”）领导，中国外文出版发行事业局（中国国际出版集团）管理的国家重点新闻网站。它拥有丰富的网上直播经验，是国务院新闻办公室新闻发布会的网上直播独家承办单位，并且承办过不同规模和形式的直播活动。它曾为“两会”、党的十六大、卫生部、教育部、公安部、国家林业局、中国社会科学院、CCTV—7 新年晚会等部委和单位举办的新闻发布会和社会各界举办的各类信息发布及文化活动进行过直播服务。

然而，网上直播相对于电视直播而言仅仅是一个新生事物，其目前发展状况也是“小荷才露尖尖角”，尤其是在技术方面还不是很成熟。比如，一些网上直播不过是将原本效果很好的电视直播节目硬搬到网上，所运用的技术含量并不是很高。网络技术仍是我国网络今后发展的一个难点和重点。对于网络新技术不能盲目限制和“封杀”，而是考虑如何驾驭和利用，这才是网络直播发展的关键所在。

二 内容:“富媒体”的“金库”

“富媒体”(Rich Media)是指在技术进步及消费市场逐渐成熟的背景下，出现的具备声音、图像和文字等多媒体组合的媒介形式。它实质上是媒介融合(Media Convergence)的另一种表现形式。“从商业价值的角度来说，‘富媒体’指的是有广阔商业价值和巨大开发潜力的媒体。”①因此，我们也可以把“富媒体”望文生义地理解为“富裕的媒体”。从本质上说，“富媒体”的商业价值“金库”仍是在内容的基础上形成的。

中国网“网上直播”栏目在网络技术硬性优势的基础上，又注重加强和创新“内容”软实力的建设，以增强其抗竞争风险的能力和实力。

中国网“网上直播”栏目分为“国新办通知”“国新办发布会”“部委办发布会”“奥组委发布会”“会议与活动”“采访信息”“访谈直播”“视频直播”“新闻资讯”和“精彩评论”等10个子栏目，以“访谈直播”“视频直播”两个子栏目最具特色，采用视频直播、文字直播和图片直播相结合的传播形式，并配有网络新闻专题和评论。此外，中国网建立了自己的地方主要网站的联盟，几乎涵盖大陆各省、直辖市和自治区的地方主流网站。这为“网上直播”栏目内容的制作和整合提供了强大的信息源头保障，也因此形成了自己颇具规模的受众群。

中国网“网上直播”栏目依托于国务院新闻办公室，一方面积极履行国家重点新闻网站为政府服务的职责；另一方面又利用国务院新闻办公室新闻讯息丰富、能融合各地通信等优势进行资源整合，共同建立了全国对外宣传网络平台，开创了网络对外传播的新格局。

视频新闻是中国网“网上直播”栏目的一个特色。它不仅能够在第一时间及时、准确地向网民传播重大事件，体现了新闻的真实性，而且还充分利用了网络海量的可储存性，使网民随时都可以搜索、点播自己喜爱的节目，具有再现性。此外，视频新闻“易于引发受众的参与

---

① 赵梅主编、马丽等撰稿:《2005～2006中国新兴媒体发展与研究蓝皮书》，中国传媒大学出版社，2006，第141页。

感。记者与被采访者的手势、眼神、表情、动作、穿着、打扮，现场的景物、气氛、背景、标志、各种音响及各色人物的态度与活动等，对信息都有增值作用”。①

为了最大化地发挥网络视频新闻的效益，取得更好的传播效果，中国网“网上直播”栏目还为直播内容配置了相应的直播图片和直播文字。一方面，由于网络实行的是数字化传播，其容量要比传统媒介大得多，网络信息之间的链接非常方便，它们是互通的；另一方面，基于“富媒体”属性的网上直播，也需要文字、图片等作为其补充信息，以使受众多角度、全面地了解信息。

中国网“网上直播”栏目坚持以新闻为前导，立足国情，融合各地通信，力求通过精心整合的即时新闻、翔实的背景资料和网上独家的深度报道，向世界及时全面地介绍中国。它一贯的报道方式是网络新闻的专题化。专题化的报道能够使网民对主体新闻的时间和空间维度进行扩展性了解，并能通过对主体新闻的生成背景、波及影响和发展趋势进行全面展示与剖析，从而深刻地反映客观环境的最新变动状态，更好地满足受众对新闻事件的信息需求。另外，专题化的多媒体组合报道还能对新闻进行“捆绑”，成为模块化组合，使网民避免在浩瀚的网络信息中“迷失方向”。中国网“网上直播”栏目还在每一个专题新闻板块设置了“网友提问”和“精彩评论”栏目，以便更好地满足网民对信息的多层次需求。

2007 年 12 月，刚刚任命为日本首相的福田康夫对我国进行了为期 4 天的国事访问。这是继日本前首相安倍晋三的“破冰之旅”和中国国务院总理温家宝的“融冰之旅”后，中日双方进一步改善和发展中日关系的又一个重要举措，对推动中日关系健康稳定向前发展具有重要意义。中国网“网上直播”栏目精心准备，对其进行全面报道。尤其是视频直播更是出彩，网上直播共推出了《福田康夫首相在天津继续“迎春”之旅》《福田访华中日关系踏雪迎春》《福田康夫精彩答问北大学生》《日本首相福田康夫 28 日下午将在北京大学发表演讲》《福田康夫访华推动日中关系新发展》和《日媒积极评价福田访华为实现真正友好开辟道路》6 个专题报道，而且每个视频直播还配备了相应的、丰

---

① 彭兰：《网络新闻编辑教程》，武汉大学出版社，2007，第 196 页 。

富的图文报道，一时间点播率飙升，赢得了网民的青睐。

三　对外服务：尝试着做传媒市场的“弄潮儿”

在我国，传媒体制改革一直是业界和学界讨论的焦点。随着我国30年的改革开放，我国传媒改革也同样进入攻坚阶段，逐渐触及“深水区”。我国传媒走向市场、从事产业化经营只是近20年来的事情，但是自实行市场化探索以来，取得的成就却是举世瞩目的。目前，我国的传媒市场已经基本形成。主要标志有四点：一是迄今为止，我国新闻传媒已经被不同程度地推向市场，只有为数极少的没有进入市场；二是传媒市场的受众地位已经确立，传媒已经认识到其最终是为了满足受众的需要；三是传媒竞争格局已经形成；四是传媒融资方式受到人们重视。

在这样一个传媒市场中，作为国家级对外传播网站品牌栏目的中国网“网上直播”也不得不顺应市场趋势，尝试着做传媒市场的“弄潮儿”，争取巩固并提升自己在网络市场中的核心竞争力和竞争地位。

对外服务是中国网“网上直播”栏目迈向市场的重要举措，其直播内容包括：新闻发布会、文化娱乐活动、行业研讨会、企业年会、周年庆典、商业宣传活动、产品推广会等。中国网依托中国外文出版发行事业局50年对外传播的资源优势，并且能够联合全国各省市重点新闻网站，因此它拥有潜力强大的受众市场。它有足够的能力为国内外客户进行权威信息发布、品牌展示和寻求最佳商机。中国网“网上直播”栏目也以信号同步、文字准确、音视频效果俱佳独树一帜，赢得了社会各界广泛赞誉。

（赵永刚）

第四十四篇

国际在线“网络电台”

简　　介：国际在线“网络电台”是由中国国际广播电台开办的网络电台，于2005年7月13日正式开播，是中国第一家官方网站开办的网络电台，也是国内首家由专业电台开办的多语种（中、英、日、德）网络电台。

2008年1月30日，“2007年度中国互联网站品牌栏目（频道）”在北京揭晓。国际在线“网络电台”再次荣获该项殊荣，这标志着该栏目成为“网络电台”栏目下唯一的“三连冠”。

国际在线“网络电台”分为“网络电台导航”“音乐节目自助”

“NJ 秀”“唱片汇总”“精品点播”“网络电视台”“博客”“社区”“指南”“网络电台新闻”10 个板块。网站首页制作精美、大方，以一幅音乐播放器的图片为主要元素。国际在线“网络电台”致力于打造国内最权威、最全面的类型化网络音乐广播。

国际在线“网络电台”致力于建立满足广大网民信息需求，关注网络生态、文化和生活，融合线性媒体与网络交互性媒体传播特点，成为具有影响力和竞争力的多语种类型化网络电台。

国际在线“网络电台”还与东京、首尔、伦敦、柏林、莫斯科、华盛顿、布宜诺斯艾利斯、里约热内卢、开罗、悉尼和安卡拉等 11 个国际城市建立了电台互动，极大地增加了国际在线“网络电台”的国际性。

理　　念：音乐网络电台 + 国际在线电台 = 做网络电台第一品牌

特　　点：可听的网络，动听的网络，可视的广播，好看的广播，广播和网络的完美结合

宗　　旨：全力打造“网络电台第一品牌”

栏　　目：“网络电台导览”“音乐节目自助”“NJ 秀”“唱片汇总”“精品点播”“网络电台新闻”“网络电视台”“博客”“社区”“指南”

精品栏目：“音乐节目自助”“NJ 秀”“唱片汇总”“精品点播”

域　　名：http://gb.cri.cn/radio/

让美丽的春天在耳边“发芽”

——对国际在线“网络电台”的评析

可听的网络，动听的网络，可视的广播，好看的广播。这种听似文学写作手法的虚拟，今天已经被国际在线“网络电台”栏目完美地予以体现。互联网延伸了广播，广播丰富了互联网，二者优势互补，很好地进行了媒介融合（Media Convergence），将广播一播即逝的线性传播的特点和互联网可存储性传播的特点相融合，满足了广大网民可以边上网边听广播的需求，彰显多媒体个性特色，让美丽的春天在耳边“发芽”。

一　新媒体传播时代整合为王

20 世纪 90 年代末，我国传媒产业在历经了近 20 年的“跑马圈地”式的规模化发展之后，已经进入了以因特网为典型代表的“资讯相对过剩”的新媒体传播时代。主要表现就是“内容与运营模式的同质化带来的可替代性与微利化趋势”。[①]新媒体传播时代对传播内容竞争的诉求也发生了相应转变，已经由“独家的素材、独家的新闻、独家的资源的竞争转变为独家的选择、独家的制作、独家的组合、独家的视角、独家的观点等等的竞争”。[②]国际在线“网络电台”迎合媒体新技术的发展，整合讯息资源，发挥自身优势，成功运营了具有多语种（中、英、日、德）鲜明特色的网络电台，并尝试实施多元化发展战略，开通了网络音乐电台，延长媒体产业链，壮大自身实力。

2005 年 7 月 13 日，国际在线“网络电台”应运而生，这是中国第一家官方网站开办的网络电台，也是国内首家由专业电台开办的多语种

① 喻国明：《“拐点”的到来意味着什么？——兼论中国传媒业的发展契机》，《国际广告》2006 年第 2 期。

② 喻国明：《“去碎片化”：传媒经营的新趋势》，《视听界》2005 年第 4 期。

网络电台。其依托中国国际广播电台的独特讯息资源、技术、人才、品牌和管理优势，开通了中、英、德、日四种语言，每日轮番播出，增强了受众的收听率和有效频率（Effective Frequency）。其中，中文主要以娱乐、音乐、新闻资讯为主，其他语种主要以在线教学为主，定位明确，特色鲜明，以满足消费“碎片化”状态下的网民对资讯、外语学习、娱乐的不同需求。

依据“长尾理论”原理，在新媒体传播时代，由于受众的细分化以及传媒资讯的相对过剩，基于Internet技术的网络电台正在将大规模的“霸权式”的传媒市场转化成无数的利基市场。换句话说就是，有需求就有供应，众多小市场能够会聚成可与主流大市场相匹敌的市场能量。2006年，因应全球经济一体化、媒介受众市场以及媒体技术发展等外部因素的变化，网络电台又实时推出了中、英、韩、日四种语言的播客平台，成为我国首家提供多语种播客服务的网站。这是国际在线充分整合自身资源，跟踪互联网新媒体业务发展方向，构建立体化的现代对外广播体系做出的又一次重要尝试。多语种带来的直接优势就是借助信息国际化和网络全球化这股“东风”实施跨地区传播，让广播的声音传得更远，为实现中国国际广播电台及国际在线节目的境外落地奠定了坚实基础，这是其他网络电台无可比拟的巨大优势。

此外，国际在线“网络电台”还与东京、首尔、伦敦、柏林、莫斯科、华盛顿、布宜诺斯艾利斯、里约热内卢、开罗、悉尼和安卡拉等11个国际城市建立了电台互动，极大地增加了国际在线“网络电台”的国际性，提升了整体实力。

国际在线“网络电台”在上述发展的基础上，又积极整合多方面资源，进行深层次、多元化的开发，增加传播附加值。2007年11月1日，中国国际广播电台网络音乐台（http：//radio. cri. cn）正式上线试播。这是由国家级媒体倾力打造，国内首家最权威、最全面的音乐类型化网络电台。凭借专业化制作实力及长达半个世纪的广播运营经验，中国国际广播电台旨在打造全球领先的类型化音乐网络广播品牌。目前，试播的中国国际广播电台网络音乐台开设有“都市流行”“怀旧金曲”“乡村民谣”三个全天直播音乐频道。网民可以选择收听自己喜欢的类型化音乐，并可登录聊天室，与电台主持人进行实时互动。迄今为止，已有许巍、光良、羽泉、袁泉、贾樟柯等上百位娱乐明星做客。目前，

《News 茶座》《e 谈到底》《BT 脱口秀》《弦动我心》等品牌节目已在国内外多家传统广播落地播出。为扩大影响力和壮大自己的规模，网络音乐台 2008 年将陆续推出 10 个全天直播的类型化音乐频道。

另外，国际在线“网络电台”还与百代唱片、环球音乐、华纳音乐、滚石唱片、天凯唱片、飞蝶音乐、鸟人艺术、华友飞乐、星文唱片、EQ 唱片、东升传媒、美力音乐、音尚动力、亚神音乐等数十家知名唱片公司和娱乐经纪公司保持良好的合作关系，能够及时、快捷地给国际在线“网络电台”提供高质量和丰富多彩的节目素材，保障了其节目制作资源的源头，极大地增强了在同类媒体中的竞争力。

二　受众细分＋有效覆盖＝目标受众

在我国传媒市场形成的今天，受众定位是任何一类媒体都必须要着重考虑的。传媒已经认识到受众是传媒产品的消费者，新闻传媒最终是为了满足受众的需要。我国目前的社会阶层呈现“碎片化”（Fragmentation）状态分布。“社会阶层是具有相对的同质性和持久性的群体，它们是按等级排列的，每一阶层成员具有类似的价值观、兴趣爱好和行为方式。”[①]因此，受众细分应该是受众定位的“排头兵”。

国际在线“网络电台”受众细分的原则是“国际化、年轻化、高学历的用户群”，其受众遍布全球 120 多个国家和地区。从访问量上看，排在前十位的国家和地区依次为：中国大陆、中国香港、美国、中国台湾、日本、英国、加拿大、澳大利亚、新加坡和韩国。18～35 岁的年轻人占 90%，学生、上班族和专业人士分别占 32%、27% 和 15%，大学以上学历的受众占 87%。

众所周知，任何一种媒介形式终究会被普及，从图书到报刊、从电话到网络都已证明了这一点。在营销为主的今天，媒体的最大任务不是固执于自己的小众，而是积极实现信息价值和趣味品位对自己所有可能切合人群的最大化的有效覆盖，包括对潜在受众的影响、引导、吸收和固定。只有受众细分和有效的目标覆盖叠加的区域才是一个媒体真正的目标受众。

国际在线“网络电台”很好地做到了这一点。其栏目设计和节目

---

①　包国强：《媒介营销理论·方法·案例》，清华大学出版社，2005，第 48～49 页。

内容的针对性都比较强，受到了年轻网民的普遍欢迎。如网络音乐台的精品栏目“摩卡时光”，定位为“有种心情叫怀旧”，点开网页之后，主持人煽情的声音加上优美的音乐，把你的思绪不自然地就引向了远方。国际在线“网络电台”的所有节目都提供在线音频播放，部分是视频。此外每一档节目的内容还包括网页、图片、超链接等其他资源，与影音作同步的播出。这种模式，大大丰富了网络媒体播放的内容与呈现的效果。网络音乐台也提出了自己的栏目风格：“这里只有音乐”——中国国际广播电台网络音乐台是一个纯粹的世界，音乐是这个世界里最重要的语言；“你的音乐知己”——作为类型化音乐广播，我们将提供永不间断的音乐服务，中国国际广播电台网络音乐台如同知己良朋般守候在你的身边，无论何时何地；“乐由心生”——音乐是心灵和情感的艺术。追寻自由、创造想象、分享记忆、抒发心声，让音乐成为我们之间的纽带。

国际在线“网络电台”为满足不同受众收听时间和频率的不同，实行“都市流行”“怀旧金曲”“乡村民谣”三个音乐频道全天直播的方式；而且充分发挥互联网能够储存海量音频信息、融合多媒体传播手段的优点，增强了国际在线“网络电台”受众访问率和收听率，自然而然地也就达到了对其受众的有效覆盖，形成了自己固定的目标受众。

意见领袖（opinion leaders）在传播过程中扮演着重要的角色。研究者认为，来自媒介的消息首先抵达意见领袖，接着，意见领袖再将其所见所闻传递给同事或接受其影响的追随者（followers）。这一过程被称为两级流动传播（two—step flow of communication）。[①]国际在线“网络电台”的“国际化、年轻化、高学历的用户群”的受众细分原则也正是考虑到了这一点。而事实证明，这些用户群也确实能够影响更多的人成为他们的模仿者和追随者，依此类推，可能还会形成更长的影响链。国际在线“网络电台”为满足年轻网民的需求，开展了一系列颇具特色的活动。

从营销的角度来讲，国际在线“网络电台”的受众定位也对该栏目的广告收入起到了很大的促进作用。Pareto 法则（80:20 定理）告诉

---

① 〔美〕Werner J. Severin、James W. Tankard，Jr. 著《传播理论起源、方法与应用》，郭镇之主译，中国传媒大学出版社，2006，第 174 页。

我们，20%的客户能够给公司创造80%的收益。因而对于媒体而言，这20%受众的质量能够在很大程度上决定它的经济效益。国际在线“网络电台”所要努力覆盖的国内受众一般都是在市场经济中崛起的“重量级”消费者，以新一代的知识精英、实业精英和社会管理精英为主力，他们不仅具有消费需求，更加具有消费能力。

三 电台是咱“家”，建好靠大家

国际在线“网络电台”的另外一个特色就是节目的互动性非常强，并且把互动性渗透到了每一个子栏目和每一个环节。

国际在线“网络电台”充分发挥互联网的交互性、时效性和超文本链接的特点，几乎每个节目都设有各自的论坛、QQ群、MSN群，并有专门的NJ秀（Net Jockey，网络直播节目主持人）和大家互动交流。其主要操作流程是：在节目策划阶段，邀请网民参与策划；在节目制作阶段，网民可以为录播节目提供自制的节目或素材，国际在线也将优秀播客节目纳入网络广播中；在节目播出阶段，在直播节目中与主持人互动；在节目播后阶段，对点播节目提出感想、评论，形成网民之间的观点共享。广大网民用户可以随时依据自己的兴趣和需要，去检索、查寻和浏览各种信息，并可以在固定的节目时段和其他网民、“NJ秀”广泛交流意见、观点，其中互动最好的栏目是“摩卡时光”。

组织行为学中赫茨伯格动机双因素理论（two-factor theory）区分了消费者对企业的两种不同因素，即不满意和满意；仅避免不满意因素是不够的，还必须刺激引起购买的满意因素。这个理论在网络媒介营销管理中也有很重要的借鉴意义：其一，应尽最大努力防止影响网民的各种不满意因素，如时效性差、节目内容单一等；其二，要仔细识别、收集网民对栏目的各种主要满意因素和激励因素，并努力提供这些因素。国际在线“网络电台”互动性的节目恰好提供了一个搜集网民对栏目建议的有效途径，使其固定了一大批忠实的网民，并正在吸引着更多的网民加入。

（赵永刚）

第四十五篇

央视国际“网络电视直播”

简　　介：2006 年 4 月 28 日，中央电视台正式成立网络传播中心和央视国际网络有限公司，央视国际（CCTV. com）同时实现全新改版。这也为央视国际“网络电视直播”提供了飞跃的机遇和平台。它凭借着自己全新的技术手段和多终端的媒体平台，为网民奉献权威、全面、迅速、准确的网络直播、轮播、点播节目，并成为国家对外宣传的排头兵，获得了“2006 年度中国互联网站品牌栏目（频道）”的荣耀。

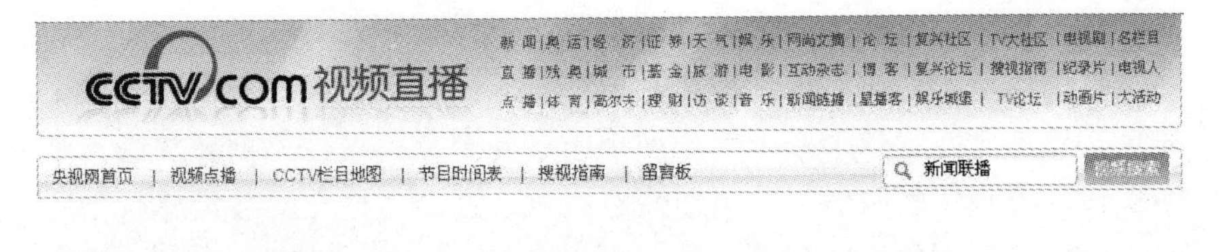

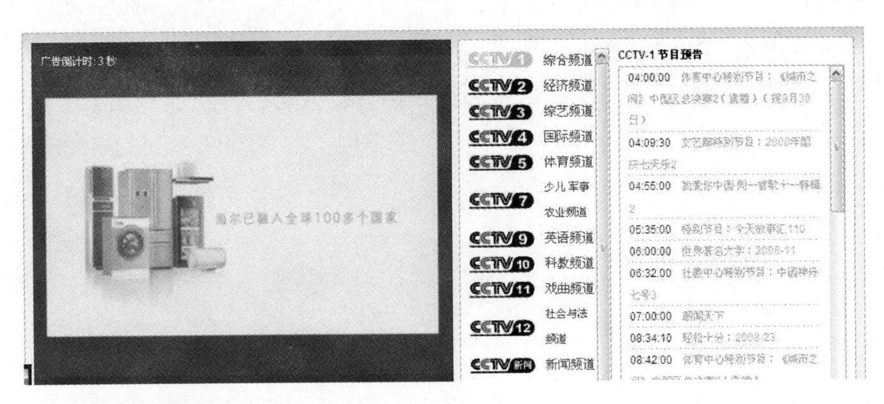

理　　念：“汇天下精华、扬独家优势”

特　　点：将互联网、手机、电视平台有机结合，实现精品内容的最大化传播，打造海量、权威、时尚的综合性网络社区

精品栏目：“视频点播”“CCTV栏目地图”“节目时间表”“搜视指南”

域　　名：http：//tv. cctv. com/

央视的网上传播"新阵地"

——对央视国际"网络电视直播"的评析

"传承文明，开拓创新"是中央电视台形象包装的大转变，更是其面向市场、面向观众的频道和节目运作理念的深刻转变。正是这种"开拓创新"的精神，使其凝聚、锻造了"国家电视台"的坚固品牌，用智慧的结晶成就了众多文化精品。在信息全球化和受众需求多样化的今天，央视更是积极进取、与时俱进，开创了自己在互联网上的"新阵地"——央视国际"网络电视直播"栏目，它为中国电视对外宣传、让世界更好地了解中国以及丰富繁荣我国电视事业起到了积极作用。

一　央视对外电视宣传：从海外寄送、"上星"到开辟网上传播"新阵地"

国家形象可以说是一种国家在世界的综合的、持久的、先行的影响力。国家形象的好坏对提高或降低一个国家的国际地位、促进或恶化其对外关系起着至关重要的作用。而在以网络为主要代表的新媒体时代，以网络为主要载体的国际传播是树立国家形象的重要手段。"国际传播是连接国家与国外公众的桥梁。国家只有通过国际传播才能争取国外公众的理解、支持和共鸣。"①

中央电视台从成立之日起就担负着对内和对外的双重宣传职责。对外主要是向世界介绍中国、树立中国的国家形象，它共历经了海外寄送、卫星传播和网络传播三个传播阶段。1959 年 4 月 21 日，北京电视台（中央电视台的前身）向海外寄送了第一个节目——《第二届全国人民代表大会第一次会议专题报道》，寄送对象主要是社会主义阵营国

---

① 刘继南等：《国际传播与国家形象——国际关系的新视角》，北京广播学院出版社，2002，第 283 页。

家。1991年9月1日，中央电视台正式租用亚洲一号卫星，将第一套节目送上卫星，信号覆盖东南亚和港澳台等地区，这标志着央视对外电视宣传开始“上星”跨出国门。为了利用互联网的平台和优势来服务于电视，以进一步获得发展和增强自身知名度，1996年，创建中央电视台国际互联网站；2000年12月26日，该网站更名为“央视国际网络”（简称“央视国际”。域名：CCTV.com）。2003年5月25日，CCTV.com再次改版，更加突出立足央视、突出电视特色的指导思想，进一步呈现了CCTV.com的新媒体特色，开始全面实现CCTV网络和CCTV电视同步传播的理念。

网络电视直播是一种基于“实时播放”（Streaming）技术的“流媒体”。它不仅能够弥补电视线性传播、稍纵即逝的劣势，而且更加符合目前媒体受众的需求，更加具有全球共享的可能。这就为央视国际“网络电视直播”扩大信息传播范围、增强影响力度、实现电视节目的国家化提供了技术和理论支持。“网络媒体与传统媒体的融合，虽然首先发生在技术领域，但随着融合的扩大和深入，必然会在一定程度上动摇原来的媒介秩序，并进而波及整个社会的传播方式。”①

目前，世界信息与传播秩序未获得根本的改变，仍是不平衡、不公正的，发展中国家的声音还很小，甚至是“失语”。据统计，互联网中文信息仅占4%。“利用网络传播建立全球信息与传播新秩序，维护世界文化的多元化，应当成为我国和广大发展中国家乃至整个国际社会努力的方向。”②央视国际积极探索网络对外电视宣传模式，实时开通英语、法语和西班牙语频道，将有利于打破以英语为母语的国际舆论的垄断，对在世界树立发展中国家的良好形象以及促进中国乃至世界的和平发展起到了积极作用。另外，对外电视宣传也是我国电视积极加入WTO的具体行动和主动适应世界广播电视技术发展趋势的需要。

CCTV—4就是在全球传播不对称格局中发展起来的。20世纪90年代以前，央视对外电视宣传的海外寄送传播方式有诸多弱点：被动、有限、缓慢。因此，在这种传播方式下，想要及时地向世界展示中国的发

① 蔡帼芬主编《国际传播与媒体研究》，北京广播学院出版社，2002，第161~162页。
② 刘继南等：《国际传播与国家形象——国际关系的新视角》，北京广播学院出版社，2002，第231页。

展变化是比较困难的，更谈不上进一步提升和优化我国的国家形象。鉴于这种状况，1992 年 10 月 1 日 CCTV—4 正式开播，并通过亚洲一号卫星覆盖亚洲、东欧、中东的 80 多个国家和港澳台地区。1996 年 4 月，CCTV—4 被送上 5 颗卫星，进一步扩大覆盖范围。从 1997 年 6 月起，CCTV—4 通过 9 颗卫星上的 10 个转发器传送播出，覆盖了全世界 98% 的国家和地区。其中，CCTV—4 覆盖境外华语观众 1500 多万户。这对提升国家形象、传播中华文明、加强华人的凝聚力和向心力，让世界及时、准确地了解、认识中国起到了积极作用。如今，CCTV—4 又通过央视国际“网络电视直播”利用互联网进行传播，插上了网络的“翅膀”，弥补了卫星传播的不足，扩大了传播范围，增强了传播效果和影响力。

此外，依托 CCTV 节目网站，央视国际还创办了英语（CCTV—9）、西班牙语（CCTV—E）、法语（CCTV—F）和我国台湾频道，用 CDN 技术向全球推送 CCTV 对外宣传节目，通过卫星传送基本覆盖全球，通过互联网扩大电视对外宣传覆盖面。海外网民来自美国、英国、法国、德国、西班牙、加拿大、巴西、阿根廷、澳大利亚、日本、韩国、中国台湾等 150 多个国家和地区。其中，CCTV—9 在境外入户达到 4350 万户，CCTV—E 和 CCTV—F 在美国、古巴、智利、毛里求斯等 6 个国家实现完整频道落地，进一步扩大了中国电视媒体的国际影响力。

值得一提的是，以央视网络电视互动直播平台为基础，中央电视台电视节目成功进入台湾，充分体现对台宣传的主动性，这标志着中国对外电视宣传跃上了一个新台阶，中央电视台对外宣传工作在理念和运作方式上发生了重大变化。

二　14 个频道：“八仙过海各显神通”

央视国际“网络电视直播”实现海量信息总汇，目前在线开通了 CCTV—1、CCTV—2、CCTV—4、CCTV—7、CCTV—9、CCTV—10、CCTV—11、CCTV—12、CCTV—新闻、CCTV—少儿、CCTV—音乐、CCTV—E、CCTV—F 和 CCTV—中视购物 14 个频道、数百个栏目，节目纷呈，能够满足不同用户的多层次需求。

中央电视台拥有近 40 万小时的节目资源。年播出总量为 230248 小时，平均每天 631 小时（包括北美长城平台节目，付费频道和高清节目频道)；自制节目比例达73.9%。央视国际“网络电视直播”主要依靠其母体媒体——中央电视台丰富的节目、人才、技术等资源，努力加强核心竞争力，主要表现为节目制作的高技术含量、节目的稀缺性或独特性、品牌的忠诚度、运营模式的不可复制性等方面。

2006年4月，中央电视台获得了全国第二张IPTV牌照，中央电视台专门机构——网络传播中心和央视国际网络有限公司宣布成立，这标志着央视国际发生了质的飞跃。该公司以央视国际为运作平台，努力铸造中央电视台新的网络媒体业务。央视国际也因此全新改版，重新定位。其定位是：以央视为依托，集新闻、信息、娱乐、服务于一体，具有视听互动特色的综合性网络媒体。这也给央视国际“网络电视直播”创造了新的拓展空间和发展契机。改版后的CCTV.com改善了访问速度，新增加了视频搜索、视频直播和点播、留言板等新功能，为网民提供了更加个性、全面和高品质的服务，一改过去只是作为信息发布渠道的单一功能。

网络电视在受众上具有很大优势，即：在收看时间上，网络电视以“历时性”代替了“共时性”，受众可随时随地点播；在收看的主动权上，“主动性”代替了“被动性”；内容上具有广容性；收看模式的易检索性以及对青年人和高层次受众的较强吸引性。另外，央视国际“网络电视直播”的这14个频道也凭借各自旗下的品牌栏目为形成更大规模的受众群创造了条件，如CCTV—1的《焦点访谈》和《东方时空》、CCTV—2的《非常“6+1”》和《开心辞典》、CCTV—4的《走遍中国》等。

三　“TV大社区”：央视国际“网络电视直播”的“大观园”

从媒介经营的角度而言，网络电视的真正利用价值并不仅仅在于节目内容，开发增值服务也是网络电视发展的一个重要途径。“增值服务是指利用网络电视的传输网络提供内容丰富多样的信息类服务业务，使网络电视能够触及人们生活的各个方面，而不仅仅是一个传播工具。”①

央视国际“网络电视直播”开设了“TV大社区”子栏目，开发增值服务。“TV大社区”可谓是央视国际“网络电视直播”的一个“大

① 黎斌：《国际电视前沿聚焦》，中国传媒大学出版社，2007，第148~149页。

观园”，是对“网络电视直播”的内容补充和延伸。它包括“搜视指南”“名栏目”“电视剧”“动画片”“纪录片”“主持人”“大活动”等板块。每一个板块又是一个内容丰富的小世界。

网络媒体不仅具有及时性、时效性和全面性的特点，还具有信息储存性、驻留性，具有个性化和服务性的特点，因特网有无限的频道资源，用户能有充分的选择。据此，央视国际“网络电视直播”增加了搜索的功能，用户可以随意搜索自己喜欢的节目。

网络媒体具有自由、开放的信息交流方式和广泛的参与性，网民能够发表个人观点和意见的空间很大，这使得网络媒体成为可以具有较大影响力的“意见市场”。在“TV 大社区”里，央视国际“网络电视直播”设置了“论坛”“圈子”和“博客”，增加了和受众的情感沟通、互动，对进一步建设好央视国际“网络电视直播”栏目起到了很好的促进作用。

其中“主持人”板块中的“名主持人博客”深受网民的欢迎，内容包括个人主页、日记、文摘、图片、视音频、粉丝俱乐部等。

“主持人是电视连接观众最直接、最能沟通情感的中介，是电视节目最积极、最能传情达意的主导人物。”[①]主持人更是其所在频道、栏目的品牌形象“代言人”。他们几乎与每个家庭朝夕相伴，当然也会对观众生活的各个方面产生较大的影响，甚至会使受众在情感和心理上产生某种依赖。“人们互相喜爱的程度是他们相互作用的基本决定因素，这样看来正是喜欢的程度决定着观众被主持人所吸引的程度。”[②]目前，“名主持人博客”已经开通了100多位央视著名主持人的博客空间，为主持人搭建了一个与网友与观众进行展示、沟通并交流的平台。央视国际“网络电视直播”也借助央视主持人的独特资源与品牌知名度，提升其访问量、点击率与影响力，扩大了网友的参与空间。

（赵永刚）

① 夏骏：《十字路口的中国电视》，清华大学出版社，2006，第213页。

② 王维林编著《初识主持人》，中国广播电视出版社，2003，第224页。

第四十六篇

中国广播网“中广杂志”

简　　介：中国广播网由中华人民共和国国家电台中央人民广播电台主办，具有鲜明的广播特色，是中国最大的音频广播网站，旨在通过互联网“让中国的声音传向世界各地”。

目前，中国广播网共设有“新闻”“财经”“体育”“音乐”“书院”“汽车”“旅游”“军事”“民族”“台湾”等64个专业频道，400

多个栏目。网站音频数据总量2TB。网站同时以国际领先、国内一流的流媒体音频广播技术，为网民提供中央人民广播电台9套节目网上直播、270多个重点栏目的在线点播服务。

创办于2006年初的“中广杂志”的特色之处即兼顾时政新闻、社会热点、娱乐时尚。荣获“2007年度中国互联网站品牌栏目（频道）”称号。

板块构成：“全国两会专题电子杂志”“第十七次全国人民代表大会电子杂志”“《行色》电子杂志”“《NJ新贵》电子杂志”。

宗　　旨：各方面新闻皆以电子杂志这个新的形式包装起来，从美编到内容上实现新闻软着陆，娱乐强话题。

域　　名：http://www.cnr.cn/sydzzz/

传统媒体新手段　新闻播报新形式

——对中国广播网“中广杂志”的评析

“中广杂志”在2006年创办至今先后推出《NJ新贵》《身边·07两会》《身边·十七大特刊》《行色》等电子杂志，《身边·十七大特刊》，是中广网首次在党代会推出的综合性新闻电子杂志。《行色》《NJ新贵》将祖国的大好美景，娱乐的热点话题尽显网民眼前。

一　新视觉，新品质，新感受

作为中央人民广播电台主办的中央媒体网站——中国广播网一直注重新闻资源的整合优化，突出国家电台优势和特色，在服务广播，延伸广播，拓展广播的同时，注重发挥网络特点和传播优势。

网站是新技术驱动的媒体，能否率先采用新技术关系到网站的核心竞争力，用最新科技所赋予的表现形式传递科学发展观，传播最新的科学文化才更有说服力。中国广播网“中广杂志”在利用新技术手段而形成的新传播形态方面，具有示范作用。作为创新栏目，不仅传播着科学、文化，还体现了自身技术的进步。一方面，“中广杂志”这类栏目（频道）是文字、声音、视频在网络上的全新应用，另一方面，又比传统的报纸、电台和电视台提供了更方便地下载和不限时段反复收看的功能。它们用新科技手段赋予的媒体新形式聚焦国内、国际焦点问题，关注民生的热点、难点话题，更方便、更形象、更生动。“中广杂志”用精美形式实现了新闻的软着陆。

2006年被视为中国互联网Web2.0的真正爆发期，各种各样的Web2.0新应用模式正慢慢改变着中国网民的生活。另外，Web2.0催生的网络杂志改变了读者传统的阅读习惯，它以Flash技术为基础，集合了视频、音频、文字、图片、动画等多媒体表现形式。在视觉上，互动式电子杂志效仿了传统图片杂志给人震撼冲击的排版技巧，但动画、视频和音乐的加入，则令互动式电子杂志同时也给人以听觉的冲击。

中国广播网“中广杂志”共有四种电子杂志，为《全国两会专题电子杂志》《第十七次全国人民代表大会电子杂志》《行色》《NJ 新贵》。

“两会”电子杂志《身边》，总共 10 期，每期均分为一个时评和 5 个分主题，切入角度新颖俏皮，带有百姓生活的诙谐乐趣，报道强调与百姓的关联度，力求贴近网民、贴近生活，带着普通网民的视角解读“两会”，让百姓相信“两会”就在他们身边。《身边·十七大特刊》，共推出了 11 期，每期杂志固定栏目《核心阅读》《每日视点》《每日画册》。内容围绕胡锦涛作的十七大报告，以“纵、横”两条主线，将深度与广度相结合。图、文、音、视并茂，可读可听可看。属于旅游类的《行色》是由旅游一路上的分享和被分享作为杂志的核心。时尚类《NJ 新贵》是业内第一本以时尚概念“NJ”命名的网络杂志，并且以其为内容核心，于 2006 年 3 月 27 日上架，彻底颠覆传统的阅读方式，凸显交互性和开放性，正致力于倡导一种全新的网络生活和工作方式。

二　创新报道“两会”

每年“两会”报道是新闻领域全年改革创新的第一次全面试水。2007 年全国“两会”面向外国媒体开放，同时也更全面地向新兴媒体开放。在这次空前民主开放的“两会”期间，以互联网、移动手机为代表的新兴媒体扬“快捷海量、实时互动、全媒体、全天候、全方位报道”之长，围绕“两会”主题、贴近“两会”重点、抓住“两会”热点、引导“两会”焦点、突出“两会”亮点，创新形式、创新手段，成为两会报道的重要生力军。

越来越多的受众通过网络直播全面了解“两会”盛况，海量、互动、实时的网络传播手段成为广大代表委员沟通民意的重要手段，新兴媒体成为整个 2007 年“两会”报道中一道亮丽的风景线。

本次“两会”报道中，中国广播网、新浪网、搜狐网等网站创设了“两会”电子杂志，作为 2006 年新兴的网络传播形式，电子杂志突破了网络媒体的传统视听模式。

从 2007 年 2 月 1 日开始到 3 月 16 日，中国广播网推出的《身边》“两会”电子杂志刊发 10 期，主题鲜明、话题鲜活、表达活泼，为网民喜闻乐见，如第一期《公共政策：从而立到不惑》聚焦公共政策制定民主化进程；第二期《红绿股市，谁赚了?》分析我国股市金融经济发展轨迹；第三期《单项收费：要破冰不要筑冰》解剖老百姓关注的手机单向收费问题，《公共交通：鱼和熊掌可兼得》解读与广大人民群众息息相关的出行难，老百姓出行难在何处、如何解难?

网络杂志从传统上突破网络媒体视、听模式，用最现代的传播手段回归最传统的媒体形式。首先用整个封面故事概括杂志所要表现的大主题。蓝色背景下温柔相接的两只手，表达了传承与成长的含义。

“两会”《身边》杂志在中国广播网要闻中大头条位置强势推出，专门开放的相关论坛收到数千条的网友留言与讨论，收到了良好的宣传与舆论效果。

2007年全国“两会”给中国新春政治生活带来无限亮色和浓浓暖意，在关注民生、贴近民意、高扬民主的主旋律中，电子政务助推“中国式民主”，互联网、移动手机等新兴媒体成为中国民主进程助推器，迎来中国新兴媒体热情拥抱民情、深情关注民生、尽情畅诉民意而大显身手的春天。

作为新闻类的这两本电子期刊都是采用在线阅读的浏览方式。在线阅读时，页面转换至期刊的封面，但对于当期内容的阅读，只能点击链接才能出现相关网页。上述5块内容相当于5个专题，仅仅是相互整合起来冠以期刊之称而已。每期杂志封面制作精美，但仅有图片与内容提示，没有出现对应的编号。“中广杂志”的两种新闻类杂志在内容容量上并未充分利用网络海量的优势，而且采用超链接的方式基本还是原本网站报道新闻常用的专题形式，没有利用电子期刊多媒体的功能。《行色》《NJ新贵》不仅能在线阅读，还可以下载浏览，同时这两种旅游时尚类杂志配有大量精美图片、音乐、Flash等多媒体手段。与《行色》《NJ新贵》相比，《身边》在制作上就显得单薄，因为是仅超链接相关专题，所以只提供了在线阅读的方式。

三　新形式播报仍需改进

中国广播网“中广杂志”频道仍存在某些不足，内容的更新相对缓慢。十七大、“两会”期间，更新频率提高。一旦会议结束，频道的后续报道就不再继续。这种新形式的时政报道形式受到听众和网友群体的广泛欢迎，“中广杂志”频道应该借此机遇，继续做好时政类的电子杂志。与时尚、生活、旅游等消费类电子杂志相比，新闻类电子杂志在我国发展缓慢，原因如下：1. 电子新闻杂志受众群不广泛。目前我国的网民群体仍以青年为主，总体网民中的 49.9% 属于 18 ~ 30 岁的青年①，数量已接近半数。网民的年龄层也决定了消费类电子期刊更受欢迎。2. 操作难度大。体制内的新闻信息采访权与发布权等因素的受限制，直接决定了电子新闻期刊操作性上难于其他电子期刊。我国现在整个电子期刊主要还处于简单的资料整合阶段。消费类期刊在资源同享、主题策划方面更有可操作性。3. 网站编辑不重视。对于处在快速阅读时代的网民来说，网页位置的优先度更大程度上决定了网民的选择。一个显著的位置能够及时抓住网民的眼球。不少网站都开设电子杂志频道，但是一般在网页的显著位置都是消费类期刊。

但是，作为广电系统的网站——中国广播网并不存在新闻采访权的问题。中国广播网具有先天的媒体优势，拥有自己的新闻团队，能够依靠母体的新闻信息采访权与发布权来报道新闻。“中广杂志”频道充分利用现有的平台和资源条件成为电子新闻杂志的领头羊。中国广播网拥有大量的传统网络受众，因此只要加大对自身栏目的宣传推广，电子杂志还是会拥有广泛的受众群。如果能有效地接纳和吸收电子杂志的这一新型传播方式，新闻网站会拓展新闻的传播平台，扩大受众范围，并且强化新闻和受众的互动，实现网站本身个性的突破。消费类《行色》《NJ 新贵》在制作上优于电子新闻杂志，但由于各类门户网站、个人网站纷纷涉足消费类电子杂志，它们面对的竞争更加激烈。“中广杂志”须在选题和策划上充分体现广电系统网站的优势。

（胡冯彬）

---

① 中国互联网信息中心：《第 21 次中国互联网络发展状况调查统计报告》，http：//www. cnnic. net. cn/hlwfzyj/hlwxzbg/index_ 2. htm。

第四十七篇

东方网“东方网眼榜”

简　　介：东方网是由上海精文投资有限公司、上海文化广播影视集团、上海文广新闻传媒集团、上海东方明珠（集团）股份有限公司、上海信息投资股份有限公司、文汇新民联合报业集团、解放日报报业集团、上海教育电视台、劳动报社、青年报社联合组建的有新闻特色的大型综合性地方网站。2000 年 5 月 28 日开通，拥有 80 个频道。“东方网眼榜”是东方网旗下的品牌栏目，它根据网民对网络新闻的点击情况，自动生成榜单，以活泼风趣的语言对事情本身进行评论，让网友在轻松

气氛中深入了解新闻内容的本质，客观展示了网友关注的焦点。“东方网眼榜”荣获“2006 年度中国互联网站品牌栏目（频道）”称号。

理　　念：网友的选择，专家的评论

口　　号：你的榜单你做主！Made by You！

特　　色：根据网民点击率，排行榜单；以真实、严谨的态度评论新闻，是国内网站第一个新闻评论视频节目

板块构成：“东方网眼榜点评”“即时排行”“每日排行”“每周排行”“每月排行”“上海媒体网上点击率排行”

域　　名：http：//paihang. eastday. com/

先河之举　成就品牌

——对东方网“东方网眼榜”的评析

权威、公信、民生、亲和，这是上海品牌新闻网站东方网的理念和追求，而旗下的“东方网眼榜”更是遵循了这样的理念，并使这一理念转化为栏目所特有的品质。“权威”来源于身后10家强大新闻媒体；“公信”来源于严谨的评论；“民生”来源于对世间万象的关注；“亲和”来源于网民做主的榜单。“东方网眼榜”正是以这样的品质铸就了栏目的品牌形象，成为中国互联网第一个视频新闻评论栏目，开创了视频新闻评论的先河。

一　创新栏目　再创生机

2006年5月18日，东方网在“东方网眼榜”原有的基础上强档推出一个全新的、旨在对“东方网眼榜”进行点评、解读的视频节目——“东方网眼榜点评”。这一先河之举使“东方网眼榜”同年在“中国互联网站品牌栏目（频道）”评选活动中榜上有名。原有的“东方网眼榜”仅仅是依据网民的点击率而自动生成的，以时间阶段性为划分的，包含即时排行、每日排行等五大类新闻排行榜单。利用互联网统计技术生成的榜单，虽然能够满足网民的参与需求，满足网民对热点新闻的了解，但是缺乏对热点新闻的关注、评论和引导，更缺乏互动性。而新增加的“东方网眼榜视频点评”就很好地利用了互联网的优势，为网民提供了一个论坛，满足了网民的上述需求。同时，视频点评也为栏目注入了新的活力，更为重要的是开创了网络视频新闻评论的先河。

二　你的榜单你做主

美国传播学家M. E. 麦库姆斯和D. L. 肖提出了议程设置理论，指出传播媒介是根据自己的价值标准和报道方针，有目的地选择他们认为重要的新闻进行加工整理，加以传播，从而影响着人们对现实世界所发生事情的重要性的判断。传统的纸媒往往依赖版面的布局、排版顺序来凸显新闻的重要性；广播电视媒介依靠对信息的滚动重复播出来提高受众对新闻的重视度。传统媒介都以自身独特的优势发挥着新闻议程设置的作用。

而在 Web2.0 时代，每一个受众不再只是信息的接受者，他们也是信息的发布者，扮演着两种角色。“东方网眼榜”依据网民对新闻的点击情况而自动生成的新闻榜单，从某种意义上使网民觉得榜单是根据自己的选择生成的，是由网民自己决定的议程设置，反映了自己对新闻重要性和价值标准的判断，很容易产生一种亲切感，拉近网民与网站的距离，使网站更具亲和力。虽然网民所点击的新闻也是网站对现实选择加工整理的二次重构，但互联网拥有庞大的数据库可以容纳无限量的信息，网民不但可以看到新闻，还可以通过链接查看相关的报道、相关的网页，从而更全面客观地了解新闻。这样由网民选择点击生成的榜单，就很大程度地提高了受众对信息的选择权。另外，栏目又利用了在 Web2.0 时代下现代人需要参与互动，彰显个性、“我要送出去”的心理特点，提出了“你的榜单你做主”，“Made by You!”的撩人口号，更加大了网民对栏目的好感和信任度。

好的内容资源也成就好的品牌。“东方网眼榜”中的榜单新闻大都来自各大新闻网站，网民通过对这些网站新闻的关注点击最终形成了东方网眼榜新闻榜单。“东方网眼榜”正是依托东方网以及上海精文投资有限公司等 10 大媒体的资源优势，为新闻排行榜单提供了关键的技术和资源支持。在这样一个以内容为王的市场中，内容关系着栏目、频道，甚至媒介的存亡。特别是像“东方网眼榜”这样一个以新闻排行榜为内容特色的网络新闻栏目，如果没有丰富的新闻数据库资源和成熟的统计技术做后盾，是很难在目前网络采编队伍有限的前提下及时、准确地统计出网民的点击率，收集整理网民评论，制作形成排行榜单的。所以说，“东方网眼榜”所依托的 10 大新闻媒介也是该栏目成为品牌的关键。

三　视频评论彰显特色

该品牌栏目成功的更重要的一个因素还在于它的评论原创性。网络媒体本身在信息容量上的无边界性以及不受限制的信息流动，造成了大量的虚假新闻充斥网络，使网络管理缺乏可控性，舆论缺乏引导性。这些都是影响网络新闻权威性，制约网络新闻发展的瓶颈。网眼榜对排行新闻的评论不仅提高了栏目的可信度和权威性，更能表现出采编人员的原创实力，最关键的是健康地引导了网络新闻舆论，营造了文明的网络环境。主持人代表了来自网民的不同态度和声音，这种声音少的是网民论坛中的辱骂、谩骂和人身攻击，多的是健康、文明以及更理智客观的评价。从网民的需求心理来分析，他们希望看到自己所关注的新闻得到了不同角度的评论和表达，也希望他们的观点能得到肯定和正确的引导。而“东方网眼榜”恰恰为网民提供了这样一个由网民自己创建的榜单，并对榜单的内容进行选择性的评论，给予了适当的舆论引导。所以从一定意义上来说，这种方式既给网络的健康文明发展带来了一丝清新之风，又为网民营造了一片心灵的净土。

另外，值得一提的是网眼榜推出的视频评论方式。以往的网络新闻评论大多采用文字的表达方式，形式古板枯燥。在现今的读图时代，随着生活节奏的加快，人们很少有时间停下来去慢慢品读冗长的文字作品，取而代之的是那些简洁明快的图像媒介。网眼榜很好地把握了这样的受众特点和喜好，将新闻评论以视频的形式推出，既方便了网民的收看，也便于栏目的推广传播。这种方式借鉴了电视新闻评论的特点，将新闻与多媒体相融合，发挥了互联网的优势，增强了栏目的可视性和可信性。

视频评论的另一个优势就是主持人效应。主持人的主持风格体现着一个栏目的个性特点，是一个栏目的形象。主持人不仅要具有采、编、播、控等多种业务能力，在一个相对固定的节目作为主持者和播出者，还要集编辑、记者、播音员于一身，所以栏目完全可以利用主持人这一传播媒介来塑造和建设栏目品牌。“东方网眼榜点评”的主持人由东方网资深编辑斌哥、搞怪“活宝”小宝和聪明热情的林子共同担纲。他们抱着对新闻严谨的态度，对事件进行分析、评论，通过通俗的语言，让广大网友在轻松之中了解新闻。三位主持人的性格特点和资历背景衬托该栏目的编辑谨慎、言语幽默、观点锐利的作风。“东方网眼榜”的主持人在评论的过程中往往扮演着正方反方两个角色，每一方又从多种角度阐述自己一方的观点，更像是代表了不同观点的网民所举行的一场辩论，只不过这样的辩论是由主持人来代言，使评论更具有可控性和引导性，同时也为网民搭建了一个视频论坛平台。这就与网络传统的论坛不同，不是采用了文字的评论方式而是采用多媒体视频的方式，将主持人的性格特点、主持风格与网民的意向观点相融合，从而塑造了栏目品牌风格。

四　不足之处

首先，在排行新闻榜的评论栏里，网民参与评论的积极性不高，很多的评论栏里并无网民的评论，存在板块资源闲置的现象。这样的一个视频论坛节目，新闻榜单又是网民依据个人兴趣和喜好通过点击率的高低自动生成的，为什么网民对自己关心的新闻却很少或几乎不参与评论呢？这确实和栏目存在与网民互动性不足的问题有关。

其次，主持人的品牌打造深度不够。有些网民很喜欢这个品牌栏目和主持人，可是不知道主持人的名字。这就说明了栏目在主持人的包装宣传方面不到位。节目主持人是品牌的代言，是构成品牌的人格化符号，应当作为无形资产进行培育、保护和经营。对一个品牌视频节目来说，主持人的宣传不能落后，要善于利用主持人和栏目相互品牌关系，努力利用网络宣传优势，打造包装一批能展现栏目风格的主持人，利用主持人的效应来达到品牌的延伸和服务增值。

最后，栏目的理念与栏目的内容不符。栏目理念是“网民的选择，专家的点评”，但是栏目很少邀请一些专家做客点评。应该在节目中邀请一些专业人士作为特约评论嘉宾，听取专家的评论以进一步提高栏目的权威性。

（周晓明）

第八单元

品牌服务类

第四十八篇

中国政府网“服务大厅”

简　　介： 中国政府网“服务大厅”是中国政府网 2006 年 1 月 1 日正式运营之时就重点推出的一个栏目，是在响应“创建服务型政府”的号召下而建立的。中国政府网“服务大厅”于 2006 年获得“中国互联网站品牌栏目（频道）”的称号。

域　　名： http：//www. gov. cn/test/flash/flash. htm

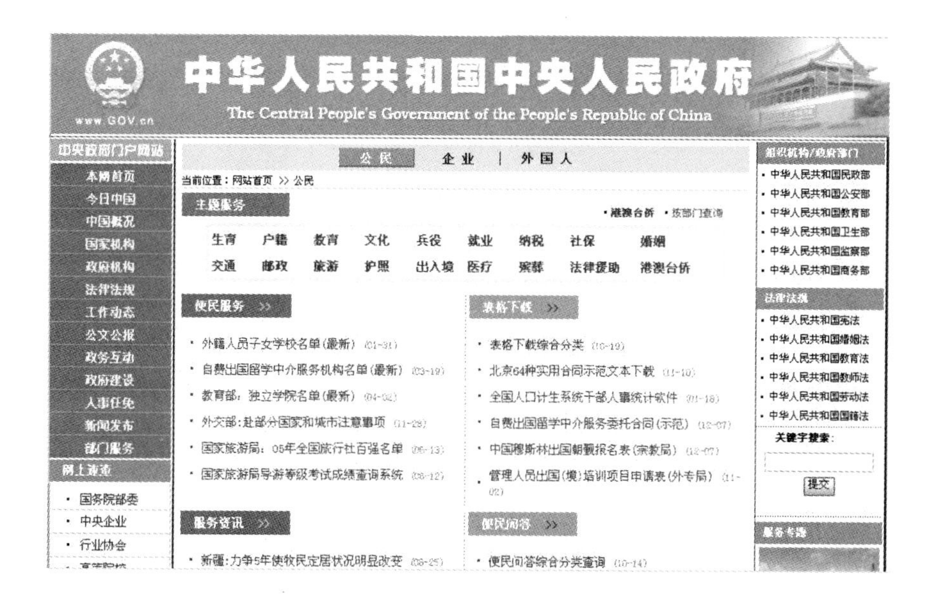

“服务型政府”理念通过网络彰显

——对中国政府网“服务大厅”的评析

“服务大厅”栏目是中国政府网最重要的栏目之一。“服务大厅”秉承了中国政府近几年来所提倡的“建设服务型政府”的理念，坚持以“人性化服务”作为栏目的突出特点，通过网络，为“建设服务型政府”的实践开创了一片新的天地。

一　打造透明、民主的网上服务

中国政府网总编辑周锡生将政府网站的主要功能归结为三点：发布政务信息（信息公开）、开展网上互动交流（公众参与）和提供网上政府服务（在线办事），①并利用网络破解政府与百姓之间长期存在的信息不对称问题，为转变政府职能进行有效的探索。②中国政府网“服务大厅”栏目，帮助公民了解政府机构的设置，获得与自身利益相关部门的最新信息，提供翔实的便民服务和资讯，回答公众提出的各种问题。它正在以积极的姿态来实现政府网站的主要功能，为“服务型政府”的建设做出应有的贡献。政府更加透明地展现在公众面前，有利于提高自身形象，有利于接受民众的监督，有利于发现工作中存在的问题，更好地部署下一步的计划。而“服务大厅”就为这种透明、信息对称的行政原则提供了一种现代化的呈现方式。而公民能够通过该栏目广泛参与政治生活，也为中国民主化建设基础的巩固提供了一种途径。可以说，“服务大厅”所体现出来的功能与服务型政府的核心要求——“透

① 《稳步推进政府与公众的交流互动：中国政府网开通两周年总编辑在线交流》，《中华新闻报》2008 年 1 月 16 日，第 C02 版。另参见张向宏、张少彤、王明明《中国政府网站的三大功能定位——政府网理论基础之一》，《电子政务》2007 年第 3 期。

② 邓波：《连国计民生与时代同行——写在中国政府网开通一周年之际》，《信息化建设》2007 年第 1 期。

明、服务、民主”相吻合。

二　“服务大厅”：高效的网上政府

“服务大厅”的主页面是一个导航页面。通过导航页面的栏目结构图，可以清晰地看出“服务大厅”的内容主要分为三部分：部门服务、行政许可和主题服务。其中主题服务又分为公民、企业和外国人。这样一个分类，非常简明，和通常网站烦琐的设置形成了鲜明的对比。这种简约的设置，能够使有求于电子政府的公众心情非常愉悦地进行查询，这就有效地避免了因设置过于繁杂而使公众心情烦躁，因而终止通过网络进行诉求的情况。

“服务大厅”尽管结构简明，但是覆盖面却很广，能够满足为不同需求公众提供有针对性的服务。在“部门服务”的页面上，公众可以发现国务院所属各部委、直属特设机构、直属机构、办事机构、直属事业单位、部委管理的国家局下的各单位的链接，这些不同属性的单位基本上满足了不同类型用户的需要。点击进入这些单位的页面后，可以发现，这些页面的布局和栏目设置基本保持了统一性：页面上方显示出了该单位的地址、邮编、电话和网站，便于公众直接进行咨询；网页上的栏目一般由办事指南、网上办理、法律法规、行政许可、表格下载和相关链接组成。统一的栏目安排减少了用户在不同部门之间切换所产生的不适应的感觉，用户能够很快地在不同的部门的页面上找到自己需要的信息，大大节省了时间。在网上直接获取政府相关部门信息，下载表格办理手续，降低了公众与政府人员面对面办公带来的效率损耗，大大提高了政府的工作效率。在“主题服务”部分，公民、企业和外国人的划分，明确了政府网站服务对象的类别，简单的划分也覆盖了所用用户的类别。不同种类的用户可以根据实际情况，选择不同的服务，提高了服务的准确性。用户在网上高效完成了原来需要烦琐手续的过程，就会增加对网上政府的信任，长期如此就会改变对政府的印象，有利于提高政府自身的形象，树立良好的公信力。

三　“服务大厅”有效地推动了“服务型政府”的建设

对“服务型政府”的定义有很多种，大致可以分为三种观点：第一种观点强调政府的整体再造，突出政府和公民的关系，对政府的权责关系、机构职能等进行全方位革新，构建新型的政府与社会关系模式；第二种观点认为服务型政府主要体现政府职能和政府结构的调整；第三种观点认为该概念主要体现为服务方式和工作作风的创新。[①]在学界，第一种观点得到了更多人的认同，认为"服务型政府"就是一种"在公民本位、社会本位理念指导下，在整个社会民主秩序的框架下，通过法定程序，按照公民意志组建起来的以为公民服务为宗旨并承担着服务责任的政府"。[②]

2004年2月21日，温家宝总理在中共中央党校省部级主要领导干部"树立和落实科学发展观"专题研究班结业式上第一次明确提出"努力建设服务型政府"，指出，公共服务"就是提供公共产品和服务，包括加强城乡公共设施建设，发展社会就业、社会保障服务和教育、科技、文化、卫生、体育等公共事业，发布公共信息等，为社会公众生活和参与社会经济、政治、文化活动提供保障和创造条件"。随后，3月8日的全国人大会议上强调："管理就是服务，我们要把政府办成一个服务型的政府，为市场主体服务，为社会服务，最终是为人民服务。"2005年3月，十届全国人大三次会议将"努力建设服务型政府"写入温总理的政府工作报告，并经人大批准变为国家意志。2006年10月，《中共中央关于构建社会主义和谐社会若干重大问题的决定》再一次明确提出："建设服务型政府，强化社会管理和公共服务职能。"从中可以看出，服务型政府已成为我国行政改革的一种基本目标模式。[③]

中国政府网"服务大厅"栏目的设计，正是响应了党中央关于建设"服务型政府"的号召，积极实践着建设"服务型政府"的理念。

中国政府涉足网络可以追溯到20世纪90年代。但是当时，中国各级政府涉及网络并不是出于服务公众的目的，而是对先进技术崇拜下的

---

① 王继荣、赵前前：《顾客满意：中国服务型政府建设的基石》，"构建和谐社会与深化行政管理体制改革"研讨会暨中国行政管理学会2007年年会论文集，第1140～1145页。对三种"服务型政府"的定义，参见井敏《服务型政府三种观点的澄清》，《人民论坛》2006年第5期。

② 刘熙瑞：《服务型政府——经济全球化背景下中国政府改革的目标选择》，《中国行政管理》2002年第7期。

③ 转引自陈太红、李严昌《中国服务型政府的四种模式》，《中国行政管理》2007年第7期。

赶时髦，为了达到更好地宣传政绩的目的。

21世纪政府网站建设的时代背景和10年前相比发生了巨大的变化。首先是经济体制发生了转型，中国的市场经济体制已经确立，政府不应继续成为经济行为的参与者，而应成为经济行为的服务者和基本设施的提供者，将更多的非政府权力交还给市场。社会结构方面，全国总体上已经达到小康水平，但是由于政府政策的倾向性和自然条件的差异性，造成了发展极不平衡的局面，贫富悬殊进一步拉大，[①]政府需要进行有效的调节。政府的职能在此期间也发生了转变，由传统形式的全能政府向有限政府过渡；由经济建设型政府向现代政府过渡。[②]

我国当前政治行政过程中存在的问题，使公众对政府的表现产生了不满，党中央及时做出建设“服务型政府”的决定。第一，我国各级政府，尤其是低级别的政府，公共服务的意识淡薄。第二，由于我国的政府结构不合理，职能不明确，导致公共服务的效率低下，政府部门之间相互推诿，造成了大量的人力、物力、财力的浪费，难以令公众满意。第三，公共服务总量不足。长期以来，投资的目光放在了能够产生巨大经济效益的项目上，忽略了科教文卫事业的支出，各行业的发展不平衡。第四，公共服务的分配失衡，存在歧视现象，这种失衡主要表现在地区之间和城乡之间。而这种失衡的进一步扩大，将最终导致社会的不稳定。[③]“服务大厅”栏目的出现，拉近了公众与政府之间的距离，使公众获得了更多的享用政府服务的机会，政府的服务通过网络传递可以更快捷地到达用户端，提高了办事效率。通过网络提供服务，整合各部门相互配合，可以进一步节省开支。网络随时可以为公众服务，扩大了政府的接触面，“服务型政府”的实践得到了更全面地落实。

“服务大厅”为传统的中国公民更好地享受到政府的服务提供了一

---

① 王绍光：《安邦之道：国家转型的目标与途径》，生活·读书·新知三联书店，2007，第33～45页。

② 对当代中国政府网站建设、“服务型政府”理念提出的时代背景的详细论述，参见胡珊琴《中国服务型政府建设与西方“新公共服务”二者的背景比较》，《理论观察》2006年第6期；另见赵成福《社会转型与当代中国服务型政府的构建》，《河南师范大学学报》（哲学社会科学版）2007年第1期。

③ 对我国当前政府行政过程中存在的问题的详细论述，参见喻剑里、辛静、曲波《新公共服务视角的中国服务型政府建设》，《长白学刊》2007年第1期；另见陈太红、李严昌《中国服务型政府的四种模式》，《中国行政管理》2007年第7期。

条便捷的途径，使更多的人乐意参与政治活动，为公民社会在中国的发展起到了推动作用。而公民社会的发展又为“服务型政府”理念的贯彻和实施提供了保障。

四 “服务大厅”怎样才能够更好地体现“服务型政府”的理念？

“服务型政府”理念的一个首要且基本的目标就是要让接受服务的公众满意。而这种观念的基础来自20世纪70年代在西方兴起的“新公共管理”（New Public Management）运动。新公共管理思想倡导将公共管理者视为政府企业家，政府效仿工商企业的实践和价值观，按照市场规律办事，引入竞争机制，为公众（顾客）提供更好的服务。[①]毋庸置疑，新公共管理所提倡的理念，对于传统公共行政占统治地位的中国来说，无疑具有重要的启迪作用，它颠覆了很多我们习以为常的理念，促进了“服务型政府”理念的提出。但这种主张以效率为中心、将政府当作企业进行管理运作的理念越来越受到人们的质疑，认为这种理念不能体现和尊重民主宪政价值和公共利益，忽视了公共行政在捍卫这些价值方面的功能。而这种“管理模式”（managerial model）互动，并不利于民主的建设。[②]基于上述分析，有学者提出了一种可代替模式，即“新公共服务”（New Public Service）。这种理念是以对民主社会的公民权、社区和市民社会、组织人本主义和组织对话理论进行的研究为基础的。根据这样一种理念的提出，“服务大厅”栏目可以从中吸收有益的元素。“服务大厅”不仅要为公众提供政府的最新动态和最新资讯，帮助公众了解政府的动向；还要为公众提供一个表达的渠道，要让公众的意见和想法能够通过网络方便地传递给政府，使政府能够及时了解公众关注的焦点，采取相应的措施满足公众合理的要求，从而在政府和公众

① 对“新公共管理”运动所倡导的理念和“新公共服务”运动所倡导的理念的详细讨论请参考Denhardt, Robert B., and Janet Vinzant Denhardt. The new public service: Serving rather than steering. Public administration review 60.6（2000）: 549 - 559。中文版：罗伯特·B. 丹哈特，珍妮特·V. 丹哈特，刘俊生译：《新公共服务：服务而非掌舵》，《中国行政管理》2002年第10期；胡珊琴：《中国服务型政府建设与西方“新公共服务”二者的背景比较》，《理论观察》2006年第6期。

② Chadwick, Andrew, and Christopher May. “Interaction between states and citizens in the age of the Internet:” E-government “in the United States, Britain, and the European Union.” Governance 16.2（2003）: 271 - 300.

之间形成更深层次的互动交流。

有研究者在研究电子政务发展阶段时，将其按照发展程度的高低分为四个阶段：目录列表阶段（Catalogue）、业务办理阶段（Transaction）、业务垂直融合阶段（Vertical Integration）和业务水平融合阶段（Horizontal Integration）。[①]从“服务大厅”提供的服务项目来看，目前的水平主要停留在前两个阶段，即目录列表阶段和业务办理阶段。同一部门的各级单位之间缺少合作，“服务大厅”提供的业务更多地停留在国家级别这一层面，缺少省市一级政府的相关链接，这在“部门服务”中表现得比较明显，而主题服务中有各省相关部门的链接，但缺少相关地级市的链接，而且各省相关部门的页面布局不一致，给跨省办理业务的公众带来了不必要的麻烦。另外，同级政府部门之间也缺少一定的联系，尽管这些部门的链接位于同一页面内，但是它们之间彼此是隔绝的。政府网站上部门上下级之间以及不同部门之间的合作程度和网站各级单位的页面是否保持一致，已经成为判断该政府网站是否成熟的重要考察目标，“服务大厅”栏目应该充分引起重视，[②]进一步做好改进工作。

隐私问题已经成为西方电子政务发达国家公民考虑的主要问题。[③]由于在我国现阶段，电子政务处于起步阶段，以“服务大厅”为例，它所起到的作用更多的是在给政府和公众之间搭起沟通的桥梁，很多事情并没有在网上直接办理，这样公民的信息不会通过网络进行传播。但是，中国的电子政务正在突飞猛进，碰到这样的事情只是一个时间问题。现在做好准备以防患于未然，只有公民的信息安全得到保证，公民才可能更加放心地使用电子政务，电子政务的优点才最终能够得以

---

① Layne K, Lee J. Developing fully functional E-government: A four stage model [J]. Government information quarterly, 2001, 18 (2): 122-136.

② West D M. E-Government and the Transformation of Service Delivery and Citizen Attitudes [J]. Public administration review, 2004, 64 (1): 15-27. 另参见 Jaeger P T, Thompson K M. E-government around the world: lessons, challenges, and future directions [J]. Government Information Quarterly, 2003, 20 (4): 389-394。

③ 对电子政务带来的隐私问题的讨论，参见 Edmiston K D. State and local e-government prospects and challenges [J]. The American Review of Public Administration, 2003, 33 (1): 20-45; Jho W. Challenges for e-governance: protests from civil society on the protection of privacy in e-government in Korea [J]. International Review of Administrative Sciences, 2005, 71 (1): 151-166。

实现。

五　结语：加大普及力度，向更高层次发展

有研究者将电子政务的类型分为三种：管理型模式（managerial model）、顾问型模式（consultative model）和参与性模式（participatory model）。①中国在建设“服务型政府”的背景下，电子政务就应该向着参与性模式发展，让更多的公众参与到与政府的互动过程中来，从而更好地推动民主建设。要实现这一目标，一方面要加强对政府网站的建设，另一方面，也是更重要的，就是要对公民普及网络教育，这样才能够让更多的人通过网络参与政治过程。②在中国，这个挑战显得格外艰巨。中国人口众多，地区之间发展极不平衡，公民的受教育水平差距极大，这些都为网络政务的普及带来了难度，偏远地区的人民无法通过网络来传达自己的声音，在政治决策中就更难体现出他们的切身利益。这些问题需要多个部门共同解决，而且需要很长的时间。所以通过网络提高政府的服务质量，只能对部分人实现。实现心中的理想，还有很多问题亟待解决。

（张　放）

---

① Chadwick, Andrew, and Christopher May. “Interaction between states and citizens in the age of the Internet: “E - government” in the United States, Britain, and the European Union.” Governance 16. 2 (2003): 271 - 300.

② Jaeger P T, Thompson K M. E-government around the world: lessons, challenges, and future directions [J]. Government Information Quarterly, 2003, 20 (4): 389 - 394.

第四十九篇

中国台湾网“台商服务中心”

简　　介：中国台湾网，创建于1999年7月，是大陆第一家以台湾问题和两岸关系为基本内容的专题性民间网站，以台湾同胞、海外华人华侨及全球一切关心台湾问题、乐见两岸关系向前发展的人士为主要受众，在两岸网民中享有较高的知名度。它以客观报道台湾问题，准确反映两岸关系为己任；以推动海峡两岸交流，展示两岸同胞的骨肉亲情，促进祖国统一大业为宗旨。经过近几年的营运，成功整合了两岸涉台信息，建立了新闻评论、资讯服务、在线交流等多种功能的传播体

系，为两岸网友沟通与交流搭建了平台。

面向大陆百万台商和对来大陆投资感兴趣的台胞而开设的“台商服务中心”频道，生动介绍了台商在大陆安家置业、子女教育、事业发展、生活感悟等方面的信息，受到台胞欢迎。“台商服务中心”既有广大台商十分关注的商情快递、台商合法权益保护、优惠政策、会展资讯、相关法规等重要资讯，也有与台商生活密切相关的医疗、教育、生活、美食、娱乐等相关服务类信息，还有台企联、各地台协、台资企业的相关动态和台商故事，以及音频视频欣赏、台商杂志与网络等特色栏目。还专门建立了你问我答、网友留言等板块，方便与台商朋友的互动交流。“台商服务中心”在帮助广大台商更好地了解祖国大陆的相关政策和经济环境，更好地在大陆创业发展和居家生活等方面发挥了很好的作用。

该频道2007年获得“中国互联网站品牌栏目（频道）”称号。

频道宗旨：传播两岸亲情，沟通两岸民意，服务两岸交流

栏　　目：“要闻播报”“商情快递”“台商合法权益保护”“音频视频欣赏”“优惠政策”“会展资讯”“相关法规”“你问我答”“各地台商”“台胞与医疗”“子女教育”“台企联”“台协”“台资企业在大陆”“生活手册”“美食娱乐”“广告专区”“台商杂志 & 网络”

特色栏目：“台商合法权益”“优惠政策”“商情快递”“会展资讯”“你问我答”“音频视频欣赏”“子女教育”“台资企业在大陆”

域　　名：http://www.chinataiwan.org/tsfwzx/

服务台商　传递亲情

——对中国台湾网“台商服务中心”的评析

中国台湾网是大陆第一家以台湾问题和两岸关系为基本内容的民间网站，它以祖国统一为追求，视两岸双赢为福祉，竭诚实践“传播两岸亲情，沟通两岸民意，服务两岸交流”之宗旨。经过多年的经营，成功整合了两岸涉台信息，建立了多功能的传播体系，为两岸沟通和交流搭建了平台。其中“台商服务中心”是中国台湾网面向大陆百万台商和对来大陆投资感兴趣的台胞而开设的一个特色频道，是大陆首家以“台商服务中心”命名的专业频道，也是对服务意识和功能践行最为突出的频道。

该频道立足国家政策、行业趋势和台商需求，以资源优势带动频道发展，面向广大有兴趣投资的台胞，各地台办、台协人士，关注两岸发展的专家学者，紧密围绕大陆台商的兴趣点和关注角度，大视野、全方位、多角度为广大台商提供网络资讯服务。

一　准确定位　差异化竞争

“台商服务中心”定位于服务台商，沟通两岸的经济交流，努力为广大台商提供周到的信息服务，帮助台商更好地了解祖国大陆的相关政策和经济环境，为台商在大陆创业发展和居家生活等方面发挥“领航”作用。

“台商服务中心”在两岸经济交流的大背景下，面对这一庞大的台商群体，以及关注两岸发展的人士，明确了自己的受众群体，走差异化竞争之路。台湾与大陆有着紧密的联系，随着政策的开放，越来越多的台商投身于祖国大陆，大陆是台商最能发挥作用的舞台。“台商服务中心”在准确的定位前提下，明确和巩固了自己的“核心受众”，拓展和引导“潜在受众”。在传媒竞争激烈的时代，网络媒体的发展呈白热化的趋势，因此准确的定位与差异化的竞争是关键所在。专业网站、频道致力于自己的受众细分，满足自己的受众需求。“台商服务中心”开设有广大台商关注的“商情快递”“台商合法权益保护”“优惠政策”“会展资讯”“相关法规”等栏目，为台商提供重要的信息，使台商能及时地了解大陆政策和经济发展空间。这些栏目的开设具有很强的服务意识和引导作用，为台商来大陆发展提供了良好的信息环境。

“台商服务中心”的差异化竞争还体现在深度的服务上。与台商生活相关的医疗、生活、美食、娱乐等服务类信息也尽囊其中，尤其开设有“子女教育”栏目，为台商子女在大陆求学提供详细、准确的资讯，帮助台商子女更好地在大陆生活、求学。“台企联”“台资企业协会”“台资企业在大陆”则在另一个方面给台商和希望来大陆经营业务的人一种心理上的归属感，通过这些栏目台商可以了解到台企联、各地台协、台资企业在大陆的相关动态。在网络媒体中，大多网站都注重内容的拓展，坚持“内容为王”的策略，采取多来源、海量信息、重时效滚动更新等手段，如门户网站的新浪网，传统媒体网站的人民网。而专业的网站、频道、栏目要走的却是精确的定位和差异化的竞争策略，实现自身的“有效传播”。“台商服务中心”为台商建立了一个信息家园，围绕台商的需求不断丰富内容，完善服务，成功地引导台商的投资取向和在大陆的发展。

二　台商故事　情感化传播

人往往有一种“移情心理”，容易在别人的故事里寻找自己的影子，或者在别人的故事中产生共鸣。台商投资遍布 31 个省市区，因此“台商服务中心”设有“各地台商”栏目，讲述各地台商的经历和人物故事。在他人的故事中体味成功和经历奋斗的历程也是一种成长，不过这种成长是通过间接经验而获得的。

该栏目的故事大多是台商的经营感受和成功心得，各地台商畅谈自己的创业和发展之路。这些新闻故事增强了信息的可读性，每一个个案都是一笔财富，受众最喜欢读故事，故事化的组织报道方式能够从整体上集合优势资源，人们可以根据自己的不同需求，来品味他人的经历和成功，对自己也是一种启发，这种“使用与满足”不仅是信息的自然流通，也是情感的交流。

台商故事对于受众来说，起到的是一种模式示范的作用，情感化传播正是利用模式示范理论来引导受众的。该理论认为，大众传播能够描述模式化的行为。受众对于媒介内容的接触，为自己提供了一种学习的对象，可以从中学得一系列行为方式，这些行为方式在一定程度上可以成为人们处理反复出现的问题的永久性方式之一。也就是说，媒介内容对受众的行为具有模式化的示范效果。虽然不能绝对地说，受众获取的是一种模式化的、永久不变的东西，但至少受众会有一种情感和心理上的启发，对致力于投身大陆的台胞来说，也是一种“精神按摩”。

“台商服务中心”以情感诉求来引起受众共鸣，给受众提供关于台商在大陆的情况，在信息的选择和传播过程中明确贴近受众的需求，贴近服务台商的实际，整合和组织各地台商的动态，推介不同领域的成功台商，这对引导受众对现实的选择和把握起到了重要的引导作用。

三　依托技术　多功能整合

作为“第四媒体”的网络，它不同于传统媒体的“点对面”的传播，网络是一个融合了众长的媒体，它实现了技术与内容的完美结合。网络是一个开放的信息场，它使互动成为可能，使信息的反馈及时，意见的表达多元，技术的呈现完美。

网络新闻已不再是对文字新闻简单的“复制＋粘贴＋重组”，技术障碍的突破带来了网络新闻内容结构的变化。视频新闻以及具有网络特色的多媒体性质的新闻，成为网络新的增长点。“台商服务中心”开设了“音频视频欣赏”，把广播和影视的传播技术应用到网络上来，使网友能够在网络这个“虚拟空间”中真切地感受到发生在自己周边的事情。受众在视频中可以通过全面的感官刺激来激活自己的认知神经，视频节目更能调动受众的关注欲望。“只有感觉到的东西，才能深刻地理解；只有深刻理解的东西，才能真切地感知”，哲人如是说。视频、音频技术的利用，给受众一种全新的解读新闻事件的传播模式，受众可以体会再次改写的新闻传播景观。在“音频视频欣赏”中，我们可以目睹新闻故事当事人和还原新闻场景。该栏目多是台商的经商经历，如：[视频]《一个摆脱绝望的台湾女商人》；[视频]《梳子王的故事》；[视频]《百折不挠的台湾夫妻：邱吉强与孟庆香》；[视频]《他把洗头学员培养成了百万富翁》；[视频]《从家庭主妇到亿万珠宝商》……

亲历新闻当事人，品读新闻背后故事。

“台商服务中心”还设有“你问我答”“网友留言”互动栏目。“你问我答”就有意来大陆投资、创业、发展的网友进行政策解答。“网友留言”则会聚了网友的声音，对栏目建言献策，网络的互动特征在这里得以实现。

技术的运用，使新闻内容呈现多功能化的趋向。而多功能化的传播模式是网络所必需的，技术是网络的生命力，新技术的开发应用，意味着一种新的传播理念和新的传播图景。保罗·莱文森在《数字麦克卢汉》一书中，提出了“补救性媒介”理论和“人性化趋势”的演化理论。一切新媒介都会成为“补救性媒介”，补救过去媒介之不足，使媒介更具人性化。网络媒介本身就是一种“补救性媒介”，当然在技术的发展中也必将被其他媒介所“补救”，这样内容才能更趋于多样和生动。

（王延辉）

第五十篇

光明网“理论”频道

简　　介：光明网创建于1997年12月23日，1998年1月1日正式对外发布，当时的名称是“光明日报电子版”，2000年初，网站改用现名“光明网”。光明网与新华网、人民网不同，它偏重于对理论界、学术界方面的报道，担当传播先进文化的重任。其“理论”频道作为光明网精心打造的核心品牌，以光明日报报业资源为依托，其“学术动态”“政治”“社科”“历史”“综合”等子栏目，站在学术研究和理论

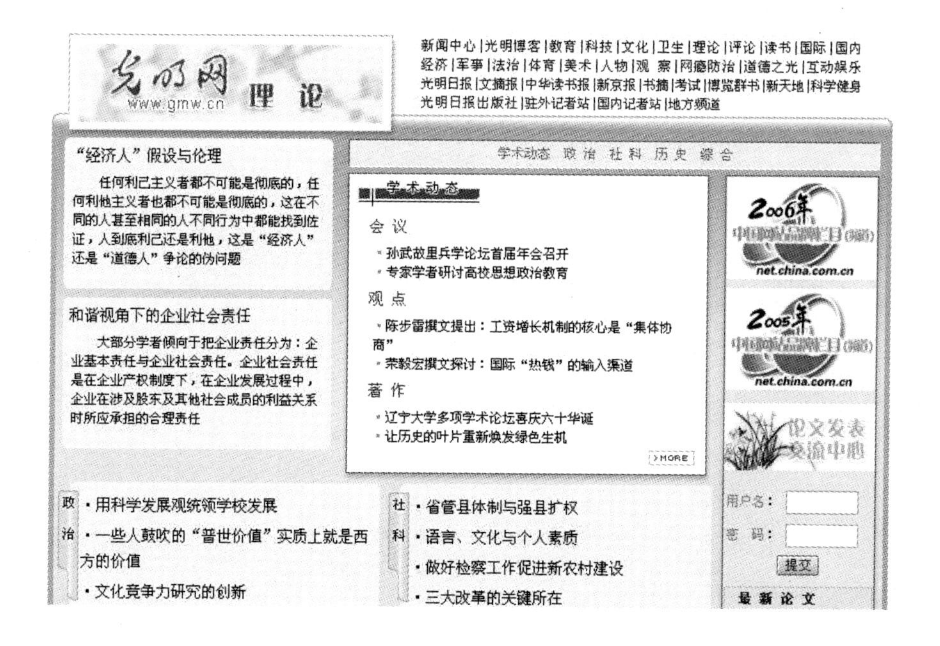

探索的前沿，为推动学术交流提供了广阔的空间，被喻为知识分子的“网上精神家园”。

该频道 2005 年和 2006 年两次获得“中国互联网站品牌栏目（频道）”称号。

宗　　旨： 传播先进文化，服务知识分子

特　　点： 融思想性、知识性、服务性、可读性于一体

特色栏目：“学术动态”“政治”“社科”

域　　名： http://theory.gmw.cn/

知识分子的网上“精神家园”

——对光明网“理论”频道的评析

《光明日报》是面向知识分子的一份大报，并且光明网自创建始就承袭母体的定位，以“传播先进文化，服务知识分子”为宗旨。光明网“理论”频道，开设有“学术动态”“政治”“社科”“历史”“综合”等子栏目，从栏目的设置上就流露出一种文化品位，而事实上，该频道所走的也正是学术的“大文化”品牌路线，融思想性、知识性、服务性、可读性于一体的鲜明特色和高雅的文化品位，奠定了其整体风格和品牌形象。

搞学术文化是光明网的立网之本，在互联网日益追求大众化的洪流中，光明网沿袭了《光明日报》的品牌优势，一直而且继续坚守着自己的办网理念，用先进的文化塑造学术的权威和理性，成为网上理论争鸣和宣传的阵地，进而吸引着知识分子的参与，因此被称为知识分子的网上“精神家园”。

一　品牌延伸：“阳春白雪”润无声

《光明日报》是以知识分子为核心受众的一个大品牌，它注重学术性、理论性、建设性，在都市报、专业报、大众化报纸分割市场的现实媒介生存环境下，依旧打“学术文化”牌，在国内外知识分子中有很高的知名度和影响力。作为《光明日报》下属的网站，光明网依托母体的资源和品牌优势，也追求学术文化的高品位和理论的思想性，吸引知识分子的关注和积极地参与。光明网实现了《光明日报》的品牌延伸，可以说是网络上的《光明日报》，给受众提供的是“阳春白雪”式的“精神营养”。

光明网走的是一条发挥自身特点的道路，即发挥“大文化”特色的道路。光明网不能走综合门户的道路，也不可能走综合新闻网站的道路，只能做高品位的、学术文化气氛浓厚的、偏重知识层次的网站。而对于“理论”频道来说，学术氛围浓厚、文化气息浓郁则不言而喻。本色是可贵的，而“理论”频道的本色就在于自身的诉求高，一直保持着“阳春白雪”的风格。

光明网“理论”频道开设的栏目中，以理性的分析、思想的深刻见长。

“学术动态”通过对学术会议、著作、知识分子的观点来扫描最新的学术动向和理论思考成果。其内容都是中国有学养的知识人学术研究的理论思考，在一定程度上都是对社会、对文化的一种理论建构。“政治”栏目是通过对先进的政治理论探讨、解读、辨析来起到引导和宣传的作用。理论的阐发和解读有利于我们的民主进程和社会发展。其内容多是一些建设性的意见和观点，通过理论思索为我国的政治民主献计献策，这也是中国知识分子的社会良知——关心国家的建设和进步。“社科”关注社会科学的动态和研究，其中涉及面很广，有经济、社会、教育、哲学等内容。“历史”栏目会聚历史知识，整合研究成果，品读往昔岁月，让受众了解历史、回顾过去，带给读者的是知识的享受，每一篇论述都给人以知识的启发和感悟。“综合”栏目品评文化热点，汇集不同领域的理论研究和观点，建构一个多元的理论平台。光明网“理论”频道还设有论文发表中心，免费为网友建立论文集，为学术研究者发表、整理、查阅论文，提供了诸多便利。“雅”“精”一直是光明网“理论”频道的努力方向，“雅”体现在品位、追求、理论素养上；“精”体现在观点、分析、解读、辨析以及观点的思想性上。《光明日报》的权威，是学术的权威、理性的权威；光明网的权威，也只能建立在学术、理性的基础上。“理论”频道致力于学术，服务于知识分子，是学术交流的一个平台，也是知识分子和广大追求高雅、高品位需求的受众的“精神大餐”。

二　知识分子化的媒介范式

从栏目的内容建设上，我们可以看出一大特点：知识分子介入媒体发声。因此，在某种程度上，光明网“理论”频道实现的是知识分子化的媒介传播范式。知识分子凭借自己的专业技能和学术素养，一般能透过事物的现象看到事物的本质，从而提供相对准确的观点。知识分子其自身的社会威望增强了理论思想的权威性，能有效地赢得公众的信任，增强传播效果。

知识分子介入“理论”频道，本身就有一种必然的逻辑关系，频道是为知识分子服务的，那么自身也必将是知识分子化的传播渠道，追求学术的品位。知识分子介入媒介这一公共领域之后，其自身角色也演变为“公共知识分子”。马立诚教授认为：“公共知识分子是这样一种人，他们维系着社会的主要价值，比如民主、自由、平等、公正。这是‘公共知识分子’这个概念中‘公共’两字的含义。他们通过舆论方式引导社会，推动社会进步和问题的解决。”[①]朱苏力教授将“公共知识分子”界定为“越出其专业领域经常在公共媒体或论坛上就社会公众关心的热点问题发表自己的分析和评论的知识分子……”[②]总之，他们是具有学识修养和思想能力，具有公共关怀和济世精神、具有批判意识、从事知识的创造和传承的人。

学术需要传承，理论需要争鸣，知识需要传播。在萨义德看来，知识分子“不是登上高山或者讲坛，然后从高处慷慨陈词。知识分子显然是要在最能被听到的地方发表自己的意见，而且能影响正在进行的实际过程，比方说，和平和正义的事业”。在信息化社会中，这里所谓的“最能被听到的地方”，无疑是大众媒介。在一个热心社会公共事务，具有独立思考和理性判断能力的成熟的市民团体尚未形成的大背景下，民众极易丧失话语权，成为“沉默的大多数”，知识分子借媒介扬声，传播知识，从理性的、成熟的角度代民立言，在一定程度上可以规避情绪化的言论散播。

知识分子的介入可以对受众进行有效的思想启蒙，可以与受众进行理论的探讨，可以设置受众思考的方向。在信息爆炸的今天，人们已经不再满足于网上阅读一些简单的、大众化的、表层的信息，况且“理论”频道的核心受众是知识分子，他们需要接收到深层的、专业性的信息，通过知识分子的笔触带动对社会和文化问题的思考，提高自身的话语能力。

---

① 弓慧敏：《媒体中“公共知识分子”角色分析》，《中北大学学报》（社会科学版）2006年第3期。

② 朱苏力：《中国当代公共知识分子的社会建构》，《社会科学研究》2003年第2期。

当然，知识分子化媒介范式也有其自身的不足。它往往会遭受政治、市场逻辑的“捕获”，使自身成为权力的“代言人”。社会学家默顿说：“知识分子与政治的蜜月往往是短暂、粗鲁和别扭的。”这意味着，知识分子不仅要注意学术与政治的关系，还要注意与传媒从业人员在血统上的亲缘性，以使自己保持清醒的学术眼光疏离“传媒的炼金术”。只有这样，知识分子才不是畅销书写手，才不是变相的广告商，才能够具有比普通受众更强的文化病毒免疫力，才能使批判声音在传媒上正常发出并产生共鸣。只有知识分子和传媒的关系破除了“合谋”以后的正当性，知识分子的媒体言说才具有哲学意义上的批判精神和价值分量。①

光明网“理论”频道服务于知识分子，而且借知识分子的理论思想传播，这在彼此的交流与沟通中实现了有效的对接。知识分子化的媒介传播范式为媒体开展理论思想的传播，学术的交流，理性舆论的引导，提供了一种借鉴的图景。

三 反思：“理论”频道的不足

光明网“理论”频道的价值取向令人敬佩，在传播先进文化上起到了很好的表率作用。

套用“上网冲浪”这样的比喻，光明网“理论”频道就是信息海洋中的一盏航标灯。虚幻的海市蜃楼总会有消失的时候，而航标灯始终是明亮的。不管别人如何媚俗，频道始终将自己的服务对象定位于知识分子，着眼于为社会提供健康、优质、理性的信息。虽然光明网“理论”频道的品格、定位是追求学术的权威、理性的观点、建设性的评论，但其自身的建设方面尚存在一些问题：

1. 频道内容更新速度慢。在目前一个追求时效的网络信息氛围中，速度在某种程度上决定了占领传播高地的先机。其次，频道的信息容量少，会造成受众的信息需求的“疲软”和“信息饥渴”。

2. 资源的再加工力度不足，相关专题，信息整合的意识淡薄。“理论”频道可以用单纯的文字形式这一简约的传播符号来实现知识分子之间的交流和沟通。但传播的目的不仅要使核心受众之间“自娱自乐”

① 王岳川：《媒介哲学》，河南大学出版社，2004，第308页。

地表达沟通，更应该实现“精英文化”的自然普及，使边缘受众也能够吸取精神营养。

3. 应增加互动环节，使网友与网友、网友与网站之间可以自由地交流，这样可以以大众传播的平台实现人际之间，乃至组织之间的互动传播，在彼此的交流中可以实现信息的双向互动，有利于观点的进一步完善和影响力的扩散。

4. 形式上应不断地创新。可以通过音频、视频等数字媒体的应用，专访专家、学者就最新的热点和理论研究做具象的讲解，栏目通过口语化的表达，多媒体的使用，将图像、声音、画面、文字有效地结合起来，会增强理论思想的整体传播效果。

5. 品牌不仅靠延续，但更重要的是能够建设自身的品牌，这样就会不断地创造品牌集聚效应，使品牌始终与时俱进，扩大影响力和增强渗透力。

四　结语

光明网“理论”频道以明确的知识分子为对象，以传播先进文化为定位，以其权威和理性在受众中深受好评。但自身的发展也存在着一定的“制肘”因素，追求品位高雅的同时，需要进一步扩大受众的忠诚度和品牌的影响力。这是一个影响力经济的时代，网站的发展又处于极速的阶段，研究整体的整合传播策略，“理论”频道还有一段路要走。

（王延辉）

第五十一篇

中国网“认识中国”

简　　介：中国网是国务院新闻办公室领导，中国外文出版发行事业局（中国国际出版集团）管理的国家重点新闻网站。中国网坚持以新闻为前导，以国情为基础，以融合各地资讯为原则，力求通过精心整合的即时新闻、翔实的背景资料和网上独家的深度报道，向世界及时全面地介绍中国，并竭诚为中国和世界各国的访问者提供迅捷、权威的信息服务。作为国家级对外传播网站，中国网依托中国外文出版发行事业

局50年对外传播的资源优势，同时联合全国各省市重点新闻网站，共同建立了全国对外宣传网络平台，开创了网络对外传播的新格局。

“认识中国”是中国网主办的，以中国国情信息为核心，从政治、经济、文化等方面详细介绍中国的特色栏目，是中国网里最具有典型特征的栏目之一。“认识中国”栏目设有“中国简况”“国家机构”“政要一览”“行政区划”“台湾百科”等几十个子栏目，从历史、地理、文化、法律、政治制度等方面比较完整地介绍中国的基本国情和最新发展，已成为海内外网民全面了解中国的重要窗口。荣获“2005年中国互联网站品牌栏目（频道）”称号。

栏目理念：给你一个真实的中国，为你提供权威、全面的国情信息

栏目口号：中国网，网上中国

主要栏目：“中国概况”“中国政治”“中国经济”“中国文化”“游历中国”“视频中国”“综合资料”“图片中国”等八个板块，其中又包括“中国共产党”“中国国防”“中外关系”“数据中国”“研究报告”“调查报告”“乡土中国”“中国地理”“科教与环保”“养生健体”等几十个子栏目

经典栏目：“游历中国”“视频中国”“图片中国”

域　　名：http://www.china.com.cn/aboutchina/node_6175014.htm

2008，打造世界性的中国年

——对中国网“认识中国”的评析

随着中国经济的快速发展，国际交流进一步扩大，中国国际地位进一步提高，外国人以及国际社会要求得到更多更深入更真实的中国信息。2008年北京奥运会的举办，全世界的人们都聚焦中国。而这恰恰为中国提供了一个展现自我、推广自我的前所未有的绝佳平台。如何将中国新形象完美地展现在全世界人面前，如何让各国人民看到中国的新发展、新面貌，如何将2008年打造成世界性中国年，这都是中国媒体面临的巨大任务和挑战。而作为中国门户网站的中国网，更是首当其冲。中国网副总编辑张梅芝曾表示，“中国网是国情新闻网，‘认识中国’无疑是最能代表中国网这一定位的栏目。我们的口号是‘中国网，网上中国’，相信‘认识中国’一定可以成为网民认识中国的最好的朋友”。[①]

一　“认识中国”，打造完美中国名片

（一）提供全面、权威的国情信息

中国网的特点是以多语种的形式进行对外传播，中国网的定位即按照对外宣传“三贴近”的原则将中国国情介绍给世界各国。而“认识中国”作为传播中国经济、政治、文化的基本国情的栏目，起到了非常积极的作用。

“认识中国”贯彻了中国网的方针政策，将中国基本国情分门别类，开辟了相关12个系列，为“中国概况系列”“中国政治系列”“中国文化系列”“经济中国系列”“地方概况系列”“中国国防系列”“游历中国系列”“综合资料系列”“中外关系系列”“乡土中国系列”“影

① 张世福：《用互联网记录和传承中华文化》，《网络传播》2009年第3期。

像中国系列”及“中国地理系列”。其中“中国概况”方面，有“中国小常识”“中国简况”“中国事实与数字”“行政区划”几个小栏目，提供了包括中国人口、资源、历史、国民生活等有关中国方方面面的最基本的国情信息，对于中国人来说，虽然都是耳熟能详，但对于外国相关研究人员或是渴望了解中国概况的外国人来讲，却因为具有全面性，而成为一笔不小的信息宝藏。而在“中国经济”的板块中，则从“‘十一五’规划”“区域经济”“科学发展观”“国情报告”几个方面入手，每个方面都做成一个完整细致的专题，比如“国情报告”从 2002 年到 2008 年，详细记录了每一年的产业报告及相关国情报告，仅 2007 年就有 42 个报告，每个报告都提供了大量精确翔实的数据，这些数据多是来自中国政府门户网站，具有非常强的权威性。“中国文化”板块则重点打造“中国风味”，将中国传统文化一一串起，从京剧、话剧、年俗、古建，到敦煌、园林、昆曲、老字号，非常全面立体地展现了中国从古至今沉厚的文化积淀及素养。另外，“中国基本情况”和“综合资料”两个栏目则提供了全方位的中国信息，从科、教、文、卫、体的发展状况到更具体的社会团体、人口民族、宗教概况、环境保护、自然地理、历史概况、对外交往、人民生活、祖国统一，让受众直观上感受到真实、透明、完整的中国形象。

（二）打好“中国文化牌”，赢得“文化中国风”

一个企业对外公关要有统一的声音，需要树立统一的形象，同样，一个国家的对外文化宣传也是如此。通过网站来建立国家文化对外传播和推广工程，打造国家文化品牌，就需要凝聚力更强，更具特色的“中国声音”。中国网“认识中国”栏目则重点在传统文化上做文章，开辟了“文化遗产”“年俗”“古建”“园林”“昆曲”等系列专题，不仅让国际社会更客观地了解中国，更提供了一个立体而鲜活的中国形象。

近年来，在中国和平发展的过程中，“软实力”的作用越来越受本国重视，也越来越受世界瞩目。以中国博大精深的传统文化来打造国家软实力，是合乎中国和世界人民利益的。中国网“认识中国”在 2005 年的专题，可谓“中国文化外交之年”。从中法文化年的举办，到美国、巴西、芬兰、荷兰等国举办的中国文化节；从巴西的“汉字展”，到非洲第一座孔子学院的建立（目前世界已有 123 座孔子学院）；从文化部孙家正部长在美国“全国新闻俱乐部”纵谈“当代中国文化的追求和梦想”，到温家宝总理在法国巴黎综合理工大学的“尊重不同文明，共建和谐世界”的演讲，无不在通过传统文化来向世界展示一个充满魅力的、渴望和平崛起的大国形象。中国网“认识中国”发挥着一个网络媒体应尽的职责，坚持了“中国网，网上中国”的口号，在宣扬推广中国文化上具有相当重要的地位，而将中国独有的文化历史信息加工成网页内容更便于广大网民搜索和查询。

另外，从文化的相关专题来看，无不突出了中国的“独有性”，刮起了一阵特别的“中国风”。“认识中国”开辟有“中国京剧”“茶与茶文化”“中国昆曲”“中国古琴艺术”“中国文房四宝”“中国古代园林”“中国话剧百年”“中国青铜文明”“中国古代钱币”“北京老字号”“中国传统年画”等几十个文化专题，每个专题都紧扣“历史性”和“传统性”，这种“别具风格”不仅吸引了广大外国友人，对中国民众来讲，这也是一节生动的文化素养课，让我们看到了一个更完整更有韵味的中国。

（三）信息传播新导向——细致、新颖、趣味

“认识中国”栏目提供全面的国情信息，却并不意味着传播的是纯粹的数据和严肃的文字资料，相反，它以一种新的方式对信息进行加工和传播，表现出新颖性和趣味性。“游历中国”“视频中国”“图片中国”是“认识中国”栏目的几个经典子栏目，其中“图片中国”通过对中国系列图片的展示，视觉上直观的冲击力让广大网民过目不忘，给网民留下色彩感十足的中国形象。“视频中国”则更是有异曲同工之妙，它作为“向世界展示中国特色的综合性外宣视频平台”，通过“新闻时事”“奥运北京”“中国访谈”“网上直播”“影像中国”“娱乐前沿”“军事政治”“综合体育”一系列的视频短片让广大网民了解到一个更具有动态的中国。“游历中国”则是推广中国文化名城的绝佳平台，通过优美如画的照片及唯美文字刻画了一个独特美好的中国印象。另外，在“乡土中国”中，“中国泥塑”和“北京胡同”带你走进如梦如幻的乡土气息中，那独有的“乡土味”让人欢喜不已。栏目也将“新颖、趣味”很好地体现在一些专题中。比如“木头里的东方”这一专题。首先这个题目就带着浓厚的中国文化色彩，更可贵的是，专题将“木”与“东方生活”紧密联系在一起，从“亲爱的木头”“神奇的木匠”“构木为巢”“木头里的道”“园林韵味”“木头与生活”“木头里的艺术”“直挂云帆济沧海”“远去的木头”几部分写起，将中国的建筑、园林、古琴、木雕、面具一一联系起来，以独特的视角让人们看到了东方几千年来的“木文化”。

（四）引导舆论导向，塑造真实中国

震惊中外的“3·14”拉萨暴力事件由于国外媒体的恶意歪曲，让中国形象一度受损，在这极其特殊重要的时刻，中国媒体肩负着“塑造真实客观中国”的责任。中国网作为国家级对外传播网站，更应该尽全力引导舆论，“给你一个真实的中国”。在“视频中国”中，特别开出“视频聚焦拉萨暴力事件”专题，从“视频新闻”“专题链接”“图片集锦”几个方面展现事情真相。尤其是“视频新闻”中“两个外国人的‘西藏日记’”篇，通过一系列的视频，展现了他们对西藏独到的认识。另外，“中国西藏事实与数字2008”这个专题，通过一系列的数据比较，让我们充分看到西藏这些年发生的翻天覆地的变化。

2008年中国网特别开出“2008北京奥运会专题网站”，从奥运新闻、奥运百科、奥运服务、视频互动、中国印象几个栏目来宣传奥运，推广奥林匹克精神。其中“奥运服务”介绍了交通出行、奥运医院、奥运酒店、天气预报、驻华使馆、宗教场所、竞赛日程等相关服务项目，对外国友人来讲，是个很好的奥运指南书。

二　“认识中国”之未来发展

“认识中国”栏目虽然在广度、深度、权威度上具有明显的优势，但在互联网竞争日益激烈的今天，要想在互联网市场上分得一杯羹，还需加强自我的特色，追求新的发展。

首先，栏目体制上有一定的劣势。和商业网站相比，中国网“认识中国”明显缺少灵活性，并未完全摆脱传统体制的束缚，并且还在“事业”和“企业”之间摸索着，试图找出一条折中的路子，这不可避免地在工作中要造成一定的影响，削弱其竞争力。所以，中国网“认识中国”栏目要在内容的真实权威和大容量，单向的灌输和交互性中找到平衡点，提高点击率，抓住读者和受众的心，使得先进文化历史等信息得以良好传播。然后要将传统媒体众多的采编力量联系起来，和网络的及时性相结合，增加网站的魅力。

其次，内容缺少互动讨论，个性化服务不够。中国网“认识中国”

在信息传播方面做足了准备，但是相对枯燥刻板的中国国情信息，缺乏与网友的互动，这样本来就难以记忆的信息，变得更加晦涩。而要把“认识中国”做出去，建立自己的栏目品牌网站，就必须生产符合自己风格和特色的品牌新闻和品牌言论，以质取胜，争取网民的忠诚度；“认识中国”属于中国网中最具有特色的栏目，所以要更加注重个性化、定制化和根据受众而量身定做的新闻信息的采写编排，提供良好的网络传播产品服务，包括在产品生产的全过程以及售后服务等方面的配套措施，开展全方位持久的网站服务。

另外，材料更新慢，系统之间缺乏有机的“对话”机制，造成信息孤岛，信息利用率低。

在纷繁复杂的现代信息化社会中，中国的文化、历史等各个方面都在变化，受众也在变化。它们由以前的被动接受变成现在的主动参与，选择意识和参与意识明显加强。网络时代的受众已经不满足于大量陈旧的信息，更多需要的是实时交互性的信息内容。中国网“认识中国”栏目在内容的广度和深度方面大做文章，取得了不小的成效。但是审看其页面内容的更新速度，让人不得不觉得其影响力和后续力的薄弱，很难吸引到“眼球”，更加削弱了它的普及性和亲和力。

最后，建立信息系统时缺乏整体规划，系统多而杂，重复投资多，信息化收益少；信息系统建设本身“重管理，轻应用”。中国网“认识中国”栏目众多，有“中国简况”“国家机构”“政要一览”“行政区划”“台湾百科”等几十个子栏目，在点对点的传播中，可以达到全面的信息传输，但是部分栏目可以进行合并，相对更新速度较快的板块可以进行整合。

（王旭逊）

第五十二篇

天山网“西域文化”

简　　介：新疆天山网“西域文化”频道自创建以来，始终立足独特的新疆文化，着力打造西域文化品牌。

天山网“西域文化”以最快的速度、最权威的发布，全面介绍新

疆及西部的文化信息，包括文学、艺术、历史、读书等，并设立专栏介绍西部的艺术界人物。同时，频道又立足全国和全世界，全面介绍中国文化、世界文化，栏目丰富，页面设计清新、淡雅，已经成为新疆文化界对外宣传的一个主要的窗口。

“西域文化”栏目曾在2007年荣获“中国互联网站品牌栏目（频道）”称号。

理　　念：营造和谐的文化环境，做新疆文化的宣传窗口

包含栏目：“资讯”“文学”“艺术”“读书”“历史文物”“游记”“网络原创”“论坛”“文化专题”

域　　名：http：//www.tianshannet.com.cn/culture/

西部文化灿烂之花

——对天山网“西域文化”的评析

天山网“西域文化”频道作为展现新疆新风貌、宣传新疆优秀文化的平台，从开办起，就散发着浓厚的西域文化气息，特别是在2006年12月进行了第二次大规模的改版以后，天山网“西域文化”频道扩展了它作为新疆文化的窗口，逐渐成为天山网的一个品牌栏目。

“西域文化”频道格调高雅，栏目的设置基本囊括了文化的各个方面，栏目内容极显较高的品位和学术价值，堪称一朵展现西部文化的灿烂之花。

一　宣传新疆文化，打造沟通平台

天山网“西域文化”频道的最大特点是其展现的文化内容极具个性。新疆是我国最为主要的历史民族区，自古以来就是多民族、多文化的会聚地，经过千百年来历史文化的沉淀和熏染，形成了新疆独具魅力的少数民族传统文化，是中华大文化中不可或缺的瑰宝。以新疆文化为代表的西域文化有两个方面的特征：一是具有自己的独特性，就像每个地区都有自己的文化一样，新疆文化具有其他任何文化不具备的一些区域或民族特点；二是融合了多种的文化，因为曾经的支援边疆运动把全国各地具有不同文化背景的人们聚集到新疆，就像新疆著名书法家、天山网“西域文化”频道顾问陶然先生接受媒体采访时说的那样，新疆的文化实际上是一种移民文化，新疆的文化很有特色，它不同于某一个地区的单一文化，是多种元素的汇合。所以，天山网“西域文化”频道在凸显自己文化特色的时候，走的是“大众化”的特色路线——包容万象文化却处处散发着新疆文化独有的气质。

“西域文化”频道其下诸多板块栏目中，涉及文化类别的各个方面，包括文学、艺术、历史人物和新疆艺术家等。不仅全力宣传新疆的优秀文化，及时关注国内外文化界的最新动态，成功打造了一个外界和新疆交流的平台。

二 精心制作专题，提供学术参考

天山网“西域文化”频道立足于新疆本土，以其深厚的历史文化底蕴为基础，精心打造了一系列的专题节目。这些节目从古到今，从国内到国外，从“十二本卡姆”之类的高雅文化到“刀郎现象”之类的大众文化，包罗新疆文化的万象，营造出一片繁荣的文化氛围，不仅展现了新疆文化的源远流长，同时也展现了新疆文化的勃勃生机。

在“西域文化”频道的栏目之一——“文化专题”中，一共囊括47个文化专题。其中一些有极高的学术价值，为研究整个新疆文化提供了丰富而珍贵的资料参考。比如文化专题“丝绸之路”，向人们介绍了这条古今西亚和欧洲的重要交通要道，以及在漫漫历史的长河中丝绸之路形成的无数的文化遗址、历史古迹。该专题图文并茂，划分为“探寻历史”“艺术的辉煌”“千古之谜”“探险之旅”“文物保护”“丝路美文”“古国古城”“尘封的宝藏”等几个板块，全方位、多角度地对古老的丝绸之路进行了研究和考察，搜集整理了大量翔实珍贵的资料，为丝绸之路的学术研究做出了不小的贡献。

除此之外，该专题还对新疆地区的珍贵非物质文化遗产进行了搜集和整理。如被首批列为国家级非物质文化遗产的“玛纳斯”，“文化专题”栏目对其进行了详细的解读：该专题从《玛纳斯》的学术地位、《玛纳斯》的继承和发展、藏满文化对柯尔克孜族人的影响等几个方面入手，把这部柯尔克孜族文化的结晶、被列为我国最著名的三大史诗之一的《玛纳斯》进行了深刻的诠释。再如，针对同样被列为首批国家非物质文化遗产之一的“西迁节”，该网站在对其来历、发展以及锡伯族的历史和文化做了充分的研究和资料搜集后，也制作了精彩的文化专题——“西迁节——中国历史上的一次万里长征、华夏发展中的早期成边屯垦”。

通过对这些文化专题的研究和探索，“西域文化”频道将新疆厚重博大的文化活生生地展现在人们面前，收到了积极的宣传效果，这对新疆优秀传统文化的发扬和继承来说，无疑是一件益事。另外，该频道没有仅仅局限于对历史文化的挖掘，还对新疆的现代文化和现代文化发展中涌现出的新现象给予了高度的关注，制作了相应的专题。如专题“金枝欲孽：总有一朵属于我们的花”和“‘刀郎现象’引发新疆热”以及针对新疆第16届全国书市、新疆政府颁奖“五个一”工程获奖者而制作的专题。

“西域文化”频道一直秉承一种理念：文化作品要“精”、文化作品创作要精益求精，要坚持先进方向、坚持有利于人的身心健康。“西域文化”频道精心打造的“文化专题”对其进行了很好的诠释，成为该频道最大的亮点之一。

三　采访文化名家，扩大文化影响

“西域文化”频道的另一个特色是对大量文化名人的采访和介绍。因为无论是繁荣文化事业，还是发展文化产业，都要以提高影响力为目标，以打造品牌为重点。品牌既可以是产品，也可以是人。名人同样能构成品牌的核心，也同样是文化软实力的亮点之所在。

“西域文化”频道注重文化名人、文化大家在传播中的积极作用，对已有的文化名人进行不遗余力的宣传。比如《“西部歌王”王洛宾》这个专题节目，对我国著名作曲家、艺术家，被誉为“西部歌王”的王洛宾及其经典作品做了详细的介绍和全面的回顾。节目的板块之一“艺术研讨”研究了王洛宾一生对于艺术的贡献；另一个板块“深切怀念”通过另外一些文化名人对王洛宾生前的回顾，展现了一位大师高尚的人格魅力和极高艺术造诣。人们在缅怀文化大师的同时，也更进一步了解和接纳了新疆的优秀文化。

再比如，“西域文化”频道对新疆书法家陶然、新疆散文家沈苇、新疆榜书家蔡玉生、新疆民俗摄影家安华、新疆作家尚崇龙的专题报道，以及针对新疆画家、新疆散文家、新疆诗人、新疆书法家制作的综合专题，极力营造出了浓厚的西域文化氛围，宣传了一大批新疆的文化名人。另外，“西域文化”频道还在主页上专门设置了“新疆艺术家”这一板块，对22位涉及文化各个领域、具有代表性的新疆艺术家进行介绍和宣传，为弘扬新疆优秀文化做出了积极的贡献。

这种以文化名人为载体，以新疆优秀文化为内容的传播方式，其传播效果是潜移默化的，起到的积极作用也是明显的。

四 提供亮丽舞台，展现大众风貌

“西域文化”频道虽然在文化名家的打造和宣传上做足了工夫，但并没有忽视新疆百姓这一文化主体。因为广大人民群众不仅是物质文化的创造者，也是精神文化的创造者，充分发挥人民在文化建设中的主体作用，充分尊重人民群众的首创精神，才能够使一个地区、甚至一个民族的文化经久不衰、充满活力。“西域文化”频道为广大的人民群众提供了展现自我的亮丽舞台。这一舞台主要建立在“文学”和“艺术”这两个栏目之上。“文学”栏目下划分为“小说”“诗词”“散文”“杂文”等11个板块。这里的文章大多出于新疆人民之手或摘自新疆地区的刊物，集中反映了新疆人民的生产生活和精神文化状况。如诗词作品《天山放歌》，表达了来到新疆创业的人们对新疆这片土地的热爱以及对家乡亲人的浓浓思念之情；《空中草原那拉提》更是描写了那拉提的如画风景和作者对那拉提的无尽喜爱；散文作品《戈壁上的小精灵》描写了大戈壁上活泼可爱又生命力极强的小动物们，文风淡雅清新，展现别样的戈壁滩；《卓玛，草原上的格桑花》用虚构的场景来赞美作者心中神圣美丽的藏族姑娘卓玛，情深意切，耐人回味……另一栏目“艺术”，则包含“美术摄影”“音乐舞蹈”“建筑雕塑”“民间艺术”等8个板块，从另外一个角度展现了新疆人民的整体风貌。如“美术摄影”板块中的美术作品之一《铁臂阿童木归来》，就是出自于7个新疆小朋友之手。画面上铁臂阿童木飞翔于乌鲁木齐美丽的天空，和当地小朋友庆祝生日、品尝新疆的馕饼和拉条子……作品展现了新疆的美丽富饶和新疆人民的热情好客，充满想象力和纯真的色彩。值得一提的是，这个系列作品在“美术摄影”板块中和众多画家、摄影家的作品摆放在同样的位置，可见“西域文化”频道对于“文化”的高度理解——属于人民的文化，而在此基础上全力打造的展现人民风采的文化舞台，自然赢得广泛好评。

五 不足之处

“西域文化”频道的精品栏目就是倾力制作的一系列文化专题。但是由于制作一个学术价值较高、真正称得上“精品”的文化专题并非一朝一夕的事情，制作周期较长，这就影响了更新速度。虽然说“慢工出细活”，但是以网站作为载体的任何信息和内容都必须扣上一个“快”字，连续几个星期或是几个月不更新内容的网站即使内容再好，也会失去关注。既然隶属于有着“新疆网络第一媒体”之称的天山网，就应该尽可能地利用其资源优势，与众网友进行文化互动，让网友参与到文化专题的制作当中，这样不仅能够群策群力，更好地完成专题制作，还能够及时更新内容，提高人们的关注程度。

另外，应该对网友发表的作品进行更为严格的审查。曾经在“西域文化”频道发表的一篇《我是一棵秋天的树》的诗词作品，竟然是一首歌曲的歌词。

六 结语

随着西部大开发战略的深入实施，具有浓郁民族特色的文化艺术正在成为提升新疆影响力的重要力量。由于新疆在历史上处于丝绸之路的要冲，文化底蕴非常深厚，文化内容十分丰富，而且差异性很大，既有中华民族原始的、传统的风貌，又吸收了大量的阿拉伯文化和西方文化。“西域文化”频道始终坚持保护和发展本民族的文化，采取以精品为主打、以群众为根基、以网站为平台的做法，在促进民族文化发展的同时起到很好的对外宣传作用；网站始终坚持以人为本，注重保护和发展人民群众的基本文化权益，充分发挥人民在文化建设中的主体作用，真正做到贴近生活、贴近群众、贴近实际，堪称一朵展现西部文化的灿烂之花。

（王建东）

第五十三篇

百度搜索“百度知道”

简　　介：创建于2005年11月8日、并于2006年和2007年两次获得“中国互联网站品牌栏目（频道）”的“百度知道”，是由全球最大的中文搜索引擎百度自主研发、基于搜索的互动式知识问答分享平台。与网页搜索直接从互联网上已存在的内容中抓取信息不同，在“百度知道”，用户可以根据自身的需求，有针对性地提出问题，并通过积分制鼓励其他用户，共同创造该问题的答案；同时，这些答案又将作为搜索结果，进一步提供给其他有类似疑问的人，真正为用户创造一个会

聚无数人经验、智慧的互动式知识问答分享平台。

理　　念：倡导人与人之间的互相帮助与支持，在网络世界中，信息和知识的共享是大家的一致目标

特　　点：基于互动的知识问答平台

口　　号：百度一下，你就知道

域　　名：http：//zhidao. baidu. com/

搜索人脑的智慧　会聚知识的海洋

——对“百度知道”的评析

2005年11月8日，全球最大的中文搜索引擎百度在北京乐成国际俱乐部召开“百度知道”产品正式发布会，在历经4个多月的公开测试后，“百度知道”将正式版发布在百度首页推出。该产品的推出，一举解决了以往搜索引擎只能对互联网上已存在的资源进行查找的缺憾，成为“发现中国人的问题、分享中国人的智慧”的互动知识分享平台。

目前，“百度知道”平均每天解决大约5万个问题，每一个问题吸引着约3个用户来参与互动。而根据Alexa流量统计，每天有超过1000万用户访问“百度知道”，“知道”占据了百度总访问量的5%，已成为百度流量的重要来源。①

一　适应发展需要，打造基于搜索的互动式知识问答分享平台

百度是国内最早的商业化中文搜索引擎，拥有自己的网络机器人和索引数据库，专注于中文的搜索引擎市场。

然而，搜索类网站在国内做得比较多。除了百度，还有谷歌和雅虎等很有竞争实力的搜索网站。百度要想在激烈的竞争中保持领先地位，必须在搜索方式和搜索资源上有所创新，必须重新审视目前搜索引擎的定义，发现它的不足，填补空缺。

目前的搜索引擎，不论运用的技术是什么样的，但都是基于网络已有资源进行搜索。当用户输入关键词进行查询时，搜索引擎会从庞大的数据库中找到符合该关键词的所有相关网页的索引，并按一定的排名规则呈现给我们。所以搜索技术的发展一直只是不断地提高搜索速度、增强搜索精确度、扩大数据库容量。因为在很多运营商和开发者看来，海

---

① 饶宇锋：《俞军：百度更懂网民》，《财经时报》2007年7月2日，第C03版。

量的网络资源应经足够应付任何用户提出的任何问题，搜索引擎做得好坏与否，完全依赖技术的先进与否。

其实，很多用户在搜索过程中往往对得到的结果不尽满意。网上的资源虽然极其丰富，搜索技术也不断智能化，但是毕竟搜索的过程是程序化和模式化的，所以搜索到的结果也只是按照一定的算法得到的最佳答案，这些答案很多时候并不能满足感性用户的需要。

从另一个方面来说，中国网民的基本情况也导致用户不能完全理解搜索引擎的最佳使用方法。中国的网民大多数是初级网民，这部分人一般习惯于日常生活的口语化表达，而不懂得用几个关键词来搜索到满意的答案，就会出现如“旁氏七日寻回真爱广告中的男主角叫什么名字?”这种长问句形式的提问。实际上，其他一些搜索引擎也面临这个问题：很多用户用问句来进行搜索，但是他们并没有真正处理好所问的问题。有的搜索引擎采用限制搜索框字数的形式，有的干脆缩短搜索框来改变用户习惯，但效果并不明显。面对用户的搜索长串，百度并没有在搜索框上做文章，而是开发了“百度知道”这个产品，让用户一起来解决遇到的问题。①

“怎样更为有效地回答用户提出的问题”这个空白，也许不是百度第一个注意到的，但绝对是被百度第一个用心去填补的。“百度知道”的推出，一举解决了以往搜索引擎只能对互联网上已存在的资源进行查找的缺憾。“百度知道”也做出“将成为发现中国人的问题，分享中国人智慧的互动知识分享平台”的姿态。

和大家习惯使用的搜索服务有所不同，“百度知道”并非是直接查询那些已经存在于互联网上的内容，而是用户自己根据具体需求有针对性地提出问题，通过积分奖励机制发动其他用户来创造该问题的答案。同时，这些问题的答案又会进一步作为搜索结果，提供给其他有类似疑问的用户，达到分享知识的效果。

“百度知道”的最大特点就在于用户和搜索引擎的完美结合。在这里，累积的知识数据可以反映到搜索结果中，通过用户和搜索引擎的相互作用，实现搜索引擎的社区化。

① 《百度强调搜索社区概念 褪去“中国 Google”外衣》，http：//www. techweb. com. cn/news/2007 -06 -29/215997. shtml。

“百度知道”也可以看做对搜索引擎功能的一种补充，让用户头脑中的隐性知识变成显性知识，通过对回答的沉淀和组织形成新的信息库，以利于其他用户进一步检索和利用。这意味着，用户既是搜索引擎的使用者，同时也是知识数据库的创造者。“百度知道”是对过分依靠技术的搜索引擎的一种人性化完善。这也是“百度知道”之所以成功的主要原因之一。①

二　快乐互动和奖励机制，调动用户参与热情

百度所倡导的精神就是人与人之间的互相帮助与支持。在网络世界中，信息和知识的共享是大家一致的目标。同时，每一个人也都有自我满足的欲望，这不仅表现为热心帮助他人，也表现为通过自己的知识之长，达到自我的实现。一位网友在帖子中这样说道：“我正是以回答别人问题的方式来排遣心中的忧郁。当你带给别人快乐的同时，你自己本身就能获得一种快乐。更重要的是，你能够使自身的能力得到提升。通过查看别人的问题和对比对手的解答方案，你的大脑已经开始充电，你输出自己已掌握的知识，同时也使新的知识输入大脑。”

这种快乐的互动模式的建立，主要依赖于用户的自觉性和不断自我满足的心理需求。除此之外，“百度知道”还运用了其他一些方法，使用户更加热衷于投身到“百度知道”的行列中。

首先，百度为用户制定了一整套积分的方案：回答网友提问越多、回答的质量越高的用户，得到的积分就越多。作为精神上的奖励，每个用户上“百度知道”注册的时候，百度都会分配给该用户一套其专属的积分、等级和头衔。用户可以通过问答等操作不断增加积分，同时该用户的等级和头衔也会随积分不断晋升。这种虚拟的积分和头衔虽然没有很多的实际意义，但是仍然点燃了众多网友的热情。

除了精神奖励，百度还专门设置了积分换礼品和高分会员的奖学金项目。比如每月的21日，上月中的每周“知道之星”用户，都会收到百度寄给的精美小礼品。另外，一项鼓励用户进行终身学习的“百度知道奖学金计划”也同时启动。该计划的主要目的是为了以奖学金的方式

① 方堃：《百度拓展社区搜索举办“知道”周年庆》，http：//gd. yesky. com/172/2460172. shtml。

奖励那些正在积极与他人分享知识的知道用户，提高用户参与知识回答的积极性。这样的物质奖励方式，一方面使大量用户能够踊跃参加到"百度知道"的知识问答中，给百度带来巨大的流量和点击率；另一方面，由于众多的用户能够及时有效地回答其他用户提出的问题，极大地增强了提问用户和搜索用户对百度知道的依赖性和好感度，"百度知道"的口号——"百度一下，你就知道"也深深扎根在广大用户心中。

值得一提的是，为了提高答题质量、保障一些问题的准确性，"百度知道"从用户中选取"网友专家"、从各行业中挑选出"知识专家"，共同组成"知道专家团"，鼓励在某一领域具备丰富知识和经验的人们，更好地借助"百度知道"平台去帮助别人，同时获得他人的认可和奖励。这种激励方法受到了极大欢迎。

三　"百度知道"存在的一些问题和建议

1. 赢利模式需要改进

目前，"百度知道"的收入来源仍然是广告，赢利模式非常单一。"百度知道"自推出以来，此产品一直处于叫好不叫座的状态：一方面"百度知道"被广大用户所接受，并得到了很高的评价；另一方面，"百度知道"虽然给百度带来巨大的价值，但是就其"知道"这一单一系统而言，是不赢利的。即使百度内部对"知道"这个产品并没有收入压力，"百度知道"蕴藏的商机却是无法被忽视的。"百度知道"如果做好这方面的工作，那么将更能增强自己的实力，在行业中走在前列。

比如，"百度知道"可以借鉴威客模式。"威客"是指把人的知识、智慧、经验、技能通过互联网转换成实际收益的互联网新模式，主要应用包括解决科学、技术、工作、生活、学习等领域的问题，体现了互联网按劳取酬和以人为中心的新理念，简单来说就是通过网站平台进行悬赏，从而找到解决问题的办法。国外的 answers. com 就是最早的悬赏平台，还有雅虎、Google 等都有相应的平台，而且部分网站已经通过收费的方式获得收入。"百度知道"可以考虑将积分悬赏向未来的虚拟货币（百度币）过渡，实现未来的虚拟货币市场赢利。如果百度将积分转化为虚拟货币，与其他增值服务结合起来，它的影响力丝毫不会逊色于腾讯，众所周知，腾讯就将虚拟货币和增值业务相互联系、相互促进，赢得了巨大的市场。

2. “灌水”现象严重

“百度知道”实行了积分制度以后，的确极大地鼓励了网友的积极性。但是问题也随之而来：有不少的网友以增加积分为主要目的，没有很好地与提问者进行有效的交流和互动。比如说，当一个问题提出以后，如果有人第一时间给出了一个基本正确、但是某些地方还有欠缺的答案，那么其他人即使拥有更好的解决办法，往往都不愿意再对这个答案进行补充。因为即使补充了，“最佳答案”已经给了别人，自己并不能赢得任何的积分；再比如，因为“百度知道”的积分准则规定，只要提交问题就能够得到2分的积分，这导致一些网友为了挣得积分而采取积少成多的方法，大量回答出一些不负责任或没有实际意义的答案。这样一来，“百度知道”奉行的“人与人之间的互相帮助与支持”的信念就不容易彻底实现。因为这种信念的实现是要建立在这样一个基础之上：众多网友在“百度知道”提供的平台上对问题进行广泛的讨论，从而找出最优解，达到众多网友共同学习的结果。由于网民素质等原因，这样的一个基础显然没有形成。

另外，“百度知道”存在审查把关不严的问题。一是对问题的把关不够严谨，一些质量不高的问题经常出现，成为“百度知道”中的垃圾信息，不能凸显“百度知道”的意义；二是对回答的问题把关不严，个别的答案谬误不准，反而成为最佳答案，这就需要对问题的投票者严格要求，比如，制定一些规则，使有威望高积分的用户来对问题的答案投票等；除此之外，“百度知道”应该考虑如何更加有效地限制一些带有低级趣味的问题高频出现，让“百度知道”成为更受欢迎的平台。

3. 其他一些问题

“百度知道”作为为广大用户提供知识学习的平台，不能贴图成为它的最大遗憾。因为在学习知识的过程中，图片的作用是不可代替的。图片更加生动形象，有时候比一大段文字更加能够说明问题。

除了不能上传图片，百度知道还不能上传资料。

对回答问题的评论仅限对“最佳回答”的评论。

四　对“百度知道”的总结

“百度知道”是百度最新推出的高技术互联网咨询系统。这种系统是包容了门户网站、BBS社区、检索与提问等功能在内的一种集成式的系统。它的外在表现是一个门户网站，它的参与方式是BBS社区性质的，而每个参与者都必须注册，并接受管理者的监督，同时通过自己的参与享受积分。

因此，“百度知道”无疑是互联网诞生以来的又一个伟大创举，它使互联网更加人性化、智能化，可以说掀开了互联网应用的新篇章。

（王建东）

后　记

编写此书的动议源于 2007 年。当时我们学院的一些老师编写了几本案例方面的书反响还不错。我的一位研究生提议我也编写一本案例方面的书。于是，我想到了互联网品牌栏目这样的案例。

经过 2008 年一年的努力，书稿完成了。我们先联系了一家大学出版社，他们认为可以出版，编辑已经进行了一审的工作，但因故又搁浅，这一拖就是 5 年。当我对此书的出版已经绝望时，幸运地遇到了社会科学文献出版社，此书才得以出版。

时隔 5 年，当我坐在电脑前写这篇后记时，当年参与此书编写的我的几位学生的音容笑貌浮现在我的眼前，他们是周晓明、王建东、王旭逊、梁蕊、胡冯彬、张放、王延辉、赵永刚、毛秋云、谢明珠、刘英翠、于晓霞、刘海娜、张孟琼。这几年我深感遗憾的是，他们早已毕业，此书却迟迟没能出版，没让他们在求学期间看到自己的学术成果面世。这些学生中，特别值得一提的是周晓明，她因患病已于 2010 年去世。她参与此书的写作时我并不知道她患病，只感到她是特别勤奋的女孩，每次布置的任务她总是第一个完成。后来得知，她是期望以刻苦的学习来减轻疾病的痛苦。她带着对亲人的眷恋、带着对知识的渴望离开了人世。天堂里会有许多好书吧？祝愿她在那里快乐！

在书稿写作的过程中，我们得到了许多人士的帮助。尤其让我感动的是时任中国网副总编辑的张梅芝、千龙网新闻中心主编黄业、东南新闻网“西岸时评”的主编徐嵘、南方网“南方时评”的责任编辑付刚在百忙中亲自为本书写了文章，在此，我衷心感谢他们对本书的大力支持！

在本书中，许多获奖栏目（频道）的评析文章后面都附上网站领导或栏目主编的文章，我们所选用的文章大多数都已与作者联系，许多作者表示愿意授权我们使用。在此，向他们表示深深的谢意。个别我们没有联系上的作者，如看到此书，请与我们联系：yl64kf@ 163. com。

河南大学新闻与传播学院的编辑出版学专业是河南省特色专业，本书得到了该专业建设经费的资助，我们向该专业的首席专家、新闻与传播学院的院长李建伟教授表示衷心感谢。

本书的责任编辑孙燕生先生为此书的出版付出了大量心血，向他表示诚挚谢意。

互联网是飞速发展的事业，当本书出版时，“中国互联网站品牌栏目（频道）”的评选已进行了6届。早期评选的栏目（频道）或许已经过时，有的已不复存在。本书出版的意义在于作为一本资料，记录了2005—2007年中国互联网站品牌栏目（频道）的状况。从这个角度来说，倘若本书能为中国互联网的发展贡献一点力量，编者们则不胜欣慰。

2008年以后入选的中国互联网站品牌栏目（频道），该书没有呈现。我们希望如果有可能，继续编写《中国互联网品牌栏目评析》的续集，以完整记录“中国互联网站品牌栏目（频道）”活动的发展历程。

由于我们才疏学浅，书中定有许多不当之处，敬请专家、读者批评指正。

严 励

2013年春于开封

图书在版编目（CIP）数据

中国互联网品牌栏目评析／严励主编．—北京：社会科学文献出版社，2013.7
（明伦出版学研究书系）
ISBN 978－7－5097－4455－0

Ⅰ.①中… Ⅱ.①严… Ⅲ.①互联网络－研究－中国
Ⅳ.①TP393.4

中国版本图书馆 CIP 数据核字（2013）第 061792 号

·明伦出版学研究书系·
中国互联网品牌栏目评析

主　　编／严　励

出 版 人／谢寿光
出 版 者／社会科学文献出版社
地　　址／北京市西城区北三环中路甲 29 号院 3 号楼华龙大厦
邮政编码／100029

责任部门／社会政法分社（010）59367156　　责任编辑／孙燕生
电子信箱／shekebu@ssap.cn　　责任校对／李　娟
项目统筹／王　绯　　责任印制／岳　阳
经　　销／社会科学文献出版社市场营销中心（010）59367081　59367089
读者服务／读者服务中心（010）59367028

印　　装／北京季蜂印刷有限公司
开　　本／787mm×1092mm　1/16　　印　　张／28.75
版　　次／2013 年 7 月第 1 版　　字　　数／462 千字
印　　次／2013 年 7 月第 1 次印刷
书　　号／ISBN 978－7－5097－4455－0
定　　价／98.00 元